아날로그 회로 실험

- 이론 • PSPICE • 회로실험 -

송명렬 지음

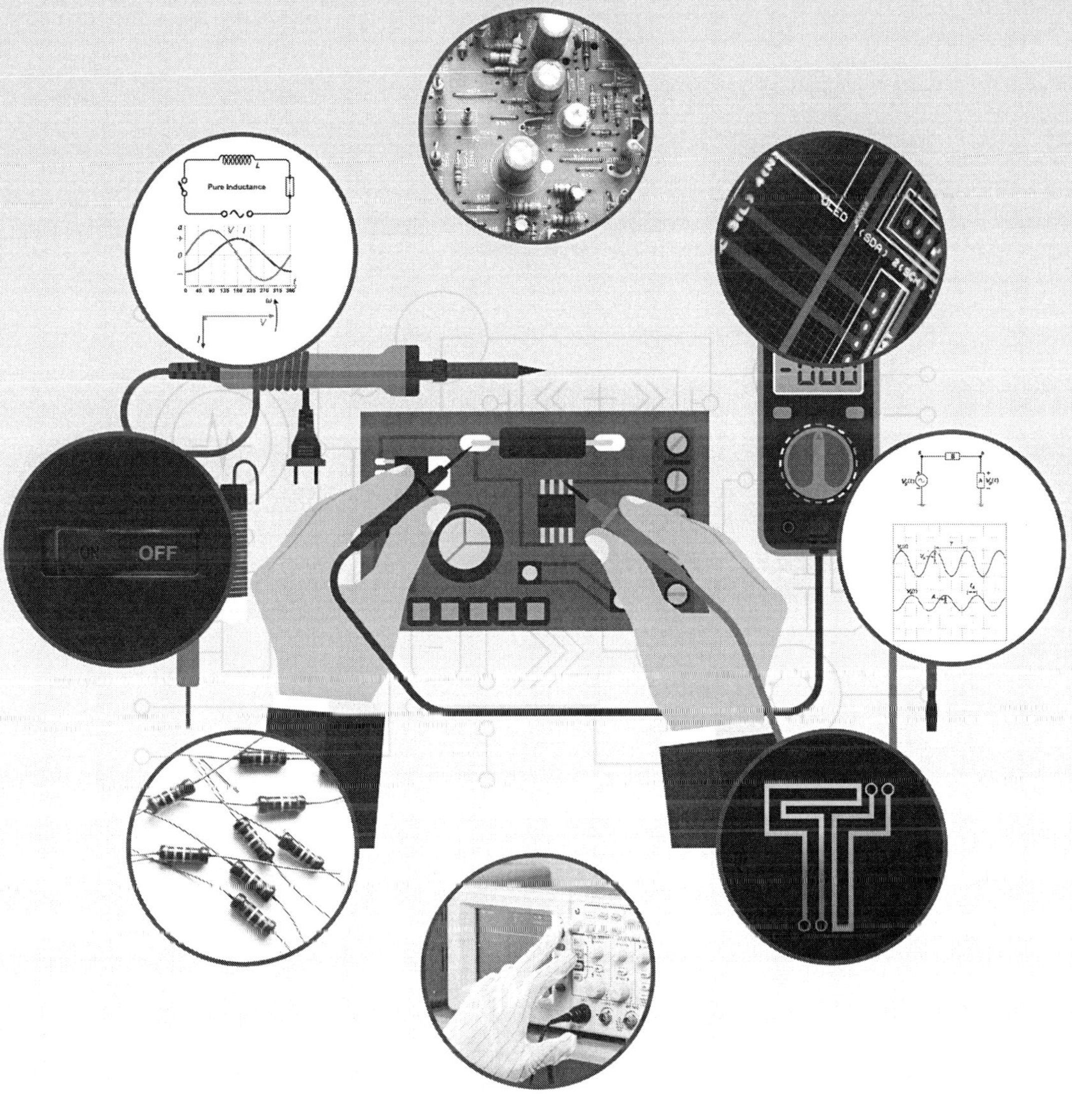

홍릉과학출판사

머리말

이 책은 기본적이고 널리 사용되는 대표적인 아날로그 회로들을 다루면서, 엔지니어로서 기본적으로 갖추어야 할 이론적인 분석, PSPICE 의한 모의실험, 실제 회로에 대한 측정을 통해 회로의 특성을 분석하고 이해하는 능력을 배양하기 위한 목적으로 저술되었다.

대부분의 실험 교재가 실험 절차를 중심으로 기술되어 있기 때문에, 학생들이 실험 수업에 참여하기 전에 실험할 내용과 이론을 이해하기 위해 연관된 책이나 자료를 찾아야 한다. 때로는 실험의 내용이, 각 학교의 교과과정에서 개설된 과목의 선 · 후 관계로 볼 때 연관된 이론 과목보다 진도가 앞서 나가는 경우가 많아, 실험에서 다루는 회로에 대한 이해가 쉽지 않은 경우도 자주 경험한다.

따라서 이 책에서는 이러한 문제로 어려움을 겪는 학생들을 돕기 위해서 각 장에서, 실험에 들어가기 전에, 먼저 간단하고 대표적인 회로에 대해 비교적 쉬운 수준으로 내용을 설명하고 유도하는 방식으로 분석하였다.

그리고 산업체에서 널리 사용하는 OrCAD 프로그램으로 실험하는 회로를 입력하고, PSPICE 프로그램을 이용하여 입력된 회로에 대해 다양한 분석 기법을 적용하여 모의실험을 수행하고 실험 대상 회로의 동작과 특성을 이해한다. 이러한 과정을 반복하면서 자연스럽게 산업체에서 사용하는 설계 프로그램들을 숙련되게 사용할 수 있는 수준에 도달하게 되는 효과를 기대한다.

또한, 실험하는 회로에 대해 PSPICE 모의실험을 통해 파형을 관찰하면서 동작을 이해하거나 주파수 특성을 이해한 후, 실제 회로에서 다양한 계측기를 사용하여 분석 대상이 되는 요소들을 측정하여 얻은 결과들을 분석한다. 이러한 과정을 통해, 이론적인 분석, 모의실험 결과, 그리고 실제 회로에서 측정 결과가 모두 일관된 특성을 보이는 것을 확인하게 된다.

이 책은 위와 같은 효과를 기대하고 각 장에서 제시되는 실험 대상 회로에 대해 위와 동일한 절차를 따르도록 기술되었고, 모두 13장으로 구성되어 있는데 다음과 내용을 담고 있다.

1장에서 실험할 회로를 브레드보드에 구현하는 방법, 측정 및 분석에서 사용되는 기본적인 용어 정의, 직류 전압원 공급장치 사용법, 멀티미터의 사용법 등 실험을 위해 필요한 기초적인 내용들을 설명한다.

2장에서 이 책에서 비중있게 활용하는 OrCAD와 PSPICE를 이용하여 회로도를 작성하고, PSPICE에서 제공하는 대표적인 분석 기법을 적용하여 작성된 회로에 대한 모의실험을 수행하는 방법을 배울 목적으로 간단한 회로를 예를 들어 설명을 따라가면서 익힐 수 있는 방식으로 기술한다.

3장에서 스위치 회로와 스위치를 동작시키는 순간부터 회로에 나타나는 반응을 설명하고 PSPICE에서 스위치 모델을 이용하여 동작을 확인한다.

4장, 5장에서 저항과 커패시터로 구성된 회로에서 과도 응답, 정상 상태 응답을 설명하고, 실험에서 과도 응답과 정상 상태 응답을 측정하기 위한 오실로스코프의 사용법에 대해 설명한다. 그리고 저항과 커패시터로 구성된 필터 회로의 구조와 주파수 응답 특성에 대해서 다룬다.

6장에서는 다이오드의 구조, 동작 원리, 동작 특성 곡선에 관해 설명하고, 순방향 바이어스와 역방향 바이어스 상태의 동작 특성을 이해한다. 그리고 다이오드가 적용된 반파 정류 회로, 평활 회로, 클리퍼 회로의 동작 및 파형의 특성에 대해서 다룬다.

7장에서부터 13장까지는 OP 앰프를 활용한 다양한 회로에 대해서 기술한다. 그중 7장에서 8장까지 반전 증폭기, 비반전 증폭기, 합 증폭기, 미분기, 적분기 회로의 구조 및 입출력 관계, 그리고 9장에서 차동 증폭기와 그 응용에 관해 서술한다. 10장, 11장에서 OP 앰프를 이용한 다양한 기능의 필터 회로의 구조와 주파수 특성에 대해서 다룬다. 12장에서 귀환 구조의 회로가 발진하기 위한 조건에 대해서 서술하고, OP 앰프를 이용한 Wien-bridge 발진 회로에 대해서 설명한다. 13장에서 OP 앰프 비교기의 구조, 슈미트 트리거 회로의 히스테리시스 특성, 슈미트 트리거 회로가 사용되는 경우에 대해서 다룬다.

이 책은 대학교 2학년이나 3학년 수준의 실험 과목에서 교재로 사용될 수 있다. 또한 대학교의 한 학기의 강의가 15주 내외로 시행되고 있기 때문에, 이를 고려하여 1주에 1장씩 진행할 수 있도록 13개 장으로 실험 주제를 구성하였다. 특히, 실험 수업에 필요한 부품에 대한 구매 및 유지 관리가 쉽도록, 실험 주제를 선정하고 회로를 구성하는 부품의 종류와 개수를 가급적 적게 사용하도록 회로의 시정수 등 각종 파라미터들을 선정하였다. 그리고 이 책의 뒷 부분에 13개 장에서 사용되는 모든 부품의 규격과 소요량을 수록한 부품 리스트를 제공하여 실험 준비를 위해 부품 구매시 참조할 수 있도록 하였다.

끝으로 이 책이 출판되는데 많은 도움을 주신 홍릉과학출판사 여러분의 노고에 깊이 감사드린다. 이 책에 소개된 내용과 실험하는 방법이 오랫동안 시행되면서 수시로 내용이 수정되고 다시 반영되며 안정적으로 정착될 수 있도록 함께 토론하고, 산업체에 진출해서 업무에서 바로 활용할 수 있는 능력을 키우고, 또한 학생들 수준에 맞는 교육에 뜻을 같이한 학과 교수님들께 진심으로 감사의 마음을 전한다. 또한 이 책을 완성하는 데 집중할 수 있도록 뒤에서 든든하게 후원해준 아내에게 감사한다.

2018년 11월

송 명 렬

차 례

제1장 | 실험 회로 구현 및 측정 기초

I 실험 목표

- 실험용 브레드보드 (bread board)의 연결구조를 이해하고 사용법을 익힌다.
- 브레드보드를 이용하여 회로도 상에서 두 개 이상의 부품이 서로 접속되는 노드 (node)를 구현하는 방법을 이해한다.
- 부품을 연결하기 위한 단자 (terminal), 핀 (pin)의 개수 및 배열이 서로 다른 다양한 형태의 부품을 실험용 보드에 배치하고, 회로도 상에서 서로 연결되어 있는 부품들을 실험용 보드에서 접속시키는 방법을 배운다.
- 직류 전압원 공급장치 (DC power supply), 일명 '직류 전압원'을 브레드보드에 연결하는 방법과 주의사항을 이해한다.
- 회로도에서 전원, 접지 기호들을 브레드보드에서 연결하는 방법을 이해한다.
- 직류 전압원 공급장치의 구조, 사용법, 특성에 대해서 배운다.
- 접지, 전위, 전위차, 전압 등과 같은 용어들의 개념 및 그 측정법을 이해한다.
- 전류, 저항 측정법을 이해한다.
- 저항으로 구성된 직류 회로에서 전압, 전류 등을 측정하고 공급되는 전압원과의 관계에 대해서 이해한다.

II 실험 부품 및 준비 사항

1 실험 부품

부품명	규격	수량
저항	100 Ω, 1/4 watt	2개
저항	1 kΩ, 1/4 watt	2개
저항	2 kΩ, 1/4 watt	1개
저항	15 kΩ, 1/4 watt	1개
저항	100 kΩ, 1/4 watt	1개

2 실험 준비 사항

브레드보드, 직류 전압원 공급장치, 멀티미터, 점퍼선(jumper wire)

Ⅲ 실험 내용

1 브레드보드의 구조

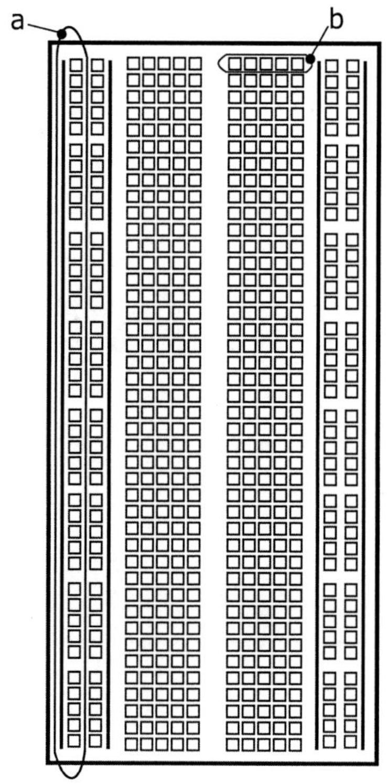

그림 1.1 브레드보드

그림 1.1에 브레드보드라 불리는 실험용 보드를 나타냈다. 이 브레드보드는 인두를 사용하여 납땜하여 부품을 서로 접속시키는 전통적인 방식과 달리, 브레드보드 내부에 서로 연결된 그룹에 속하는 홀 (hole)들에 부품의 핀 또는 단자를 삽입하는 방식으로 신속하게 서로 다른 부품들을 접속시킨다.

그림 1.1에 나타낸 브레드보드에서 a와 같이 세로로 길게 표시된 직선 바로 옆의 홀들은 직선의 꼭대기에서 바닥까지 위치한 모든 홀들이 내부에서 서로 연결되어 있다. 그리

고 b와 같이 가로로 다섯 개씩 모여있는 홀들도 하나의 그룹을 형성하며 서로 연결되어 있다. 브레드보드의 이러한 특성을 이용하여 일반적으로 a와 같이 긴 직선 옆에 배치된 홀들은 회로도에서 전원선(power line)으로 사용되고, b와 같이 가로로 다섯 개의 홀들이 하나의 그룹을 형성하고 있는 홀들은 부품들을 서로 접속하는 데 사용된다.

1.1 2단자 부품의 연결

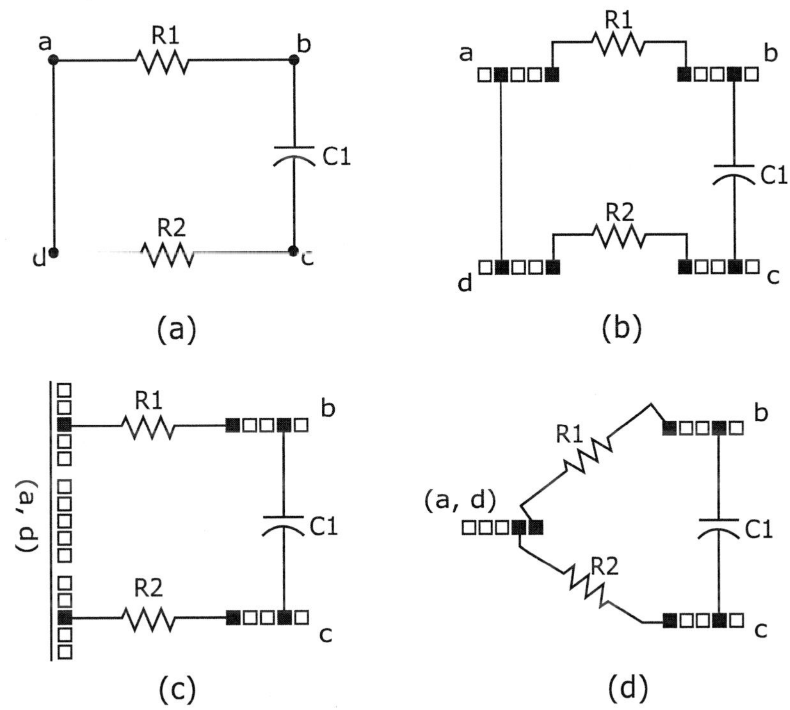

그림 1.2 2단자 부품의 연결

그림 1.2에서 (a)는 2단자 부품들로 구성된 회로도, 그리고 (b), (c), (d)에 (a)의 회로도를 브레드보드를 이용하여 구현한 사례를 나타냈다. 그림에서 브레드보드의 홀이 '■'와 같이 채워져 표시된 것은 부품의 단자(또는 핀)이 홀에 끼워져 접속된 상태를 의미한다. 그림 1.2 (b)는 브레드보드의 다섯 개 홀 접점 그룹 네 개를 사용하여 (a)의 회로도에 표시된 노드 a, b, c, d를 실현하는 데 사용하고, 부품 R1, C1, R2, 점퍼선 'a–d'를 회로도의 부품 배치에 맞추어 각 부품의 단자를 브레드보드의 홀에 끼워 넣는 방식으로 회로도를 구현한 것이다. 그림 1.2 (c)는 회로도의 점퍼선 'a–d'를 세로로 배열된 홀들을 사용하여 실현한 것이다. 그리고 그림 1.2 (d)는 회로도에서 점퍼선 'a–d'는 라디오 주파수 (radio frequency)와 같이 높은 주파수에서는 다른 점퍼선들의 길이,

모양, 위치에 따라 임피던스 (impedance)가 영향을 받을 수 있지만, 가청 주파수와 같은 저주파 대역의 신호에 대해서는 저항값이 0 Ω 으로 간주되므로 하나의 점(노드)으로 생각하여 노드 a, d를 동일한 그룹의 홀들에 연결한 것이다.

1.2 3단자 이상 부품들의 연결

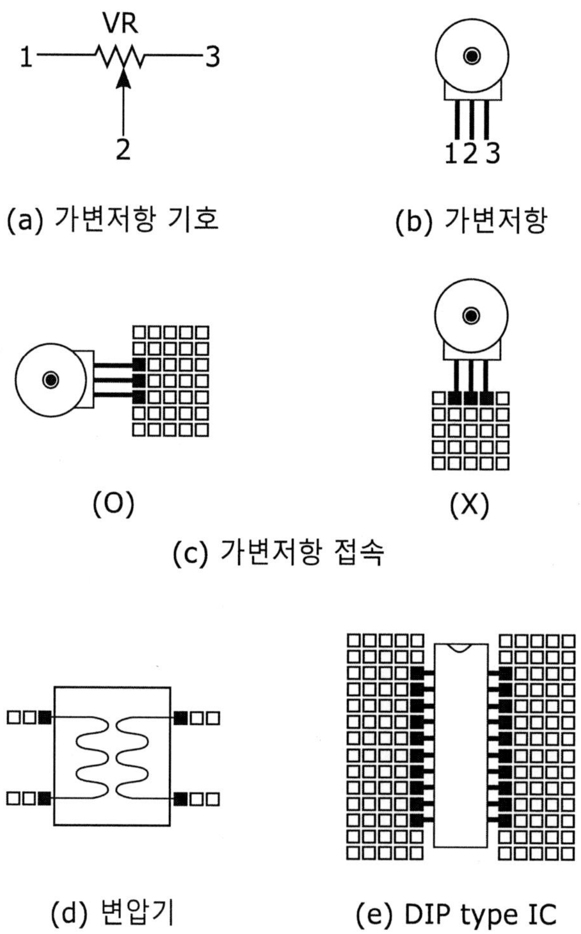

그림 1.3 가변 저항, 변압기 (transformer), IC의 연결

그림 1.3에 단자가 세 개 이상인 부품들을 브레드보드에 접속시킨 예들을 나타냈다. 그림 1.3 (a)는 세 개의 단자를 갖는 가변 저항 (variable resistor)의 기호인데, 실제 부품으로는 다양한 형태가 존재하고 그림 1.3 (b)에 그중 대표적으로 사용되는 한 형태를 나타냈다. 단자 1과 3사이의 저항값은 변하지 않고 고정된 값을 유지하는 반면, 그림 1.3 (b)의 중심에 있는 손잡이를 돌리면, 단자 1과 2, 단자 2와 3 사이의 저항값이 변화한다.

그림 1.3 (c)에 그림 1.3 (b)와 같은 형태의 가변 저항을 브레드보드에 접속시키는 방법을 나타냈는데, 가변 저항을 올바로 접속한 예로서, 좌측 그림에서는 가변 저항을 세로로 브레드보드의 홀에 삽입하여 단자 1, 2, 3이 브레드보드의 서로 다른 그룹의 홀에 접속되고, 각 그룹의 나머지 홀에는 다른 부품의 단자를 연결할 수 있다. 반면에 잘못 연결한 예로서, 우측 그림에서는 가변 저항을 가로로 브레드보드의 홀에 삽입하여 단자 1, 2, 3이 동일한 그룹에 속하는 홀들에 접속되어 단자 1, 2, 3이 서로 단락 (short) 되어 회로에서 아무런 작용을 할 수 없는 상태가 된다.

그림 1.3 (d)는 네 개 단자를 갖는 변압기 (transformer)를 브레드보드에 접속한 예를 나타냈다. 변압기의 네 개 단자 각각을 서로 다른 그룹에 속한 홀들에 접속시키면, 각 그룹의 나머지 홀들을 이용해 회로의 다른 부품의 단자들과 서로 연결시킬 수 있게 된다.

그림 1.3 (e)는 DIP (dual in-line package) 형식의 IC (integrated circuit)를 브레드보드에 연결한 예를 나타냈다. 크기가 작거나 직접도가 높은 IC들은 일반적으로 SMD (surface-mount device), BGA (ball grid array) 등과 같은 외형을 갖고 있어서 브레드보드에 단자 (또는 IC의 핀)를 직접 접속시킬 수 없다. 따라서 단기간에 회로의 특성을 실험하기 위해 브래드보드 상에서 회로를 꾸며서 실험을 수행할 경우에는, 핀의 간격이 브레드보드의 인접한 홀들의 간격과 같은 DIP형식의 IC를 부품으로 사용해야 한다. 다른 부품들과 달리, 브레드보드에 DIP 형식 IC를 삽입할 수 있는 위치는 극히 제약을 받는다. 그림 1.1에 나타낸 것과 같은 구조의 브레드보드에서는 그림 1.1에서 b와 같은 그룹의 홀들이 좌우에 있고 그 그룹의 중앙에 DIP 형식 IC를 접속해야 한다.

1.3 직류 전압원의 연결

그림 1.4에 직류 전압원을 사용하는 회로와 이를 브레드보드에 구현한 예들을 나타냈다. 그림 1.4 (a)의 회로에서 직류 전압원 Vs로 사용될 수 있는 부품 중 가장 대표적인 예로 고정 전압을 출력하는 배터리 (battery)를 생각할 수 있지만, 수시로 전압을 변경하면서 그에 따른 회로의 특성을 관찰하기 위해서는 전압원의 출력 전압을 원하는 값으로 설정할 수 있는 직류 전압원 공급장치 (DC power supply)가 사용된다.

그림 1.4 (b)는 직류 전압원 공급장치를 브레드보드의 홀 a, d에 직접 연결한 예이고, 그림 1.4 (c)는 직류 전압원 공급장치를 브레드보드에서 세로로 표시된 직선 옆에 위치한 홀들에 연결하고, 이 홀들과 내부적으로 서로 연결된 세로 직선 옆의 홀들을 전원선 (power line)으로 활용하는 방식이다. 브레드보드 상에서 저항 R1과 R2의 한쪽 단자를 전원선에 위치한 홀 a와 d에 연결하는 방식으로 회로가 구현된다.

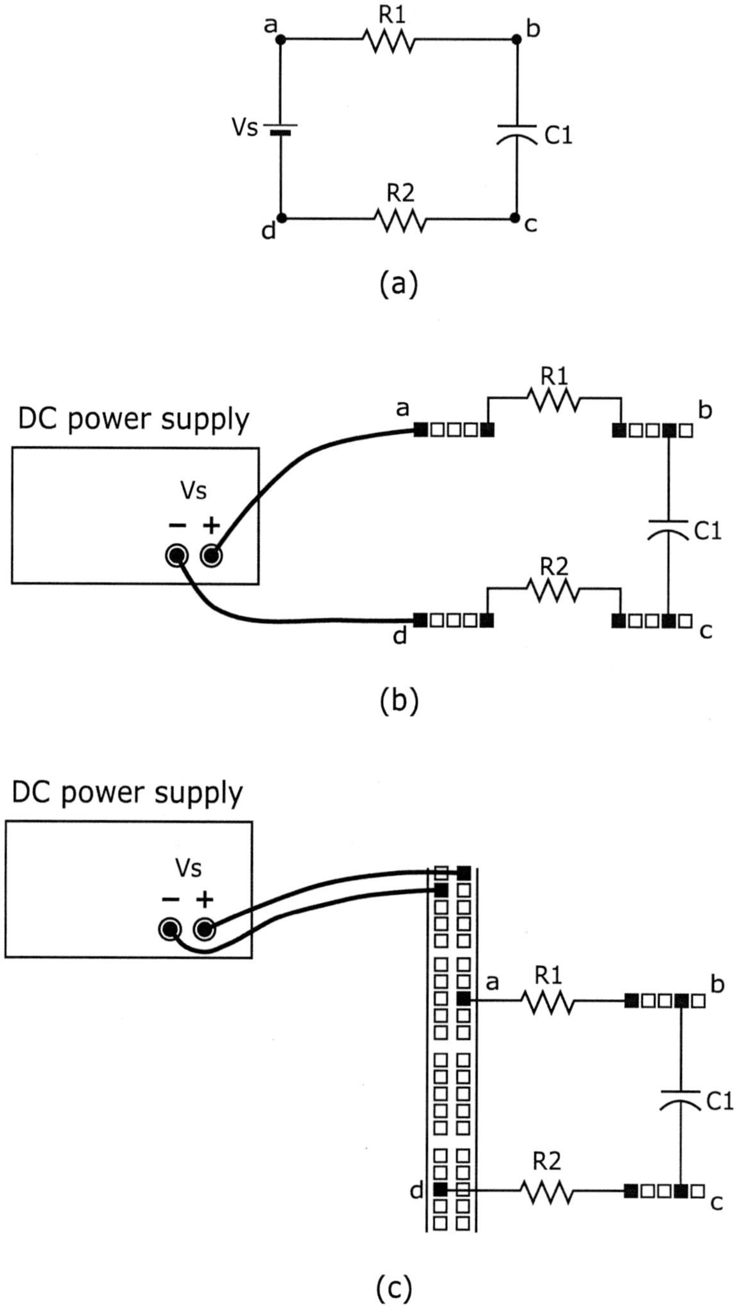

그림 1.4 직류 전압원의 연결

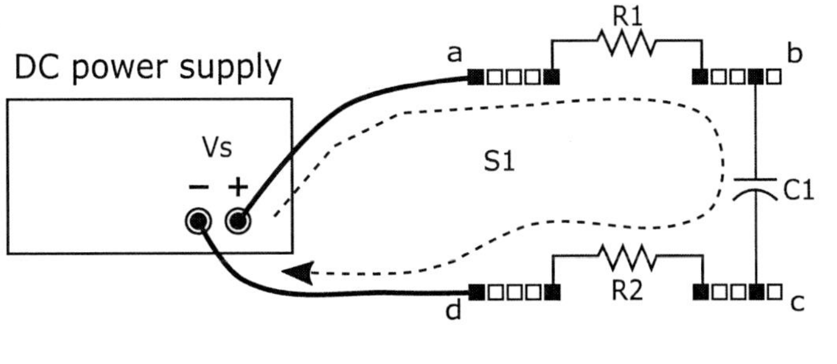

(a)

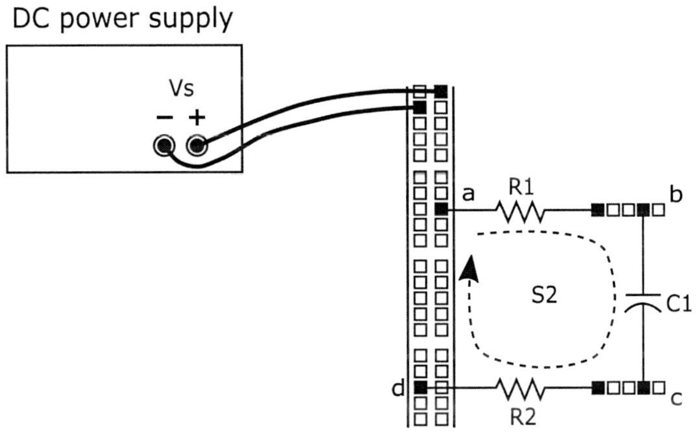

(b)

그림 1.5 직류 전압원 연결 방식 비교

그림 1.5 (a)에 (b) 그림 1.4 (b)와 (c)회로에서 직류 전압원 Vs의 '+' 단자에서 시작하여 전원선, 노드 a, 저항 R1, 노드 b, 커패시터 C1, 노드 c, 저항 R2, 노드 d, 전원선, Vs의 '-' 단자로 구성되는 루프 (loop)로 전류가 흐르게 된다. 전류가 흐르는 이 루프의 면적을 각각 S1, S2 (S1 > S2)라 할 때, 면적이 작은 루프보다 큰 루프에서 외부로부터 받는 전자파 형태의 잡음이 더 잘 흡수되므로, 회로를 구성할 때 그림 1.5 (b)와 같이 브레드보드에 전원을 공급하여 전원선을 설정한 후, 이 전원선과 회로의 나머지 부분을 구성하는 방식으로 루프의 면적이 작게 형성되도록 회로를 구성하는 것이 좋다.

1.4 접지 기호 처리

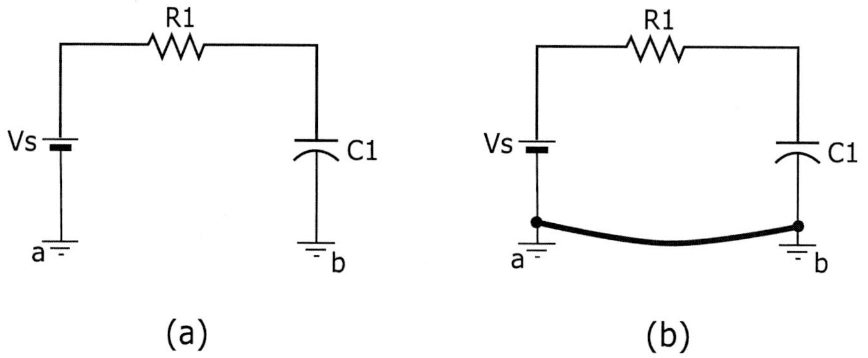

그림 1.6 접지 기호들의 연결

그림 1.6의 (a)는 접지 기호가 포함된 회로도를 나타낸 것이다. 회로도에서 동일한 기호들이 서로 선으로 연결되어 있지 않더라도, 실제로 제작하거나 실험을 수행하는 경우에 서로 연결되어야 한다. 그림 1.6 (b)에 실제로 회로를 구성할 경우 굵은 실선으로 표시된 것처럼 접지 기호 a, b 사이를 선으로 연결하거나, PCB(printed circuit board)를 제작하는 경우에는 접지판(ground plane)을 이용하여 서로 연결시켜야 한다.

1.5 전원선의 처리

그림 1.7 (a)에 출력 전압이 5 V와 10 V인 두 개의 직류 전압원을 포함한 회로를 나타냈다. 5V와 10V 전압원의 양극에 연결된 선은 각각 이름이 Va, Vb로 표시되었다. 그리고 회로의 나머지 부분에서 저항 R1의 좌측 선에 Va, 저항 R4의 우측 선에 Vb의 이름이 부여되어 있다. 전압원의 양극에 연결된 선에 표시된 Va, Vb와 저항 R1, R4에 연결된 선에 표시된 Va, Vb는 회로도에서 서로를 연결하는 선이 표시되어 있지 않아도, 앞에서 동일한 접지 기호들이 서로 연결되어야 하는 것과 마찬가지로, 동일한 이름을 갖고 있기 때문에 실제로 서로 연결되어야 한다. 그림 1.7 (b)에 Va, Vb, 접지 기호에 대해 각각 회로에서 동일한 이름으로 표현된 부분과 연결되어야 하는 선들을 굵은 실선으로 표현하였다.

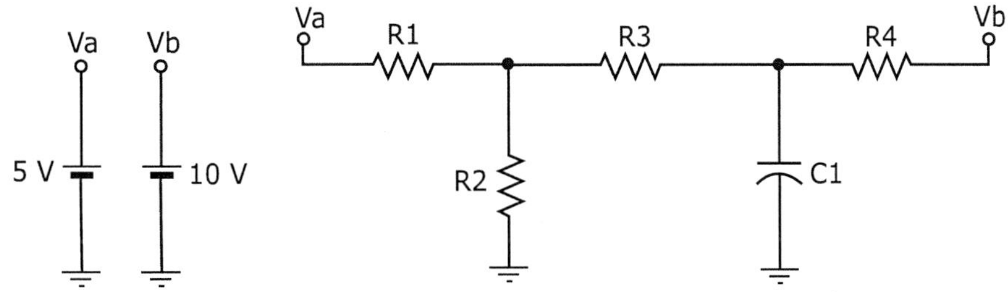

(a)

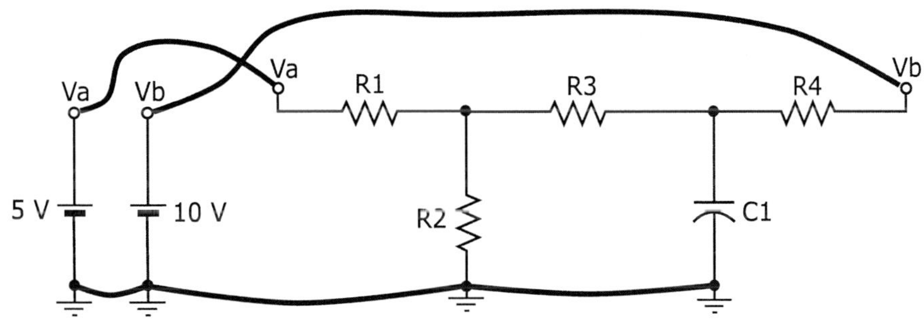

(b)

그림 1.7 전원선 연결

2 전압, 전류, 저항 측정

❑ 전위

어떤 회로를 분석하거나 측정할 때, 기준점을 선정한 후, 기준점으로부터 노드들 사이의 전압 차이를 의미하고, 단위는 V (volt)를 사용한다.

예를 들어, 그림 1.8 (a)의 회로에서 접지 기호와 노드 a 사이에는 크기가 10 V인 직류 전압원, 접지 기호와 노드 b 사이에 크기가 5 V인 직류 전압원이 연결되어 있다. 이 때 직류 전압원들 때문에 노드 a와 접지 사이의 전압 차이는 10 V, 노드 b와 접지 사이의 전압 차이는 5 V이므로, 노드 a와 b의 전위 Va, Vb는 각각 10 V, 5 V이다.

❑ 전위차

전위차는 어떤 회로에서 임의의 두 노드들 사이의 전위차를 의미하고, 단위는 V가 사용된다.

예를 들어, 그림 1.8 (a)에서 노드 a와 b의 전위를 각각 Va, Vb라 할 때, 노드 a와 b의 전위차 Vab는 식 (1.1)과 같이 표현된다.

$$V_{ab} = V_a - V_b \tag{1.1}$$

따라서, 노드 a와 노드 b 사이의 전위차는 V_{ab} = 10 V - 5 V = 5 V가 된다.

2.1 전압계 (voltmeter) 접속 방법

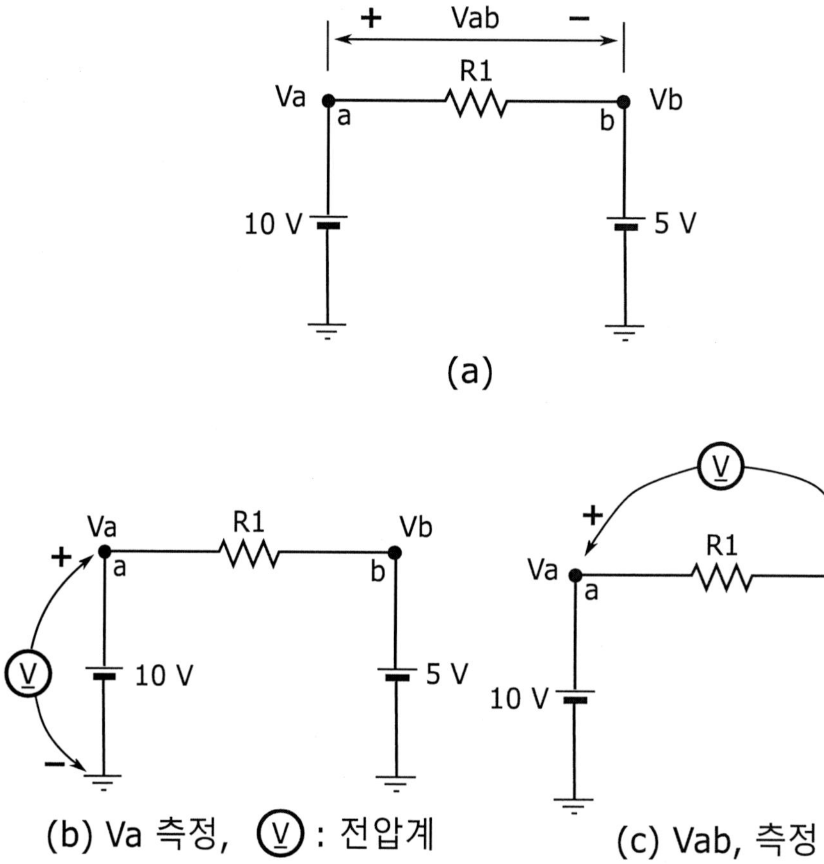

그림 1.8 전위, 전위차 측정

그림 1.8 (b)와 (c)에 전위나 전압을 측정하기 위해 전압계를 회로에 접속한 예를 나타냈다. 그림 1.8 (b)에서는 노드 a의 전위 Va를 측정하기 위해 전압계 프루브 (probe)들 중 '–' 표시된 프루브를 접지에 연결하고 '+' 표시된 프루브를 노드 a에 연결한 상태에서 전압계에 표시된 값을 읽으면 된다. 그림 1.8에서 전압계의 프루브에 '+' 표시는 일반적으로 빨강색 프루브를, '–' 표시는 검정색 프루브를 사용한다.

그림 1.8 (a)에서 노드 a, b 사이의 전위차 Vab를 측정하고자 할 경우에는 그림 1.8 (c)와 같이 전압계의 '–' 표시된 프루브를 노드 b에, 전압계 '+' 표시된 프루브를 노드 a에 접속한 상태에서 전압계에 표시된 값을 읽는다.

2.2 전류계 (ammeter : ampere meter) 접속 방법

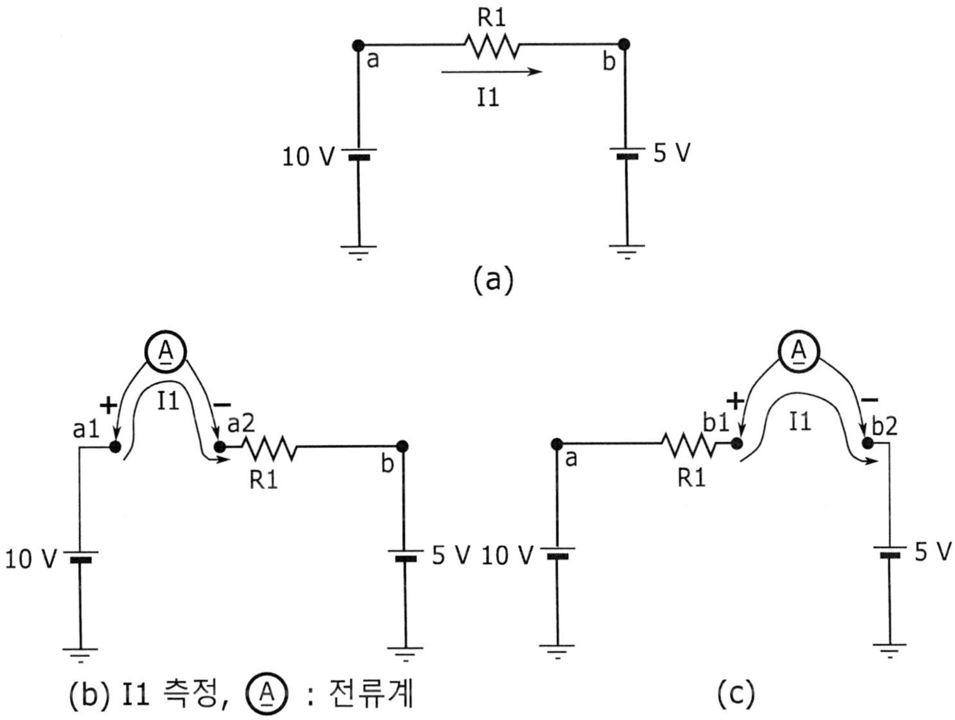

그림 1.9 전류 측정

그림 1.9 (a)의 회로에서 저항 R1을 통해 흐르는 전류 I1을 측정하기 위해서 전류계는 그림 1.9 (b) 또는 (c)와 같이 회로에 연결해야 한다. 저항을 통해 흐르는 전류를 측정해야 하기 때문에 전류계는 저항과 직렬로 연결되어야 한다. 이렇게 하기 위해 그림 1.9 (b)의 경우는 (a)의 회로에서 노드 a에 연결된 저항 R1의 단자를 a로부터 분리하여 (b)에서 처럼 a1과 a2 사이에 전류계의 프루브를 연결하면 된다. 그런데 저항 R1에 흐르는 전류 I1이 그림 1.9 (a)의 회로에서 노드 a로부터 노드 b로 흐른다고 화살표로 방향이 표시되어 있으므로, 전류계의 프루브도 전압과 전류의 연관방향 (associated direction)에 맞추어 '+' 표시 프루브는 a1에 '−' 표시 프루브는 a2에 접속되도록 한다.

그림 1.9 (c)는 전류 I1을 측정하기 위해 저항 R1의 우측에 위치한 노드 b에서 노드 b에 연결된 저항의 단자를 분리하고 b1과 b2 사이에 전류계를 연결한 그림이다. 이 경우에도 전류계 프루브들의 극성은 전의 I1의 방향에 맞추어 '+' 표시를 b1에 '−'를 b2에 연결한다.

만일, 전류계 프루브의 극성을 위에서 설명한 것과 반대로 연결하면 전류계나 표시된 값에 −를 붙여서 해석하면 된다.

※ 전류를 측정할 때 가장 흔히 범하는 실수는, 그림 1.8 (c)에 나타낸 바와 같이 저항 R1에 병렬로 전압계를 연결한 것처럼, 전류계를 저항 R1과 병렬로 연결한 상태에서 측정하려고 하는 것이다. 이는 잘못된 방법이고 측정하려는 대상 부품과 전류계를 직렬로 연결해야 한다.

2.3 저항계 (ohm meter) 접속 방법

그림 1.10에 이미 구성된 회로에서 그 값을 알 수 없는 어떤 저항의 값을 측정하고자 할 경우의 범할 수 있는 실수와 올바른 방법을 나타냈다. 예를 들어 그림 1.10 (a)에서 저항 R4의 저항값을 측정할 때, 저항 R4가 회로에 그대로 연결된 채 저항계를 저항

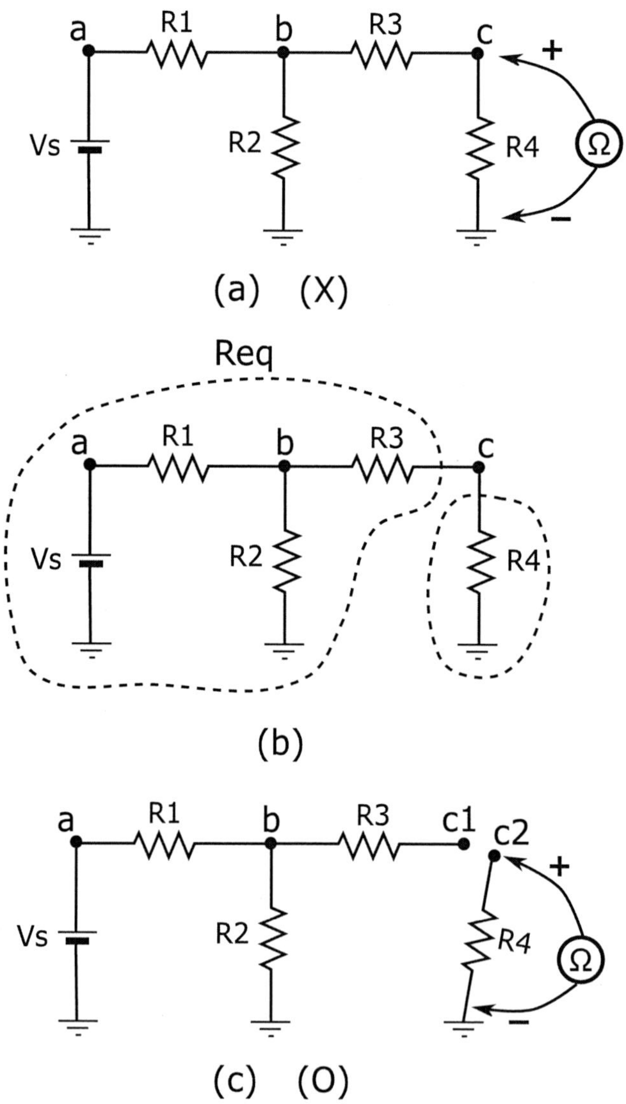

그림 1.10 저항값 측정

R4와 병렬로 접속하는 경우 올바른 값을 얻을 수 없다. 그림 1.10 (b)에 나타낸 것처럼 노드 c와 접지 사이에 저항 R4만 아니라 R4를 제외한 나머지 점선으로 표현된 부분의 합성 저항 Req가 서로 병렬로 연결된 상태이기 때문에 나머지 부분의 합성 저항 Req와 R4의 병렬 연결된 저항값이 측정된다. 따라서 그림 1.10 (c)와 같이 저항 R4의 양쪽 단자 중 어느 하나를 회로의 나머지 부분과 분리시킨 후 저항 R4에 저항계를 병렬로 접속하여 측정해야 한다.

3 직류 전압원 공급장치

그림 1.11에 실험실에서 일반적으로 사용되는 직류 전압원 공급장치의 주요 부위를 나타냈다. 이 장치는 회로에 표시된 직류 전압원으로서 기능을 하는 것인데, 서로 독립적인 (영향을 주지 않는 또는 서로 전기적으로 분리되어 있는) 두 개의 전압원을 제공한다. 이 전압원이 공급할 수 있는 최대 전압과 최대 전류는 사용하는 기종에 따라 다르다.

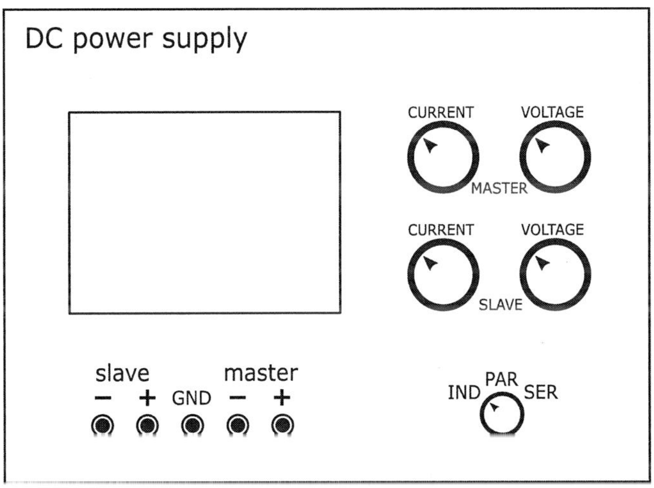

그림 1.11 직류 전압원 공급장치

3.1 전압과 최대 전류 크기 설정

두 개의 전원 중 하나를 마스터 (master), 다른 하나를 슬레이브 (slave)로 표시하였고, 하단에 위치한 다섯 개의 단자 중 'master' 표시된 부분에서 하나의 직류 전압원이 나타나고, 'slave' 표시된 부분에서 나머지 직류 전압원이 나타난다. 그리고 각각의 전압원에 나타나는 전압의 크기나 공급할 수 있는 최대로 허용할 수 있는 전류의 크기는 'VOLTAGE'와 'CURRENT' 표시의 손잡이로 조절되고, 원하는 값으로 설정될 수 있다.

3.2 IND, PAR, SER 설정

그림 1.11 우측 하단에 'IND', 'PAR', 'SER' 설정 스위치는 각각 'independent', 'parallel', 'serial'의 줄임말인데, 마스터 전압원과 슬레이브 전압원을 어떤 방식으로 사용할지를 선정할 수 있다. 그림 1.12에 이 스위치의 선택에 따른 마스터 전압원과 슬레이브 전압원의 관계를 나타냈다.

❑ IND 선택

그림 1.12 (a)는 'IND'로 선택된 경우인데, 마스터 전압원 단자에서 크기 Vm인 직류 전압원이 나타나고, 슬레이브 전압원 단자에서 크기 Vs인 직류 전압원이 나타나는데, 이들은 직류 전압원 공급장치 내부에서 서로 연결되어 있지 않기 때문에 서로 간에 영향을 주지 않는다.

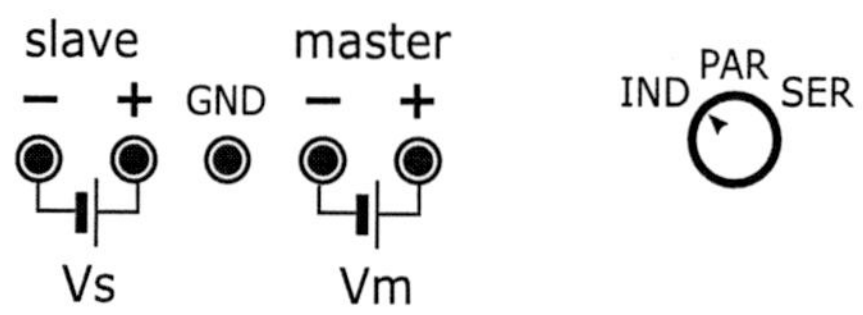

(a)

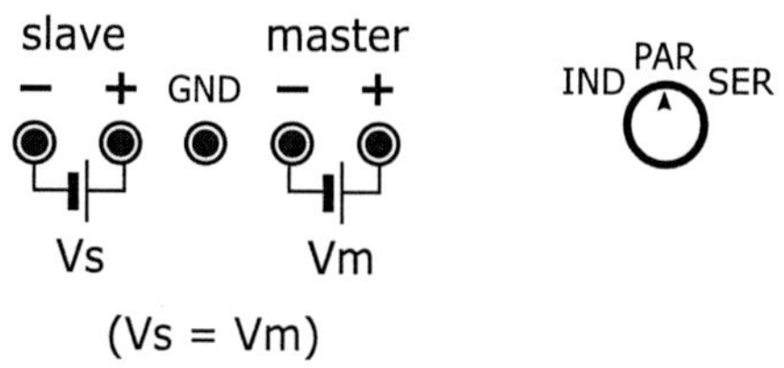

(b)

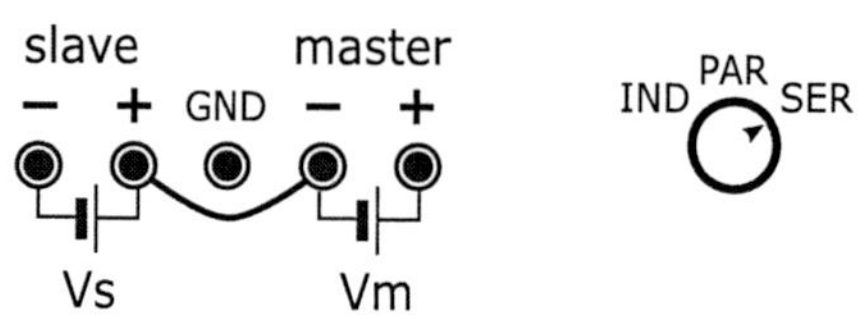

(c)

그림 1.12 직류 전압원 공급장치 설정

❑ PAR 선택

그림 1.12 (b)는 'PAR'로 선택된 경우인데, 마스터 전압원 단자와 슬레이브 전압원 단자에 나타나는 전압원의 크기가 항상 서로 같다. 즉, Vm = Vs 이다. 그리고 이 경우에

는 마스터 전압원 손잡이로만 두 전압원의 전압 크기를 동시에 설정할 수 있고, 슬레이브 전압원 조절 손잡이는 조절해도 반응하지 않는다.

'PAR'로 선택하는 경우는 OP 앰프 (operational amplifier) 등과 같이 크기가 같은 양 (positive)의 전원과 음 (negative)의 전원이 동시에 필요한 회로에서 사용된다.

❑ SER 선택

그림 1.12 (c)는 'SER'로 선택된 경우인데, 마스터 전압원 단자와 슬레이브 전압원 단자가, 그림에서 굵은 실선으로 표시한 것과 같이, 직류 전압원 공급장치 내부에서 서로 직렬로 연결되어 있는 구조이다.

마스터와 슬래이브 전압원이 직렬로 연결되어 있기 때문에, 이 두 전원을 합하여 전압의 크기가 큰 하나의 직류 전압원이 필요할 때 사용되기도 한다.

본격적으로 실험에 들어가기 전에 멀티미터 (multimeter)의 전압계를 사용하는 법을 익힘과 동시에 우리가 사용하게 될 직류 전압원 공급장치의 특성을 측정으로 알아보자. 그림 1.13은 측정 대상인 직류 전압원 공급장치에서 마스터 출력의 '+', '−' 표시 단자에 전압계를 접속한 것이다. 전압만 측정하는 독립적인 전압계를 이용하여 전압을 측정할 수도 있지만, 일반적으로 실험실에서는 하나의 계측기로 전압, 전류, 저항을 포함하여 몇 가지 요소들을 측정할 수 있는 기능을 갖는 멀티미터를 사용한다.

실험 1 직류 전압원 공급장치 설정 및 출력 전압 측정

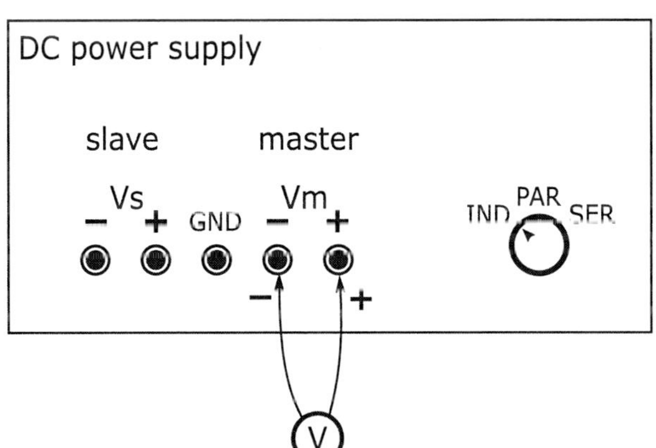

그림 1.13 직류 전압원 공급장치의 전압 측정

1. 직류 전압원 공급장치의 마스터 전압원과 슬레이브 전압원이 서로 독립이 되도록 내부 구조 설정 스위치를 'IND'의 위치에 맞춘다.

2. 직류 전압원 공급장치에 전압계를 연결하지 않은 상태에서, 마스터 전압원의 전압 크기를 조절하는 스위치를 좌우로 돌려 전압원 공급장치의 화면에 나타나는 전압의 범위를 확인하고 다음에 기록하시오.

최소 전압의 크기 : ______________ [V]
최대 전압의 크기 : ______________ [V]

3. 멀티미터의 스위치나 버튼들을 조작하여, 멀티미터를 직류 전압을 측정할 수 있는 상태로 설정한다.

4. 2에서 확인한 직류 전압원 공급장치가 제공할 수 있는 최대 전압의 크기를 고려하여 그 값보다 큰 범위의 전압을 측정할 수 있도록 멀티미터의 전압 측정 범위를 설정한다.

5. 그림 1.13에 나타낸 것처럼 멀티미터를 마스터 전압원의 출력 단자에 접속한다. 그리고 마스터 전압원 크기를 표 1.1에 주어진 값으로 설정한 후 멀티미터로 측정한 값을 기록한다.

단위 [V]

표시전압	0.0	1.0	2.0	3.0	4.0	5.0	6.0	7.0	8.0	9.0
Vm										
Vs										
오차										
표시전압	10.0	11.0	12.0	13.0	14.0	15.0	16.0	17.0	18.0	19.0
Vm										
Vs										
오차										

표 1.1 Vm : 마스터 전압원 측정값, Vs : 슬레이브 전압원 측정값

마스터 전압원에 대해서 측정이 끝나면 슬레이브 전압원에 대해서도 동일한 과정을 반복한다. 멀티미터로 측정할 때, 단위는 [V]를 사용하고 측정치는 소수점 1자리까지 읽어서 기록한다. 전압원의 전압을 변경할 때에는 항상 멀티미터를 전압원의 출력단자에서 분리시킨 상태에서 전압원의 목표값을 설정한다.

6. 표 1.1에 측정한 결과값을 이용하여 오차 Vme에 대해서 계산하고 그 결과를 그림 1.14의 그래프에 표시한다. 여기에서 Vme를 식 (1.2)와 같이 정의한다. 그래프를 그린 후 관찰된 오차의 특성에 대해서 설명하시오.

Vme = 직류 전압원 공급장치에 표시된 마스터 전압 - 마스터 전압 측정값 (1.2)

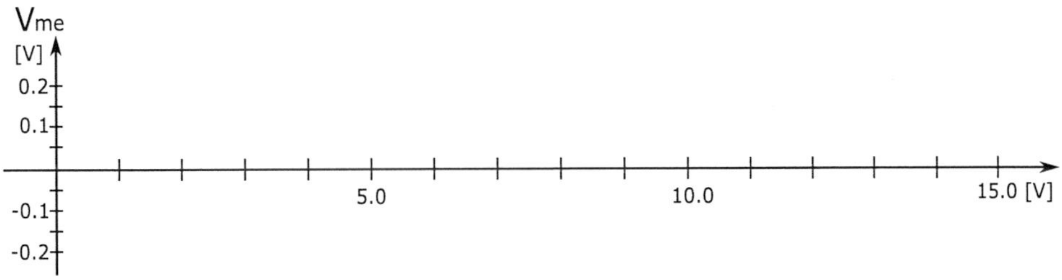

그림 1.14 직류 전압원 공급장치 오차

실험 2 실험 회로를 브레드보드에 구현

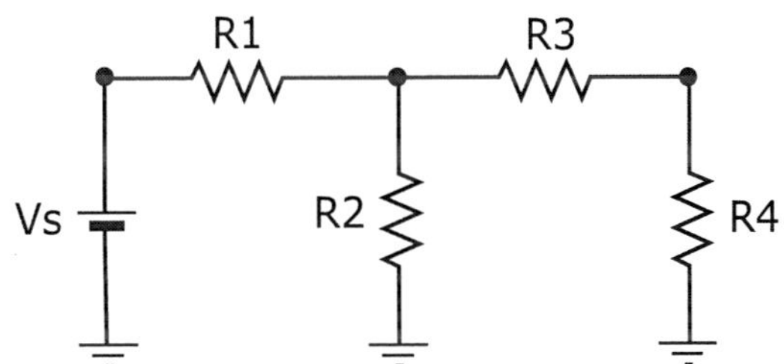

그림 1.15 브레드보드에 구현할 회로

1. 그림 1.15에 주어진 회로를 실험하기 위해 그림 1.16에 주어진 것과 같은 브레드보드를 사용한다. 주어진 회로의 부품들이 브레드보드 상에 적절히 배치되고, 브레드보드의 홀에 삽입되어 연결된 그림을 그림 1.16에 주어진 브레드보드 위에 그리시오. 부품의 단자가 삽입된 홀은 검정색으로 채운다.

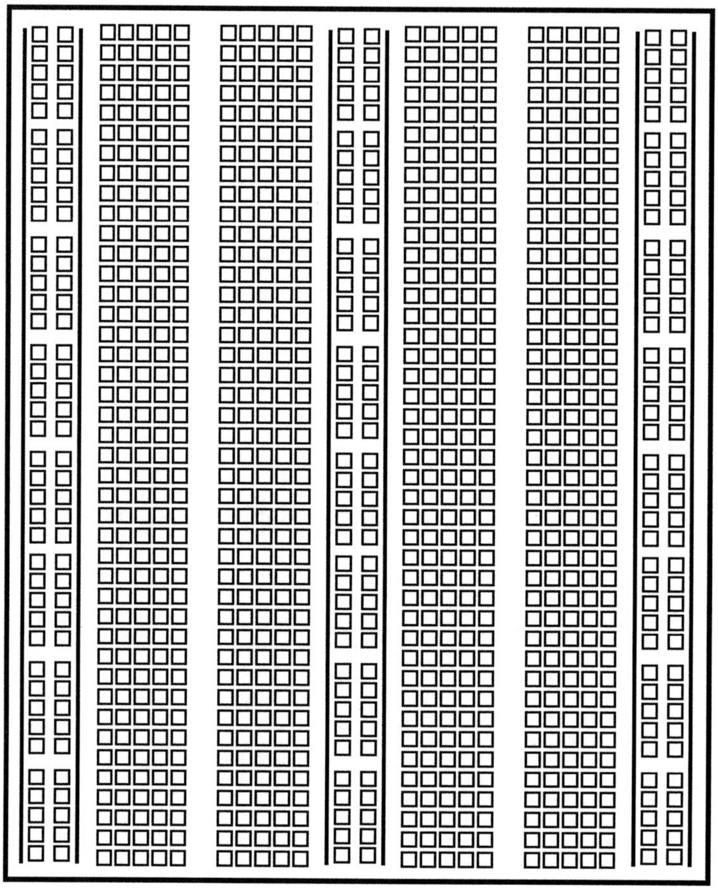

그림 1.16 브레드보드

2. 회로에서 사용되는 저항값이 R1 = 1 kΩ, R2 = 2 kΩ, R3 = 15 kΩ, R4 = 100 kΩ로 주어진다. 이 회로의 구성을 위해 실험 시간에 실제로 제공되는 저항들의 표면에 칠해진 색띠의 색상을 표 1.2에 기록하시오. 저항의 색띠로 사용되는 색상에 대해서는 인터넷에서 '저항의 컬러 코드' 등과 같은 검색어를 이용하여 찾아서 색상별로 정의된 숫자를 확인한다. 표에 색띠의 색상을 기록할 때, 좌측에서부터 색상이 우측 방향으로 표시되어 있는 색상들을 순서대로 기록한다. 없는 위치는 표에서 비워둔다.

색띠	첫째	둘째	세째	네째	다섯째	오차 (%)
1kΩ						
2 kΩ						
15 kΩ						
100 kΩ						

표 1.2 저항 색띠

실험 3 저항 회로에서 전압 측정

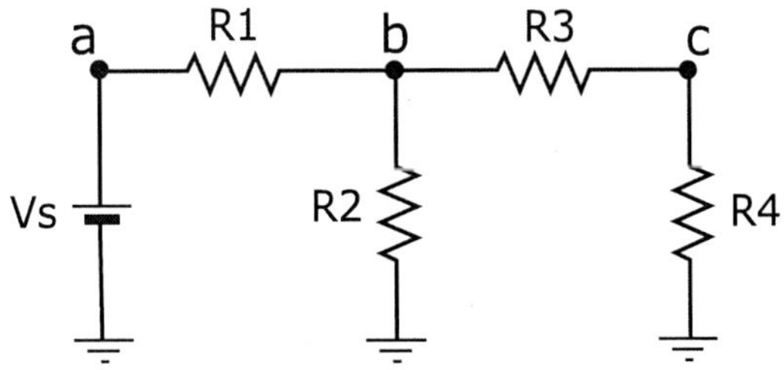

그림 1.17 전압 측정을 위한 회로

1. 그림 1.17에 주어진 회로에 대해 실험으로 각 부품의 전압, 노드의 전위 등을 측정하려고 한다. 이 회로를 주어진 브레드보드 위에 구성하시오. 여기서 R1 = 1 kΩ, R2 = 2 kΩ, R3 = 15 kΩ, R4 = 100 kΩ으로 주어진다. Va, Vb, Vc를 각각 노드 a, b, c의 전위, Vab, Vbc, Vca를 각각 노드 쌍 {a, b}, {b, c}, {c, a}에 대한 전위차로 정의할 때, 전압계를 이용하여 직류 전압을 측정하고 표 1.3에 기록한다. 전압계의 측정 범위는 직류 전압원 Vs의 크기보다 큰 값으로 설정한 후 측정한다.

단위 [V]

Vs	Va	Vb	Vc	Vab	Vbc	Vca
5.0						
10.0						
15.0						

표 1.3 전압 측정 결과

2. 1에서 측정 결과를 잘 관찰하고 분석하여, 그림 1.17의 저항 회로에 인가되는 직류 전압원 Vs의 크기 변화에 따른 Va, Vb, Vc, Vab, Vbc, Vca의 관계를 설명하시오.

3. 2에서 분석하고 설명한 결과를 바탕으로 하여, Vs = 8 [V]인 경우의 Vb 값을 추정하여 계산하시오.

4. 3에서 추정하여 계산한 값과, 실제로 직류 전압원 Vs를 8 [V]로 설정한 상태에서 측정한 Vb값을 비교하시오.

실험 4 전류 측정

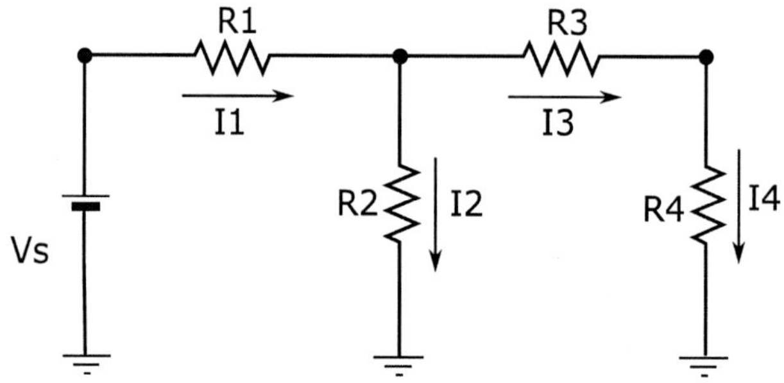

그림 1.18 전류 측정 회로

1. 그림 1.18에 주어진 회로에 대한 실험에서 전류계를 이용하여 저항 R1, R2, R3, R4에 흐르는 전류 I1, I2, I3, I4를 측정하려고 한다. 이 회로를 주어진 브레드보드 위에 구성하시오. 여기서 R1 = 100 Ω, R2 = 100 Ω, R3 = 1 kΩ, R4 = 1 kΩ로 주어진다.

2. 직류 전압원 Vs에서 바라본 우측의 R1, R2, R3, R4의 합성 저항을 구하는 식을 쓰고 주어진 저항값들을 대입하여 계산하시오.

3. 직류 전압원이 Vs = 15 V일 때, I1을 계산하시오.

4. 멀티미터를 직류 전류 측정 기능으로 설정한다. 일반적으로 멀티미터에는 측정할 수 있는 전류의 크기에 따라, 측정 범위가 적은 경우와 큰 경우를 선택할 수 있도록, 빨강색 프루브를 접속하는 커넥터 (connector) 단자가 두 개 제공된다. 3에서 계산에 의해 구한 값보다 큰 범위를 측정할 수 있는 프루브 커넥터 단자에 빨강색 프루브를 연결한다. 빨강, 검정 프루브를 멀티미터의 해당 커넥터 단자에 연결한 후, 멀티미터에서 측정하는 전류의 범위를 설정하는데, 이때에도 3에서 계산한 값보다 큰 범위를 선택한다.

5. 직류 전압원 Vs의 값이 5 V, 10 V, 15 V로 주어지는데 각 경우에 대해서 전류 I1, I2, I3, I4를 측정하고 표 1.4에 기록한다.

단위 [mA]

Vs	I1	I2	I3	I4
5.0 V				
10.0 V				
15.0 V				

표 1.4 전류 측정 결과

6. 5에서 측정 결과로 구한 값을 잘 관찰하고 분석하여, 그림 1.18의 저항 회로에 인가되는 직류 전압원 Vs의 크기 변화에 따른 I1, I2, I3, I4의 관계를 설명하시오.

7. 6에서 분석하여 설명한 결과를 바탕으로 하여, Vs = 8 V일 때의 I2 값을 추정하여 계산하시오.

8. 7에서 추정하여 계산한 값을, 실제로 직류 전압원 Vs를 8 V로 설정한 상태에서 측정한 I2값과 비교하시오.

제2장 | OrCAD와 PSPICE를 활용한 모의실험

I 실험 목표

- OrCAD와 PSPICE의 기능과 활용에 대해서 이해하고, PSPICE를 활용한 모의실험에서 회로에 대한 다양한 분석법에 대해서 알아본다.
- OrCAD와 PSPICE의 관계에 대해서 이해한다.
- 'OrCAD Capture'를 이용하여 회로도를 작성하는 방법에 대해서 배운다.
- PSPICE로 다양한 분석을 수행하기 위한 모의실험 환경을 설정하는 방법에 대해서 배운다.
- 회로에 대해 동작점을 구하는 방법에 대해서 배운다.
- 회로에 대해 직류 특성 분석을 수행하는 방법을 배운다.
- 회로에 대해 과도 특성 분석을 수행하는 방법을 배운다.
- 회로에 대해 교류 주파수 특성을 분석하는 방법을 배운다.
- PSPICE 모의실험의 다양한 기법을 익히고 대표적인 예제들에 대해 적용한다.

II 실험 부품 및 준비 사항

- PSPICE 소프트웨어가 설치된 컴퓨터

III 실험 내용

이 장에서는 OrCAD와 PSPICE를 이용하여 모의실험을 수행하여 결과를 관찰하고 분석하는 방법을 익히기 위해, 먼저 OrCAD 프로그램을 사용하여 회로를 입력하는 방법을 설명하고, 분석의 대상이 되는 회로를 PSPICE 프로그램으로 모의실험을 수행하며 다양한 관점에서 분석하는 대표적인 방법들에 관해서 설명한다.

1 OrCAD와 PSPICE 개요

OrCAD 프로그램과 PSPICE 프로그램은 Cadence 회사의 소프트웨어 제품인데, 컴퓨터를 이용한 회로 설계 및 분석에 필요한 다양한 요소들을 지원하기 때문에, 엔지니어 또는 연구자가 이 프로그램들을 필요한 곳에 적절히 활용하여 시간과 비용을 절약하고 업무의 생산성을 높이고 있다.

이 프로그램들을 사용하여 제품을 설계할 때, 회로에 대한 동작을 사전에 분석 평가하여 설계에 반영하기 때문에 개발 과정에 수반되는 시작품 제작 횟수를 줄일 수 있다. 또한, 업계에서 널리 사용되는 방법과 표준화된 설계 결과물을 생성하기 때문에, 선·후 관계에 있는 업무 간에, 부서 간에, 다른 회사 간에 결과물을 공유하기 쉽다.

예를 들어 OrCAD 프로그램으로 그려진 회로도를 공유한다든지, 이미 그려진 회로도로부터, 회로도의 부품들이 서로 어떻게 연결되어 있는지를 나타내는, 'netlist' 파일을 추출하여 PCB (printed circuit board) 설계에서 활용한다. 또한 모의실험을 수행할 때, PSPICE 프로그램은 OrCAD 프로그램에 의해 생성된, 회로의 부품들이 연결된 정보와 부품번호, 부품값, 부품의 모델 파라미터 속성 등이 포함된, 'netlist' 파일을 모의실험의 입력으로 활용하기도 한다.

이 책에서는 우리가 회로이론, 전자회로, 또는 그와 유사한 내용을 포함하는 이론 과목에서 배우는 대표적인 회로에 대해, 반응을 관찰하면서 동작을 이해하고 특성을 분석하기 위해, 'OrCAD Capture' 프로그램은 회로도를 입력하는 데 활용하고, 모의실험을 수행할 때 회로의 파형을 관찰하고 분석하는 과정에서 PSPICE를 사용한다.

PSPICE로 회로에 대한 모의실험을 수행하면서 다음과 같은 분석을 수행할 수 있다.

❑ 동작점 분석 (bias point analysis)

고정된 크기의 직류 전원 (전압원 또는 전류원)이 인가될 때, 회로의 반응 (각 부품에 나타나는 전압이나 부품을 통해 흐르는 전류)을 계산한다.

❑ 직류 특성 분석 (DC sweep analysis)

직류 전원 (전압원 또는 전류원)의 크기를 분석하고자 하는 범위에서 변화시킬 때, 회로의 반응을 분석한다.

❑ 과도 특성 분석 (transient analysis)

회로에 직류 또는 교류 전원을 인가할 때, 특정 노드의 전압, 부품의 양쪽 단자 사이의 전압, 부품을 통해 흐르는 전류의 파형을 관찰하면서 분석한다.

❑ 교류 주파수 특성 분석 (AC sweep analysis)

회로에 인가되는 교류 전원의 주파수를 주어진 범위에서 변화시킬 때, 분석하고자 하는 부분의 크기나 위상 변화를 관찰하면서 그 회로의 주파수 특성을 분석한다.

❑ 파라미터 분석 (parametric analysis)

회로의 특정 부품에서 선정된 다수의 값들에 대해 모의실험을 수행하면서 그 결과를 동시에 관찰한다. 회로 설계시 주어진 조건을 만족하는 부품값을 선정할 때 사용할 수 있다.

❑ 성능 분석 (performance analysis)

파형 그룹들의 특성을 비교할 수 있고, 탐색 명령 규칙들을 사용하여 파형 그룹에 있는 각 곡선에 대해 원하는 점들을 찾고 어떻게 변화하는지 표시하고, 변하는 파라미터들에 대해 회로의 특성이 달라지는 내용을 분석할 수 있다.

2 OrCAD와 PSPICE 프로그램의 설치 및 이용

OrCAD와 PSPICE 프로그램은 Cadence 회사의 제품으로서, 이 프로그램들은 설계와 분석 관련하여 여러 기능의 프로그램들을 하나로 묶은 형태의 소프트웨어 패키지에 포함되어 있다. 따라서 이 프로그램들을 사용하기 위해서는 Cadence 사의 홈페이지[1]에서 해당 소프트웨어를 다운로드 (download) 받고 개인용 컴퓨터에 설치한 후 사용할 수 있다.

이 소프트웨어를 사용하기 위한 라이센스 (license)가 필요한 기업이나 기관에서는 라이센스를 구매한 후 사용하면 된다. 한편, 제한된 조건의 무료 체험판도 이용할 수 있다.

다음에 OrCAD와 PSPICE를 이용하여 이 책에서 자주 접하게 되는 대표적인 분석 기법인 동작점 분석, 직류 특성 분석, 과도 특성 분석, 교류 주파수 특성 분석에 대해서 설명한다.

3 동작점 분석 (bias point analysis)

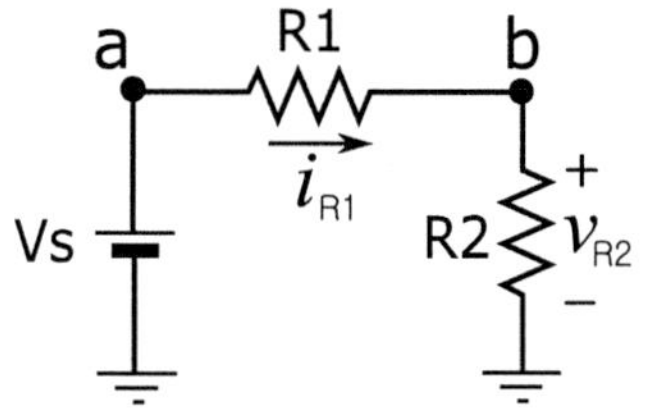

그림 2.1 직렬 저항 회로

1) Cadence 사의 홈페이지 : www.cadence.com

PSPICE 모의실험에서 동작점 분석으로 하는 일에 대해 간단한 회로를 예로 사용하여 설명하기 위해, 그림 2.1에 나타낸 회로를 분석해서 저항 R1에 흐르는 전류 i_{R1}과 저항 R2에 나타나는 전압 v_{R2}를 구해보자.

3.1 직접 해석

회로가 간단하므로 직접 구하면, 저항 R1과 R2가 직렬로 연결된 회로에 직류 전압원 Vs가 인가되므로, 직류 전압원 Vs로부터 회로 전체에 흐르는 전류 i_{R1}은 식 (2.1)과 같이 구한다.

$$i_{\mathrm{R1}} = \frac{V_s}{\mathrm{R1} + \mathrm{R2}} \tag{2.1}$$

그리고 전류 i_{R1}을 구하면, R1과 R2가 직렬로 연결되어 있으므로, 저항 R2에 흐르는 전류는 저항 R1에 흐르는 전류와 같고, 따라서 저항 R2에 나타나는 전압은 오옴의 법칙에 의해 식 (2.2)와 같이 구한다.

$$v_{\mathrm{R2}} = \mathrm{R2} \cdot i_{\mathrm{R1}} \tag{2.2}$$

그림 2.1의 회로에서 R1 = 1 Ω, R2 = 4 Ω, Vs = 10 V로 주어지면, 식 (2.1), (2.2)에 의해, i_{R1}은 2 A, v_{R2}는 8 V로 계산된다.

3.2 PSPICE 동작점 분석 기능을 이용한 해석

PSPICE로 모의실험을 수행하기 위해서는 먼저 PSPICE에 사용할 회로를 'OrCAD Capture' 프로그램을 이용하여 그려야 하는데, 다음과 같은 절차를 따른다.

i) 새로운 프로젝트 생성

① Windows에 설치되어 있는 프로그램들중 'Cadence' 이름 아래에 있는 여러 프로그램 가운데 'OrCAD Capture'를 선택하여 실행한다.

② 새 프로젝트 생성 : 메뉴 File → New → Project를 순서대로 선택한다.

③ 'Name' 항목에 새로 생성할 프로젝트의 이름 (실험할 내용을 상징할 수 있는 이름, 예를 들어 'RESISTORS')을 입력하고, 'Create a New Project Using' 사각형 안에 'Analog or Mixed A/D'가 선택되었는지 확인하고, 'Location' 항목에 지금 생성하고 있는 프로젝트가 저장될 디렉토리를 지정한 후, 'OK' 버튼을 누른다.

④ 'Create Pspice Project' 대화 창이 나타나면, 'Create a blank project'를 선택한 후, 'OK' 버튼을 누른다.

⑤ 생성된 프로젝트에 속한 파일들과 환경들을 탐색할 수 있는 창과 회로도를 입력할 수 있는 창 (SCHEMATIC PAGE) 이 나타남.

ii) 회로도 입력

그림 2.1의 회로에는 저항 R1, R2, 직류 전압원 Vs 등과 같은 부품 기호와 접지 기호가 배치되어 있고 이들 간에 선으로 연결되어 있다. 이 회로를 회로도 입력 창에 그린다.

① 회로도 입력 창을 선택.

② 메뉴 Place→Part을 순서대로 선택하면 입력할 부품을 선택할 수 있게 된다.

③ 저항 R1, R2 입력.

④ 'Libraries' 항목 사각형 안에 'ANALOG' 라이브러리가 보이는 것을 확인한 후, 보이지 않는 경우 'Add Library' 버튼을 클릭하고 'ANALOG.OLB' 파일을 선택하여 추가하여 보이게 하고, 'Part List' 항목 사각형 안에 나열된 부품들 가운데 저항 R을 선택한 후 'Place Part' 버튼을 누르고 회로도 입력창의 적당한 위치에 배치한다. 부품을 선택한 후 마우스 오른쪽 버튼을 누르면 부품을 회전시켜서 배치할 수도 있다.

⑤ 회로도 입력창에 배치된 저항의 부품 참조 번호 (part reference number)가 R1, R2로 표시되어 있는지 확인한다. 그리고 R1, R2의 저항값을 각각 1 Ω, 4 Ω으로 지정하는데, 단위 중 Ω은 생략한다. 예를 들어 10 kΩ인 경우 Ω은 생략하고 10 k만 입력한다.

⑥ 직류 전압원 Vs 입력.

⑦ 'Libraries' 항목 사각형 안에 'SOURCE' 라이브러리가 보이는지 확인하다. 보이지 않는 경우 앞에서 설명한 방식을 따라 'SOURCE.OLB' 파일을 선택하여 보이게 한다. 라이브러리 목록에 보이는 'SOURCE' 라이브러리를 선택한 후, 직류 전압원 'VDC'를 선택하여 회로도 입력 창에서 적절한 위치에 배치한다. 전압원 'VDC'의 값을 '10Vdc'로 설정한다.

⑧ GROUND 입력.

⑨ 메뉴 Place→Ground를 순서대로 선택하면 OrCAD에서 제공하는 다양한 접지 기호와 'VCC' 기호 (전압원의 양극에 연결됨)가 목록에 나타나는데, 그중 접지 기호 옆에 '0'이 표시된 기호를 선택하여 회로도의 적당한 위치에 배치한다.

⑩ 회로도에서 부품들을 선으로 연결.

⑪ 메뉴 Place→Wire를 순서대로 선택하여 그림 2.1에 나타낸 회로도와 같이 부품 사이를 연결한다.

⑫ 그림 2.1 회로에서 노드 b의 전압을 관찰하기 위해, 메뉴 Place → Off-Page Connector를 순서대로 선택하면 나타나는 목록 중에 'OFFPAGELEFT-L'을 선택하여 회로도 입력창의 R1와 R2가 만나는 선 부근에 배치한 후 선으로 그림 2.1 회로의 노드 b에 해당하는 위치의 선에 연결한다. 그리고 'OFFPAGELEFT-L'에 원하는 이름으로 입력한다. 예를 들어 회로도의 노드 b와 같이 이름을 'B'로 지정한다.

⑬ 회로를 모두 입력하였으면, 다른 작업을 수행하기 전에 회로도 입력 창의 내용을 파일에 저장한다.

iii) PSPICE 모의실험

① PSPICE 모의실험 이름 지정 및 분석 기법 선택

메뉴 PSpice-New Simulation Profile을 순서대로 선택하면, 'New Simulation' 대화창이 나타나는데, 이름을, 예를 들어, 'BIAS'로 입력하고 'Inherit From list' 항목에서 'None'을 선택하고 'Create' 버튼을 누른다.

'BIAS'라고 이름이 붙여진 'Simulation Settings' 대화창이 나타나면 'Analysis type' 항목에서 'Bias Point'를 선택한 후 '확인' 버튼을 누른다.

② PSPICE 모의실험 수행

메뉴 PSpice → Run을 순차적으로 선택하면 PSPICE 모의실험이 진행된다. 'OrCAD Capture'를 이용한 입력한 회로도에 문제가 없으면 오류가 발생하지 않고, 이어서 모의실험이 성공적으로 시작되고, 모의실험이 종료되면 모의실험 결과가 그림 2.2와 같이 회로도 입력창의 회로도에 수치로 나타나고, 모의실험 결과가 별도로 새로운 창에 나타난다.

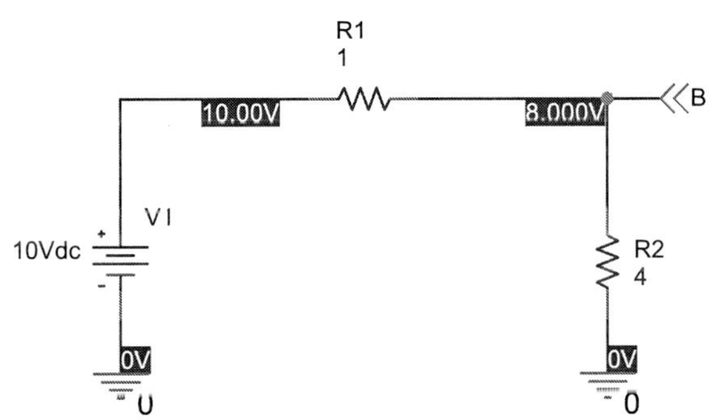

그림 2.2 PSPICE : bias point analysis 결과

그림 2.2의 모의실험 결과를 보면, 전압원 V1 (그림 2.1의 회로에서는 Vs로 표현됨)과 저항 R1 사이의 선 (그림 2.1에서 노드 a)에 10.00V, 그리고 R1과 R2 사이의 선 (그림 2.1에서 노드 b)에 8.00 V가 표시되어 있다. 이것은 접지 기호를 0 V로 간주하고, 접지로부터 노드 a와 b의 전위가 각각 10.00 V와 8.00 V라는 의미이다. 그런데, 노드 b의 전위는 저항 R2의 전압과 같으므로, PSPICE 모의실험을 통해 얻은 결과는 직접 수식으로 구한 결과와 같음을 확인할 수 있다.

예제 1

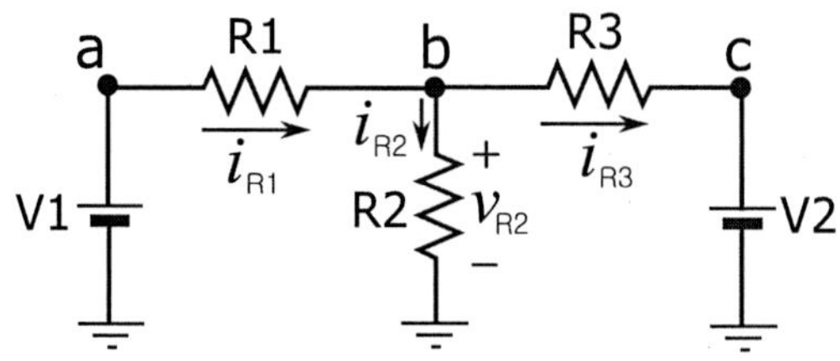

그림 2.3 직류 전압원과 저항 회로

그림 2.3의 회로에서 그리고 R1, R2, R3의 저항값은 각각 1 Ω, 4 Ω, 4 Ω이고, 전원 V1, V2는 각각 10 V, 8 V이다. 메시 해석법이나 마디 해석법을 이용하여 회로를 해석하여 구한 결과와 PSPICE 'bias point analysis'를 수행한 결과를 표 2.1에 기록하고 서로 비교하여 설명하시오.

결과	메시 (마디) 해석법	PSPICE
i_{R1}		
i_{R2}		
i_{R3}		
v_{R2}		
v_{ab}		
v_{cb}		

표 2.1 메시 (마디) 해석법 결과와 PSPICE 결과 비교

4 직류 특성 분석 (DC sweep analysis)

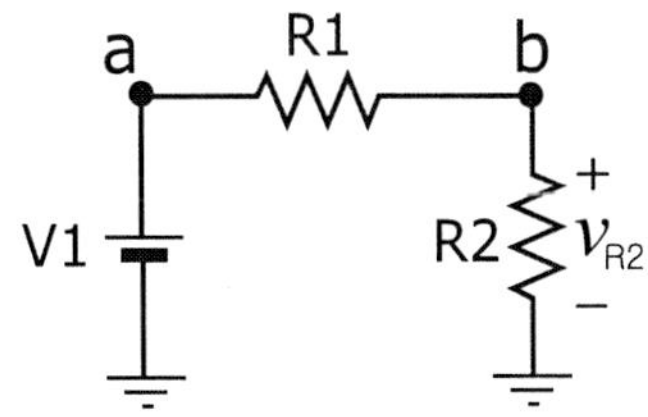

그림 2.4 직류 특성 분석 대상 회로

그림 2.4의 회로에서 직류 전압원 V1을 0 V에서 15 V까지 변화시킬 때, 저항 R2에 나타나는 전압 v_{R2}을 구해보자.

전통적인 회로 해석법을 따라, v_{R2}는 저항 R1과 R2가 직렬로 연결된 회로에서 저항 R2에 나타나는 전압이므로, 전압 분배 법칙에 의해 식 (2.3)과 같이 표현된다.

$$v_{R2} = \frac{R_2}{R_1 + R_2} \cdot V1 \tag{2.3}$$

그림 2.5는 그림 2.4 회로에서 전압원 V1의 변화에 따라 저항 R2에 나타나는 전압 v_{R2}의 변화를 식 (2.3)으로 표현한 것을 그래프로 나타낸 것인데, 그래프에서 볼 때, 전압원 V1과 전압 v_{R2}사이에는 선형적인 관계가 있음을 알 수 있다.

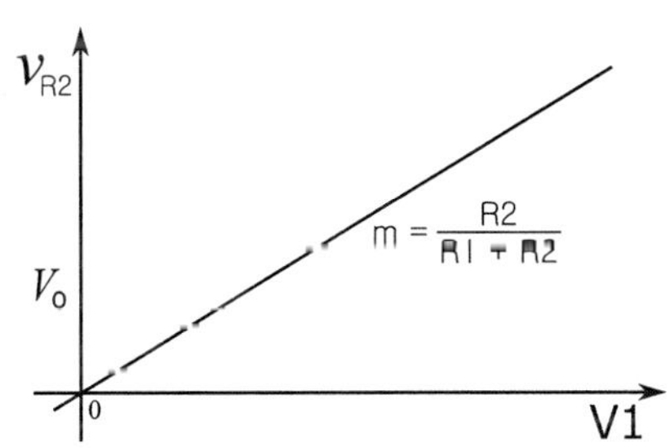

그림 2.5 직류 전압 특성

i) 회로도 입력

'OrCAD Capture' 프로그램을 이용하여 새로운 프로젝트를 생성하고, 그림 2.4의 회로를 입력하는 과정은 앞에서 동작점 분석에서 설명한 것과 동일한 방법을 따른다. 여기서 R1 = 1 Ω, R2 = 4 Ω이다.

ii) PSPICE 모의실험

① PSPICE 모의실험 이름 지정은 앞에서 동작점 분석에서 설명한 것과 동일한 방법을 따르지만, 'Simulation Settings' 대화창이 나타나면 'Analysis type' 항목에서 'DC Sweep'을 선택한다.

② 'Sweep variable' 이름의 사각형 안에 나열된 항목 중 'Voltage source'가 선택되어 있는지 확인하고, 'Name' 항목의 이름을 'OrCAD Capture' 프로그램으로 입력한 회로도 상에서 직류 전압원의 부품 참조 번호 V1을 입력한다. 이것은 부품 참조 번호가 V1인 전압원의 값을 PSPICE 모의실험 과정에서 변화시키겠다는 의미이다.

③ 'Sweep type' 이름의 사각형 안에 나열된 항목 중 'Linear'가 선택되었는지 확인하고, 위에서 지정한 'Sweep variable' V1이 변하는 범위를 지정한다. 여기에서는 앞에서 분석하기 전에 설명한 것과 같이 0 V에서 15 V까지 변화시키면서 저항 R2에 나타나는 전압의 변화를 관찰할 예정이므로, 'Start value' 항목을 0, 'End value' 항목을 15, 'Increment' 항목을 1로 지정한다. 'Increment' 항목은 'Start value'와 'End value' 사이에서 전압이 단계적으로 증가할 때, 단계 크기를 의미한다.

④ PSPICE 직류 특성 분석 모의실험 환경 설정을 마치고, 저항 R2의 전압 변화를 관찰하기 위해, 회로도 입력 창에서 'Voltage/Level Marker : 탐침 (probe) 모양'를 선택하여 회로도 상에서 저항 R2 위쪽의 노드 b에 해당하는 위치에 그림 2.6과 같이 붙여서 연결한다. 'Voltage/Level Marker'는 그림에서 저항 R1과 R2 사이의 선은 'OrCAD Capture'에서는 같은 선 이름을 갖기 때문에 선의 어느 위치에 붙여도 된다.

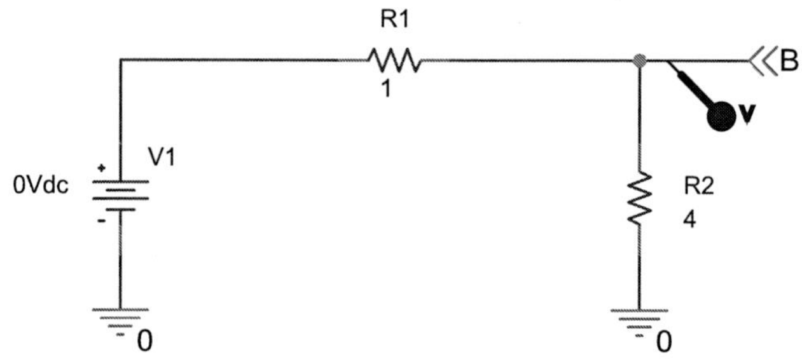

그림 2.6 'Voltage/Level Marker' 추가

⑤ PSPICE 모의실험 진행 : 메뉴 PSpice → Run을 순차적으로 선택하면 PSPICE 모의실험이 진행된다. 입력한 회로도에 문제가 없고 모의실험 환경 설정에 오류가 없으면, 모의실험이 성공적으로 시작되고, 모의실험이 종료되면 모의실험 결과가 그림 2.7과 같이 별도의 새로운 창에 나타난다.

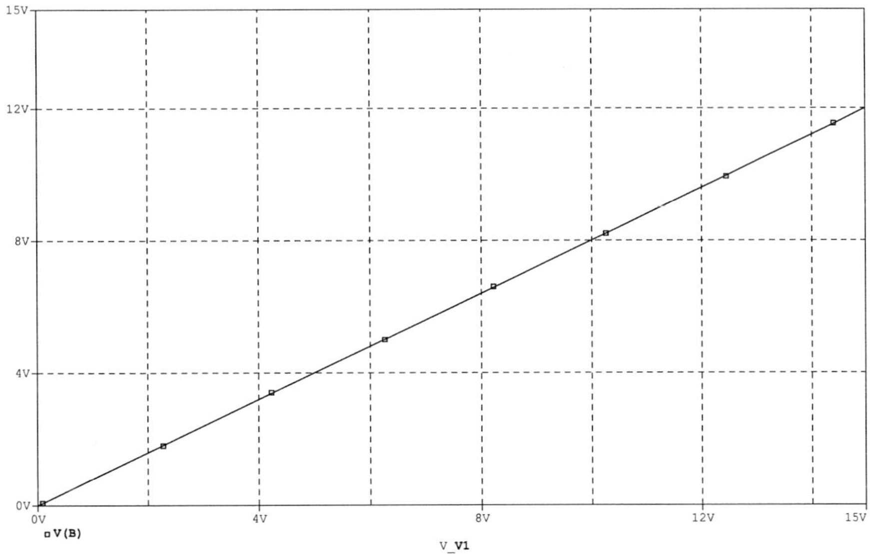

그림 2.7 PSPICE 'DC sweep analysis' 결과

그림 2.7에 나타낸 PSPICE 모의실험 'DC sweep analysis' 결과는 R1 = 1 Ω, R2 = 4 Ω인 그림 2.4의 회로에 대해 직류 전압원 V1을 0 V에서 15 V까지 1 V 단계로 증가시키면서 저항 R2에 나타나는 전압 v_{R2}를 관찰한 것인데, v_{R2}는 0 V에서 12 V까지 선형적으로 증가하는 특성을 보인다. 이 결과를 볼 때, 회로 해석 방법을 적용하여 구한 그림 2.5에 나타낸 결과와 특성이 같은 것을 알 수 있다.

예제 2

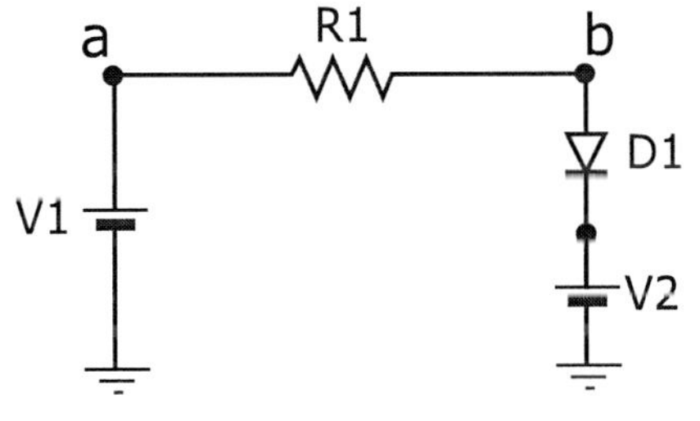

그림 2.8 클리퍼 (clipper) 회로

그림 2.8의 회로에서 R1은 1 Ω이고 V2는 7 V 직류 전압원이다. PSPICE 'DC sweep analysis' 모의실험을 수행하여, 전압원 V1을 -10 V에서 10 V까지 변화시킬 때, 노드 b의 전위 변화를 그래프로 나타내고 그 특성을 설명하시오. 다이오드 D1은 부품번호 D1N4001을 사용하는데, D1N4001은 라이브러리 파일 'DIODE.OLB'를 추가시키고 선택하여 사용할 수 있다.

5 과도 특성 분석 (transient analysis)

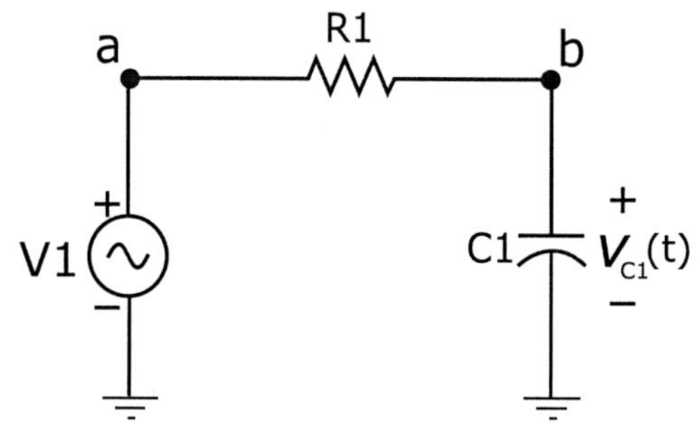

그림 2.9 RC 회로

PSPICE에서 과도 특성 분석이란 회로의 입력에 어떤 신호를 인가할 때, 회로에서 원하는 노드의 전압 또는 특정 부품에 흐르는 전류의 시간적인 변화를 관찰할 때 사용되는 분석 기법이다.

예를 들어, 그림 2.9에 나타낸 저항 R1과 커패시터 C1으로 구성된 회로는 앞으로 배우고 실험할 회로인데, 이 회로에 대한 분석은 미분 방정식을 이용하여 해를 구하여 파형을 그려보거나, Laplce 변환과 임피던스를 이용하여 전달함수를 구하여 크기와 위상을 분석하는 방식으로 해석을 할 수도 있다. 그러나 이 장에서, 먼저 입력에 인가되는 신호 V1이 사인파인 경우, 커패시터 전압 $v_{c1}(t)$크기와 위상 지연을 관찰하기 위해, PSPICE 'transient analysis' 기법을 사용해보자.

i) 회로도 입력

'OrCAD Capture' 프로그램을 이용하여 새로운 프로젝트를 생성하고, 그림 2.9의 회로를 입력하는 과정은 앞에서 동작점 분석에서 설명한 것과 동일한 방법을 따른다. 커패시터 C1은 'ANALOG' 부품 라이브러리에서 선택할 수 있는데, 부품 라이브러리 목록에 보이지 않으면 'ANALOG.OLB' 파일을 선택하면 사용할 수 있게 된다. 회로도를 입력할 때, R1과 C1은 각각 100 kΩ과 0.001 μF 값을 갖도록 입력한다. 그런데, 'OrCAD Capture' 프로그램에서는 단위 중 'μ' 기호를 입력할 수 없기 때문에 대신 비슷하게 생긴 'u'를 사용한다.

신호 V1을 입력하는 방법은 몇 가지 방법 중 선택할 수 있는데, 여기에서는 'Stimulus Editor'를 활용하게 되는 부품 'VSTIM'을 사용한다. 'VSTIM'은 부품 라이브러리 'SOURCSTM' 안에 포함되어 있다. 'VSTIM' 부품을 선택하여 회로도 입력창 적당한 위치에 배치하고, 회로도 입력창에서 다시 이 부품을 선택한 상태에서 마우스 우측 버튼을 누르고 'Edit Stimulus Edit'를 선택하면 'Stimulus Editor'가 호출되어 'VSTIM'의 속성을 설정할 수 있게 된다.

'Stimulus Editor'가 실행되면, 대화상자 'New Stimulus'에서 'Name' 항목에, 예를 들어 'SINE', 이름을 기록하고 'ANANLOG' 이름의 사각형 안에 나열된 신호의 모양 중 'SIN (sinusoidal)'이 선택되었는지 확인한다. 이어서 'OK' 버튼을 누른 다음에 나타나는 'SIN attributes' 이름의 대화상자에서 사인파의 속성을 지정할 수 있게 된다.

'SIN attributes' 대화상자에서 'Amplitude : 진폭' 항목을 1, 'Frequnecy (HZ) : 주파수' 항목을 1k로 입력하고 나머지 항목은 0으로 두고 'Apply' 버튼, 'OK' 버튼을 누르면, 'Stimulus Editor' 창에 진폭이 1 V, 주파수 1 kHz인 사인파가 나타난다. 그러면 이 파형이 회로도에서 부품 참조 번호가 V1인 입력 신호로 사용되는 것이다.

ii) PSPICE 모의실험

① PSPICE 모의실험 이름 지정은 앞에서 동작점 분석에서 설명한 것과 동일한 방법을 따르지만, 'Simulation Settings' 대화창이 나타나면 'Analysis type' 항목에서 'Time Domain (Transient)'를 선택한다.

② 'Run to time' 항목에 모의실험을 몇 초까지 수행할 것인가를 지정하는데, 입력 V1에 사용하는 신호의 주파수가 1 kHz이므로 주기는 1 ms이다. 따라서 신호의 변화를 충분히 관찰할 수 있을 정도의 시간을 기록한다. 여기에서는 예를 들어 이 값을 10배 주기에 해당하는 10ms로 기록한다.

③ 'Maximum step size' 항목을 빈 칸으로 두면, 프로그램에서 사전에 지정된 값(default value)이 사용되는데, 시간 간격을 몇 초씩 증가하면서 모의실험을 진행할 것인가를 설정하는 항목이므로, 모의실험 결과 파형을 연속적으로 연결된 파형으로 관찰하기 원할 경우에는 'Maximum step size'를 상대적으로 작게 설정한다. 단, 'Maximum step size'를 작게 설정하면, 모의실험 시작 시간부터 'Run to time' 항목에 지정된 시간까지 스텝 (step) 개수가 많아지므로 모의실험 수행 시간이 오래 걸린다. 여기에서는 입력 신호 V1의 주기가 1 ms이므로, 예를 들어 입력 신호 한 주기를 100 개의 스텝으로 나누어 모의실험을 수행하기 원하는 경우, 'Maximum step size' 항목에 0.01ms를 기록한다.

④ PSPICE 'Time Domain (Transient)' 모의실험 환경 설정을 마치고, 노드 b의 전위 또는 커패시터 C1의 전압 $v_{C1}(t)$변화를 관찰하기 위해, 회로도 입력창에서 'Voltage/Level Marker'를 회로도 상에서 커패시터 상단 노드 b에 해당하는 위치에 그림 2.10과 같이 붙인다. 또한 입력 신호 V1과 크기와 위상을 비교해야 하므로, 입력 신호 V1 상단에도 'Voltage/Level Marker'를 추가한다.

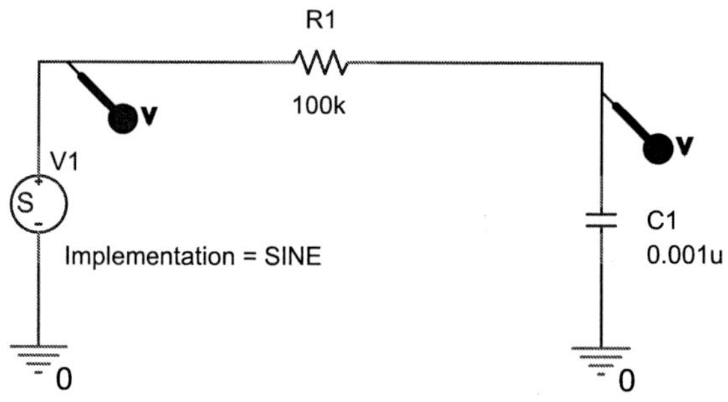

그림 2.10 파형을 관찰하기 위한 'Voltage/Level Marker'

⑤ PSPICE 모의실험 진행 : 메뉴 PSpice→Run을 순차적으로 선택하면 PSPICE 모의실험이 진행된다. 입력한 회로도에 문제가 없고 모의실험 환경 설정에 오류가 없으면, 모의실험이 성공적으로 시작되고, 모의실험이 종료되면 모의실험 결과 파형이 그림 2.11과 같이 별도의 새로운 창에 나타난다.

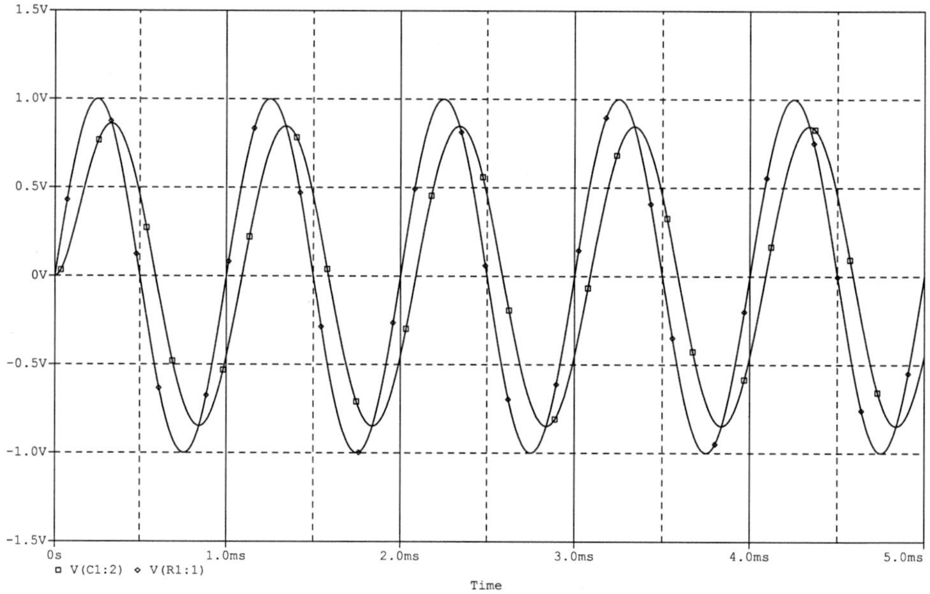

그림 2.11 PSPICE 'Time Domain (Transient)' 모의실험 결과

그림 2.11에 나타낸 PSPICE 'Time Domain (Transient)' 모의실험 결과 파형을 보면, 좌측 하단에 '□ V(C1:2)', '◇ V(R1:1)'이 표시되어 있는데, 'OrCAD Capture' 프로그램에서 커패시터 C1의 두 단자 중 2번 단자, 저항 R1의 1번 단자를 나타내는 의미로서 'Voltage/Level Marker'가 부착된 선 (net)의 이름이다. 만일 선의 이름을 직접 지정하면, 모의실험 결과 파형에 지정된 이름으로 나타난다. 그림 2.11에서 입력 신호 V1은

'◇ V(R1:1)' 표시 파형으로서 파형 가운데 '◇' 로 표시되었고, 커패시터 전압은 '□ V(C1:2)' 표시의 파형으로서 파형 가운데 '□' 로 표시되었다.

모의실험 결과 파형에서 입력 신호 V1은 진폭이 1 V이고 주기가 1 ms인 사인파로 나타난다. 그리고 커패시터의 전압 v_{C1}은 진폭이 약 0.8 V 정도로 감소되었고, 위상이 입력 신호 V1에 비해서 뒤져서 나타나는 것을 볼 수 있다.

예제 3

그림 2.12의 회로에서 R1은 1 Ω이고 V2는 5 V 직류 전압원이다. PSPICE 'transient analysis' 모의실험을 수행하여, 전압원 V1이 진폭 10 V이고 주파수가 1 kHz인 사인파일 때, 노드 b에서 전압 파형을 그리고, 결과 파형과 연관하여 이 회로의 동작을 설명하시오.

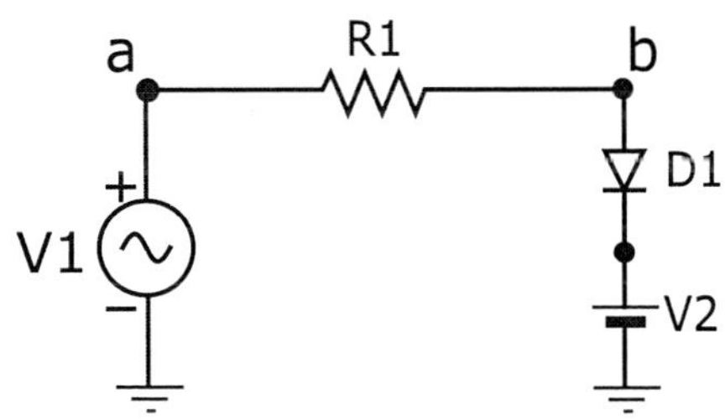

그림 2.12 클리퍼 회로

예제 4

그림 2.12의 회로에 대해 다른 조건은 동일하게 사용하고, 직류 전압원 V2의 전압을 2 V에서 12 V까지 2 V씩 증가시키면서 V2의 각 전압에 대해 [예제 3]의 실험을 반복하시오. 모의실험을 다 수행한 후, 그림 2.12 회로의 동작을 설명하시오.

6 교류 주파수 특성 분석 (AC sweep analysis)

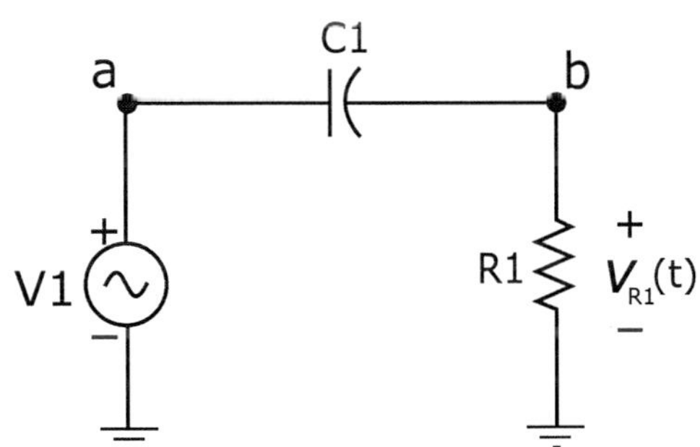

그림 2.13 고대역 필터

PSPICE의 교류 주파수 특성 분석으로, 회로의 주파수 특성을 분석하기 위해, 회로에 인가되는 교류 전원의 주파수를 주어진 범위에서 다양한 값으로 변화시킬 때, 분석하고자 하는 부분에 대해 각 주파수마다 크기나 위상을 구하여, 전체적으로 주파수에 따라 변화하는 특성을 파악한다.

그림 2.13에 주어진 회로는 고대역 필터기능을 수행한다. 이 회로에 대한 주파수 특성을 구하기 위해, PSPICE 'AC sweep analysis' 기법을 사용해보자.

i) 회로도 입력

'OrCAD Capture' 프로그램을 이용하여 새로운 프로젝트를 생성하고, 그림 2.13의 회로를 입력하는 과정은 앞에서 동작점 분석에서 설명한 것과 동일한 방법을 따른다. 회로도를 입력할 때, R1과 C1은 각각 100 kΩ과 0.001 μF 값을 갖도록 입력한다.

주파수 특성 분석을 위해 회로에 인가되는 교류 신호 V1는 라이브러리 'SOURCE'에서 부품 'VAC'를 선택하여 사용한다. 교류 신호용 부품 'VAC'를 배치한 후, 이 부품을 클릭하면 'VAC'의 속성 파라미터들을 설정할 수 있게 되는데, 그중 교류 신호의 크기를 의미하는 'ACMAG' 항목을 '1V'로 설정한다.

ii) PSPICE 모의실험

① PSPICE 모의실험 이름 지정은 앞에서 동작점 분석에서 설명한 것과 동일한 방법을 따르지만, 'Simulation Settings' 대화창이 나타나면 'Analysis type' 항목에서 'AC Sweep/Noise'를 선택한다.

② 'AC Sweep Type' 이름의 사각형 안에 'Start Frequency', 'End Frequency' 항목을 지정한다. 10 Hz에서 10 MHz 범위에서 주파수 특성을 분석할 예정이므로, 'Start Frequency' 항목에 10, 'End Frequency' 항목에 '10Meg'를 기입한다. 여기서 Meg는 Mega의 M과 같은 의미이다. 또한 'Linear'와 'Logarithmic'을 선택할 수 있는데, 'Linear'는 분석하는 주파수의 범위를 선형적으로 나눈 위치의 주파수에 대해 분석하고, 'Logarithmic'은 Log 함수적으로 나눈 위치의 주파수에 대해 분석한다는 의미이다. 여기에서는 'Logarithmic'을 택한 후, 연관된 항목에서는 "Decade"를 선택한다. 그리고 'Points/Decade' 항목에 11을 입력하면, Log 주파수 척도에서 10배의 주파수당 11점의 주파수에 대해 모의실험을 진행한다는 의미이다.

③ PSpice → Markers → Advanced → dB Magnitude of Voltage를 순차적으로 선택하여 'VDB marker (dB 단위 표시 마커)'를 회로도에서 노드 b의 위치에 붙인다.

④ PSPICE 모의실험 진행 : 메뉴 PSpice → Run을 순차적으로 선택하면 PSPICE 모의실험이 진행된다. 입력한 회로도에 문제가 없고 모의실험 환경 설정에 오류가 없

으면, 모의실험이 성공적으로 시작되고, 모의실험이 종료되면 모의실험 결과가 그림 2.14와 같이 별도의 새로운 창에 나타난다.

그림 2.14에 나타낸 그래프는 그림 2.13 회로에서 노드 b점에 나타나는 전압 신호의 주파수에 따른 [dB] 단위 크기를 나타낸 것이다. 회로에 입력된 신호 V1에 대해 노드 b에서, 낮은 주파수 신호는 감소되고 높은 주파수에서는 감소됨이 없이 나타나는 고대역 필터의 특성을 보인다.

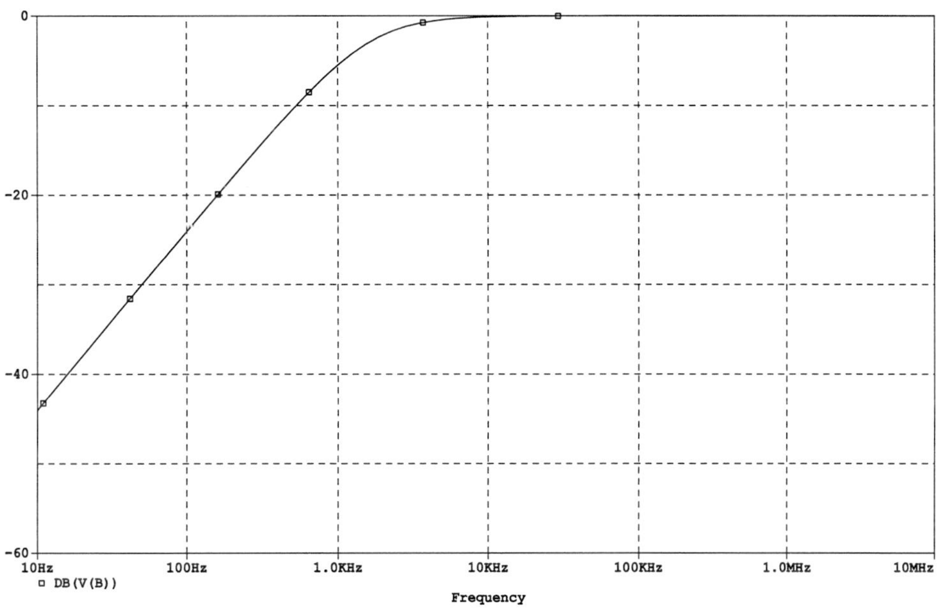

그림 2.14 주파수 응답 : 크기 [dB]

한편, 회로도 입력창에서 노드 b에 붙인 'VDB marker'를 제거한 후, 다시 PSpice → Markers → Advanced → Phase of Voltage를 순차적으로 선택하여 'VP marker (위상 표시 미기)'를 회로도에서 노드 b의 위치에 붙이고 PSPICE 모의실험을 진행하면, 그림 2.15와 같은 입력 V1 신호에 대해서 노드 b점에 나타나는 전압 신호의 주파수에 따른 위상 지연 그래프가 나타난다. 따라서 이 위상 지연 그래프를 관찰하면 주파수의 증가에 따라 90° 에서 0° 로 위상 지연이 감소하는 것을 보게 된다.

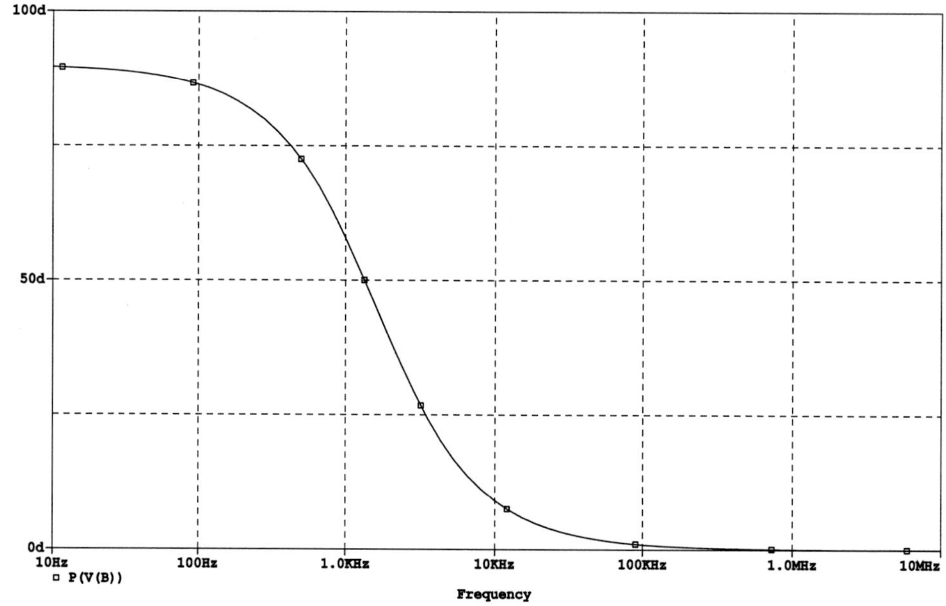

그림 2.15 주파수 응답 : 위상 (°)

예제 5

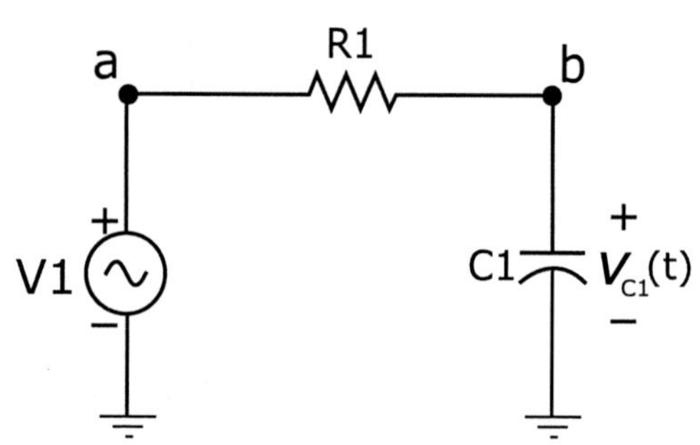

그림 2.16 저대역 필터

그림 2.16의 회로에서 R1과 C1은 각각 100 kΩ과 0.001 μF이다. PSPICE 'AC sweep analysis' 모의실험을 수행하여, 노드 b 전압의 주파수 특성 (크기와 위상)을 구하여 그래프로 표현하고, 그림 2.13 회로의 결과와 비교하여 설명하시오.

제3장 | 스위치 회로

I 실험 목표

- 스위치, RC 회로의 동작을 분석한다.
- RC 회로에서 시정수의 정의 및 회로에서 시정수의 의미를 이해한다.
- RC 회로에서 과도 응답과 정상 상태 응답에 대해 배운다.
- 스위치 동작의 모의실험 모델과 파라미터들에 대해 이해한다.
- 스위치가 포함된 회로에 대한 'transient analysis'를 수행한다.
- 커패시터에 초기 조건 (initial condition) 설정하는 방법을 익힌다.
- 펄스 발생 모델 'VPULSE'의 기호, 속성 파라미터에 대해서 이해한다.
- 'VPULSE'가 포함된 회로에 대한 'transient analysis'를 수행한다.

II 실험 부품 및 준비 사항

- PSPICE 소프트웨어가 설치된 컴퓨터.

III 실험 내용

그림 3.1 (a)에 주어신 회로에서 스위치 SW가 t = 0에서 단락 (short)된다고 할 때, $t \geq 0$인 구간에서 이 회로의 동작을 분석해 보자. 단, 커패시터 C는 스위치가 단락되기 전에 초기 조건이 0이라고 가정한다.

그림 3.1 (a)의 회로는 스위치가 단락되면, $t \geq 0$인 구간에서 그림 3.1 (b)와 같이 스위치가 단락된 상태로 표현될 수 있다. 키르히호프의 전압 법칙 (KVL : Kirchhoff voltage law)를 적용하고, 단락된 스위치는 저항값이 0이므로 스위치 SW에서 전위차를 0 V로 간주하면, 그림 3.1 (b)의 회로에 대해 식 (3.1)이 성립한다.

$$V_S = V_R + V_C \qquad (3.1)$$

여기서, V_R은 저항 R에 나타나는 전압, V_C는 커패시터 C에 나타나는 전압, i는 전원 V_S, 저항 R, 커패시터 C가 이루는 루프 (loop)에 흐르는 전류를 의미한다. 저항 R을 통해 흐르는 전류 i로 인해 저항에서 전압강하가 $V_R = i \cdot R$이므로 식 (3.2)와 같이 정리된다.

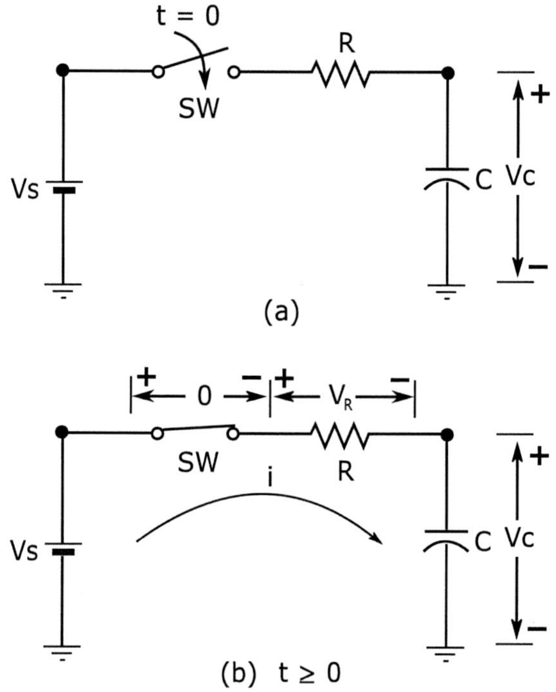

그림 3.1 스위치 회로

$$V_S = i \cdot R + V_C \tag{3.2}$$

한편 저항 R과 커패시터 C가 직렬로 연결되어 있기 때문에, 저항을 통해 흐르는 전류는 커패시터에 흐르는 전류와 동일한데, 용량이 C인 커패시터에서 전류가 i가 흐를 때 커패시터에 나타나는 전압 V_C는 $i = C\frac{dV_C}{dt}$인 관계로 표현되므로 식 (3.3)과 같이 표현되고 식 (3.4)와 같이 정리될 수 있다.

$$V_S = C\frac{dV_C}{dt} \cdot R + V_C \tag{3.3}$$

$$\frac{dV_C}{dt} + \frac{1}{RC}V_C = \frac{1}{RC}V_S \tag{3.4}$$

이제, 식 (3.4)로 표현되는 1차 미분 방정식을 풀면, 그 해는 식 (3.5)와 같다.

$$V_C(t) = V_S(1 - e^{-\frac{1}{RC}t}), \qquad t \geq 0 \tag{3.5}$$

그림 3.2에 식 (3.5)와 같이 구한 커패시터 전압 $V_C(t)$를 나타냈다.

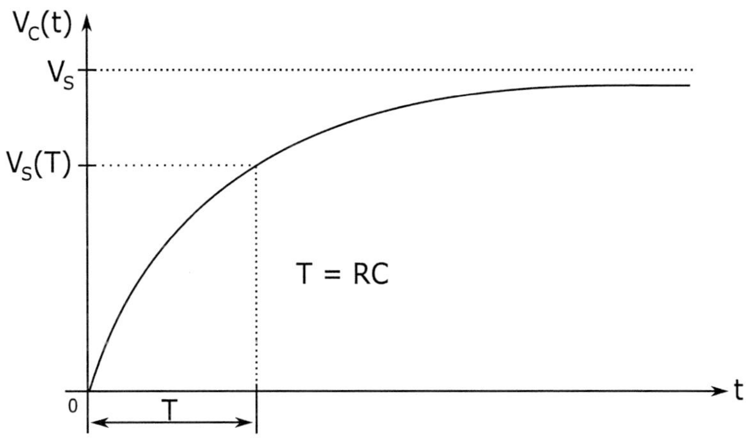

그림 3.2 커패시터 전압

그림 3.2에서 $V_C(t)$를 보면 $t=0$일 때 0에서 시작하여 t가 커질수록 증가하면서 궁극적으로는 회로에 인가된 전압 V_S에 수렴하는 특성을 보인다.

❑ 시정수

식 (3.5)에서 지수항을 관찰하면, 지수항이 e^{-1}가 되는 시각은 $t = RC$인데, 이 값을 회로의 시정수 T로 정의하고 식 (3.6)과 정의한다.

$$T = RC \tag{3.6}$$

회로에서 스위치를 동작시킨 후 시정수만큼 시간이 경과하면, 식 (3.5)로부터 $V_C(T) = V_S(1 - e^{-1})$으로 정리되고, 캐패시터는 충전되어 전압이 V_S의 63.2% 되는 값에 도달하게 된다는 의미를 갖는다.

❑ 과도 특성

앞에서 설명한 바와 같이, 회로에 직류 전압원이 공급되고 있는 회로에서 전압원의 값에 변화를 주면, 그 순간부터 회로를 구성하는 각 부품의 전압, 전류에 변화가 시작되고 시간이 어느 정도 충분히 경과하면 변화하던 전압, 전류의 특성이 더 이상 변하지 않는 안정한 상태에 들어간다.

회로를 동작시키는 전원의 변화로 인해, 회로에서 각 부품에 나타나는 전압이나 부품을 통해 흐르는 전류에 변화가 시작되는 순간부터 안정한 상태에 들어설 때까지의 과정을 과도 응답 (transient response), 그리고 안정한 상태에서 나타나는 값들을 정상 상태 응답 (steady-state response)이라 한다.

전압원과 저항들로만 구성된 회로에서는 입력 전압의 변화가 각 부품에 즉시 나타나지만, 저항과 커패시터 또는 인덕터를 포함하는 회로에서는 입력 전압이 변화해도 부품의 전압, 전류가 즉시 입력에 맞추어 변화하지 않고 서서히 변화하여 과도 응답 과정을 거쳐서 정상 상태에 들어간다. 여기서 과도 응답 과정이 얼마나 신속하게 지나가느냐는 회로 구성하는 부품들의 값에 의해 결정된다.

따라서 이 장의 실험에서는 회로의 이러한 특성들을 이해하기 위해 'OrCAD Capture' 프로그램을 이용하여 회로를 구성하고, PSPICE로 모의실험을 수행하여 각 부품의 전압, 전류, 회로에서 특정 노드의 전압 등을 관찰하고 분석한다.

❑ 스위치가 포함된 회로

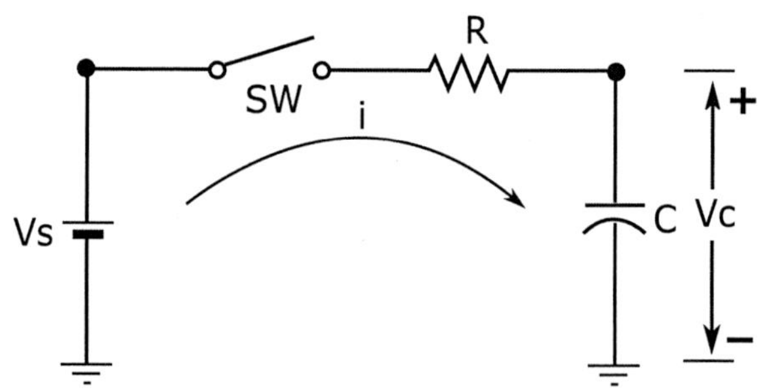

그림 3.3 스위치 회로

그림 3.3의 회로에서 저항 R과 커패시터 C로 구성된 회로에 스위치 SW를 통해서 직류 전압원 Vs가 공급된다. 스위치가 충분히 오랫동안 개방 (open)되어 있다가 어느 순간 닫히면, 그 순간부터 회로를 통해 흐르는 전류에 변화가 생기고 동시에 저항 R과 커패시터 C에 나타나는 전압도 변화가 시작된다. 이러한 변화는 과도적인 과정을 거쳐서 정상 상태에 이른다.

회로의 동작을 분석하기 위해, 예를 들어 그림 3.3 회로에서 전류 i와 커패시터 C의 전압 Vc를 관찰할 목적으로, 'OrCAD Capture'를 이용하여 그림 3.3의 회로를 그린 후 회로의 동작에 대해 모의실험을 수행한다.

PSPICE로 회로의 동작을 모의실험하기 위해 저항과 커패시터는 부품 기호를 그대로 사용해도 되지만, 그림 3.3의 회로에서 스위치 SW는 개방되거나 단락되는 시각을 지정할 수 있는 모델을 사용해야 한다.

❑ PSPICE 스위치 모델

그림 3.4에 회로의 동작을 모의실험할 때, 스위치의 개방과 단락을 표현하는데 사용되는 PSPICE 스위치 모델을 나타냈다. 그림 3.4 (a)는 개방되어 있는 스위치를 주어진 시각에 단락시키는 동작을 표현하고, 그림 3.4 (b)는 단락되어 있는 스위치를 주어진 시각에 개방시키는 동작을 표현하는 데 사용된다. 그림에서 'TCLOSE = 0'은 0초에서 스위치가 단락된다는 의미이고 'TOPEN = 0'은 0초에서 스위치가 개방된다는 것을 의미한다. 이 부품들은 라이브러리 'EVAL'을 'OrCAD Capture' 프로그램에서 추가하여 찾을 수 있고, 그 라이브러리에서 'Sw_tCLOSE'와 'SW_tOPEN'을 선택하여 회로도에 입력할 수 있다. 그리고 회로도에 입력한 후 'TCLOSE'나 'TOPEN'과 같은 스위치 동작을 나타내는 속성 파라미터 항목을 필요한 값으로 지정해 주어야 한다.

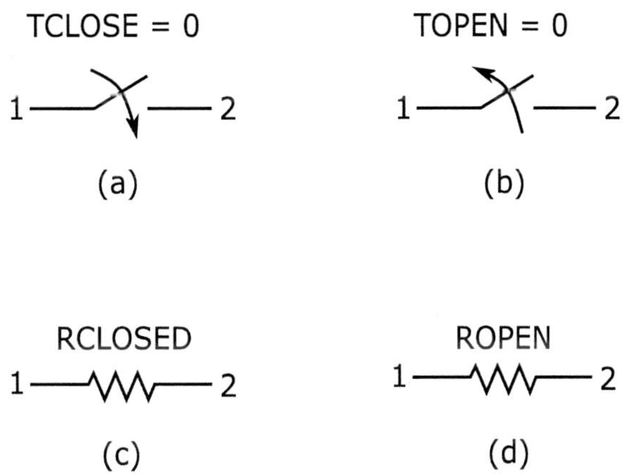

그림 3.4 스위치 모델 : Sw_tCLOSE, Sw_tOPEN

'TCLOSE'나 'TOPEN' 항목 외에도 모의실험의 결과에 영향을 줄 수 있는 파라미터도 'OrCAD Capture'에서 'Sw_tCLOSE'나 'Sw_tOPEN' 기호를, 마우스로 더블 클릭(double click)하거나, 선택한 후 우측 마우스 버튼을 누르면 보이는 'Edit Properties'를 선택하면 이어서 나타나는 'Property Editor'에서 지정해 주어야 한다. 'Sw_tCLOSE'나 'Sw_tOPEN' 기호에 대해 'Property Editor'에서 지정할 수 있고 모의실험 결과에 영향을 줄 수 있는 대표적인 항목들은 다음과 같이 기본적인 값으로 설정되어 있다.

- RCLOSED = 0.01
- ROPEN = 1Meg
- TTRAN = 1u

'RCLOSED'는 그림 3.4 (a)와 같이 스위치가 단락되었을 때 스위치 단자 1, 2 사이에 그림 3.4 (c)와 같이 저항값 존재하는 것을 의미하고 기본값은 0.01 Ω으로 설정되어 있다. 'ROPEN'은 그림 3.4 (b)와 같이 스위치가 개방되었을 때 스위치 단자 1, 2 사이에 그림 3.4 (d)와 같이 저항값 존재하는 것을 의미하고 기본값은 1 MΩ로 설정되어 있다. 'TTRAN'는 스위치를 동작시킬 때, 개방에서 단락 상태로, 또는 단락 상태에서 개방 상태로 변하는데 걸리는 시간을 의미한다. 프로그램에서는 단위가 'u'로 표현되어 있는데, 이것은 μ(micro)를 의미하고, 'TTRAN'의 기본값은 1 μs로 설정되어 있다.

일반적으로 알고 있는 바에 의하면 스위치가 개방되면 전류가 흐르는 경로가 끊어진 상태이므로 스위치의 양쪽 단자 사이의 저항값은 무한대로 알고 있지만, PSPICE에서는 'ROPEN' 항목으로 지정된 것은 무한대 대신 상당히 큰 값을 지정할 수 있다. 이와 마찬가지로 단락된 스위치는 스위치의 양쪽 단자 사이의 저항값은 0 Ω으로 알고 있지만, PSPICE에서는 'RCLOSED' 항목에서 0에 가까운 작은 값으로 설정하고 사용할 수 있다. 나중에 모의실험을 실행할 때, ROPEN값이나 RCLOSE값을 변화시켜보면 그에 따라 결과에 영향이 나타나는 것을 알게 될 것이다.

실험 1 스위치 회로 동작 1

그림 3.5 회로에서 스위치 U1은 'Sw_tClose'을 사용한다. 'Property Editor'를 이용하여 스위치의 속성을 'TCLOSE = 0.5'가 되도록 설정하는데, 이것은 시각 0.5초에 스위치 U1이 단락되는 것을 의미한다.

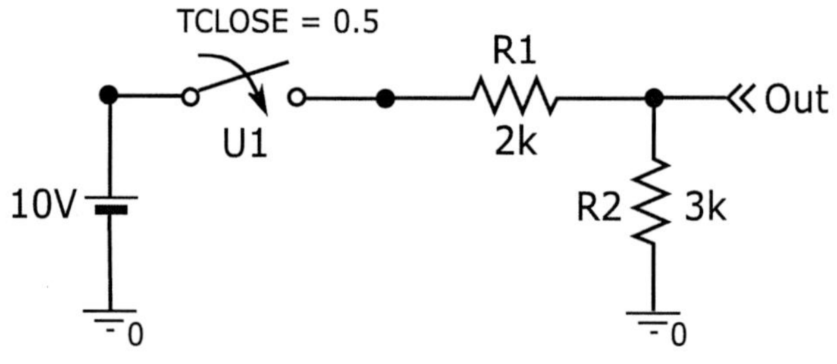

그림 3.5 스위치 회로

1. $0 \le t \le 1$에서 단자 'Out'에서 나타나는 전압 V_{Out}을 구하고 그 파형을 그림 3.6에 그린다. 모의실험을 수행할 경우에는 'ROPEN', 'RCLOSED' 값을 어떤 값으로 지정해야 하지만, 여기에서는 간단한 계산을 위해, ROPEN = ∞, RCLOSE = 0으로 가정한다.

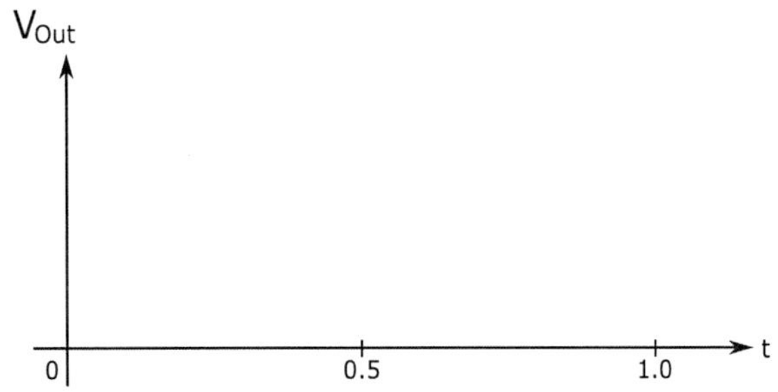

그림 3.6 출력 파형

2. PSPICE로 모의실험을 수행하기 위해, 그림 3.5의 회로를 'OrCAD Capture'를 이용하여 그리시오.

3. 그림 3.5의 회로가 올바로 입력되었는지 확인되면, 이 회로에 대해 PSPICE로 $0 \leq t \leq 1$에서 'transient analysis'를 수행하고 단자 'Out'에 나타나는 전압을 트레이스 (trace)하여 출력한 파형을 그리시오.

4. 3에서 모의실험에 의해 구한 파형을 1에서 계산으로 그림 3.6에 그린 파형과 비교하고 그 결과를 설명하시오.

5. R1 = 1 kΩ, R2 = 10 kΩ로 변경하고 2와 3에서 실행한 과정을 반복하시오.

6. 'Property Editor'를 이용하여 스위치 U1의 속성을 확인하고 그중 'RCLOSED'와 'ROPEN'에 대해 주어진 기본값을 기록하시오.

7. 스위치 U1의 속성 중 'RCLOSED'와 'ROPEN'를 기본값 외에 다양한 값으로 변경하고 2, 3의 과정을 반복하고, 'RCLOSED'와 'ROPEN'의 변화에 따라 단자 'Out'에 나타나는 전압에 어떻게 영향을 미치는지 설명하시오.

실험 2 스위치 회로 동작 2

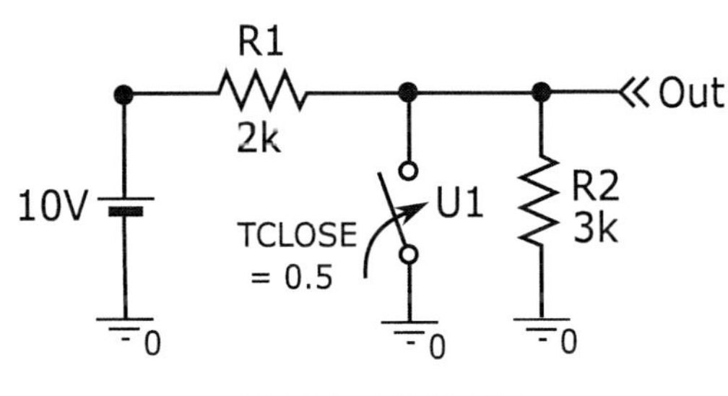

그림 3.7 스위치 회로

1. $0 \le t \le 1$에서 단자 'Out'에서 나타나는 전압 V_{Out}을 구하고 그 파형을 그림 3.8에 그린다. ROPEN = ∞, RCLOSE = 0으로 가정한다.

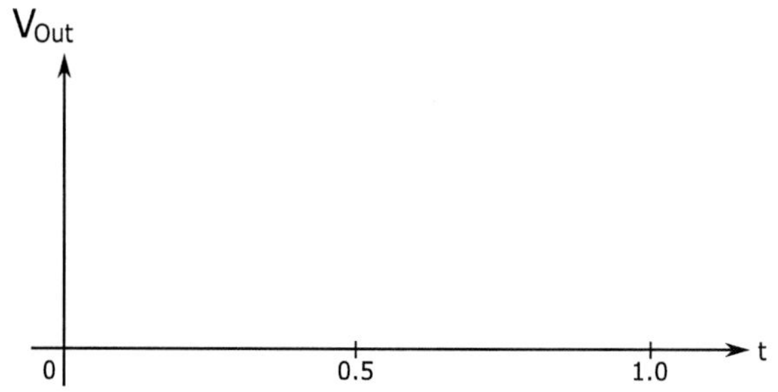

그림 3.8 출력 파형

2. PSPICE로 모의실험을 수행하기 위해, 그림 3.7의 회로를 'OrCAD Capture'를 이용하여 그리시오. 스위치 U1의 'RCLOSED'와 'ROPEN' 속성은 주어진 기본값을 변경하지 않고 사용한다.

3. 그림 3.7의 회로가 올바르게 입력되었는지 확인되면, 이 회로에 대해 PSPICE로 $0 \le t \le 1$에서 'transient analysis'를 수행하고 단자 'Out'에 나타나는 전압을 트레이스하여 출력한 파형을 그리시오.

4. 3에서 모의실험에 의해 구한 파형을 1에서 계산으로 그림 3.8에 그린 파형과 비교하고 그 결과를 설명하시오.

실험 3 RC회로 과도응답 분석

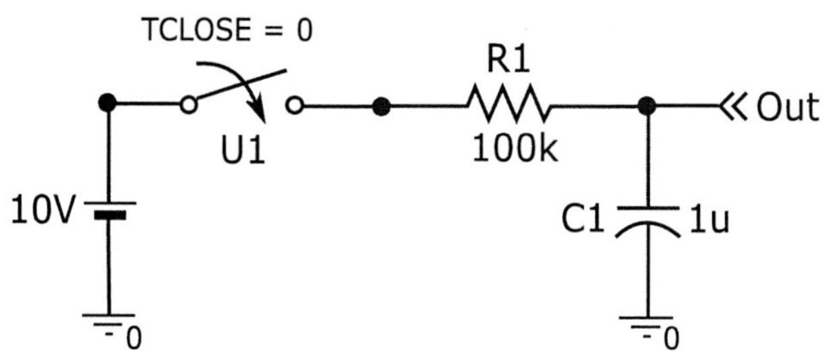

그림 3.9 스위치, 저항, 커패시터 회로

1. PSPICE로 모의실험을 수행하기 위해, 그림 3.9의 회로를 'OrCAD Capture'를 이용하여 그리시오. 스위치 U1의 'RCLOSED'와 'ROPEN' 속성은 주어진 기본값을 변경하지 않고 그대로 사용한다.

2. 그림 3.9의 회로에 대해 'transient analysis'를 수행하고 단자 'Out'에 나타나는 전압 파형과 커패시터 C1을 통해 흐르는 전류 파형을 그리시오. 커패시터 전압의 초기 조건은 0으로 가정. 초기 조건은 'Property Editor'를 사용하여 C1의 속성들 중 항목 'IC'(initial condition)에서 그 값을 설정할 수 있다. 'transient analysis'를 수행할 때, 모의실험의 시작 시간과 종료 시간은 스위치 U1을 동작시키는 시점과 파형이 과도 응답 과정을 거쳐서 정상 상태에 이르는 과정이 다 관찰될 수 있도록 범위를 충분하게 설정한다.

3. 2에서 모의실험 결과 정상 상태에서 단자 'Out'에 나타나는 전압과 커패시터를 통해 흐르는 전류의 값은 얼마로 나타는가?

4. 그림 3.9에 나타낸 회로의 시정수 (time constant)를 계산하시오.

5. 2에서 구한 단자 'Out'의 전압 파형을 관찰하고 파형으로부터 최대 전압의 63%에 이르는 시간을 구하시오.

6. 4에서 계산된 시정수와 5에서 구한 시간을 서로 비교하시오.

7. 2의 모의실험을 통해서 구한 커패시터 C1 양단에 나타나는 전압과 C1을 통해 흐르는 전류의 파형을 관찰한 후 커패시터에서 전류와 전압 사이의 관계를 설명하시오.

8. 그림 3.9의 회로에서 (R1, C1)의 값을 (100 kΩ, 0.1 μF), (100 kΩ, 0.01 μF), (100 kΩ, 0.001 μF)로 설정한 경우에 대해 각각 'transient analysis'를 수행해서 얻은 파형들을 비교 관찰하여 시정수 값의 변화에 따라 파형의 나타나는 특징을 설명하시오.

9. 커패시터 C1의 초기 조건을 5로 변경한 후 2, 3, 5의 분석 절차를 반복하시오.

실험 4 캐패시터 동삭

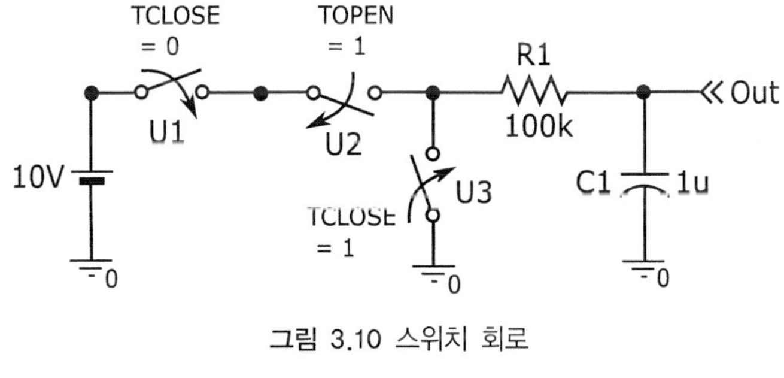

그림 3.10 스위치 회로

그림 3.10 회로에서 t = 0에서 스위치 U1이 닫히고, t = 1에서 스위치 U2와 U3가 각각 동시에 개방되고 단락된다. 커패시터 C1의 초기 조건은 0 V이다.

1. $0 \le t \le 5$에서 시간 구간을 적절히 나누어 스위치들이 닫힌 상태 또는 열린 상태의 회로를 각 시간 구간별로 그리고, 각 시간 구간별로 연결 상태가 다른 회로에서 전류가 흐르는 실제 방향을 각 부품 옆에 화살표로 표시하는 방법으로 커패시터 C1의 충전·방전 동작을 설명하시오.

2. PSPICE로 모의실험을 수행하기 위해, 그림 3.10의 회로를 'OrCAD Capture'를 이용하여 그리시오. 스위치 U1, U2, U3의 'RCLOSED'와 'ROPEN' 속성은 주어진 기본값을 변경하지 않고 그대로 사용한다.

3. 2에서 입력한 회로에 대해 PSPICE로 $0 \le t \le 5$에서 'transient analysis'를 수행한다. 단자 'Out'의 전압과, C1을 통해 흐르는 전류를 트레이스할 때 출력된 파형을 그리고, 1에서 설명한 것과 연관지어서 설명하시오.

❑ VPULSE 모델

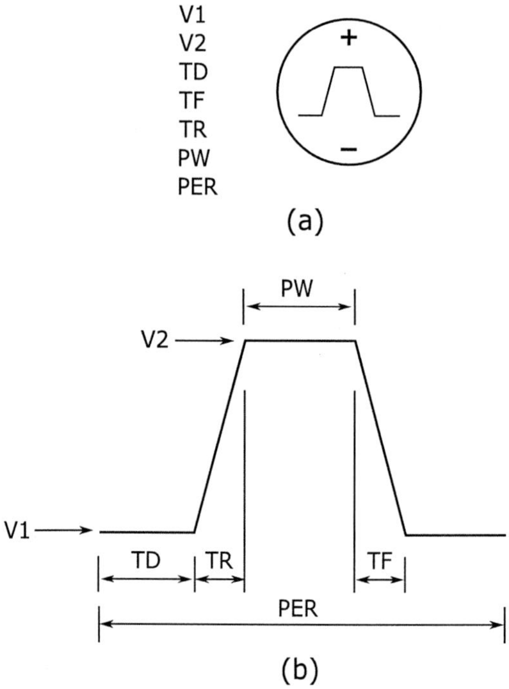

그림 3.11 VPULSE 모델

앞에서 수행한 실험들은 스위치를 동작시키는 방법으로 회로에 공급되는 전압의 변화를 주었다. 스위치를 동작시키는 순간부터 일어나는 변화가 짧은 시간 동안 일어나는 경우, 즉 시정수가 작은 경우, 실험적으로 회로의 특성을 관찰하기 위해서는 오실로스코프의 트리거 기능을 활용하여 오실로스코프에 입력되는 파형 중 특정 순간이 나타나기를 기다리고 있다가 그 순간부터 아주 짧은 시간 동안 신호를 획득하여 화면에 나타내는 방법으로 과도 특성을 관찰할 수 있다.

스위치를 동작시키는 행위 자체가 미시적인 시간의 관점으로 보면 스위치가 개방 상태에서 단락 상태까지, 또는 반대로 단락 상태에서 개방 상태에 이르기까지 아주 큰 시간 동안 일어나는 일이므로, 시정수가 작은 회로에 대해서는 회로에 주기적인 펄스를 인가함으로써 회로의 입력에 변화를 일으키고 그에 따라 나타나는 과도 특성들을 관찰할 수 있다.

실제 실험에서 주기적인 펄스는 함수발생기에 의해 발생되지만, 이 장에서는 PSPICE로 회로의 특성을 분석하기 위해 그림 3.11과 같은 'VPULSE' 모델을 사용한다. 이 부품은 이름이 'SOURCE'인 라이브러리를 'OrCAD Capture' 프로그램에서 추가하여 찾을 수 있고, 그 라이브러리에서 'VPULSE'를 선택하여 회로도에 입력할 수 있다.

그림 3.11 (a)에 'VPULSE' 모델의 기호와 'Property Editor'에서 설정할 수 있는 'VPULSE'이 속성 파라미터들을 나타냈다. 그리고 그림 3.11 (b)에 'VPULSE'의 속성 파라미터들이 주기적인 펄스에서 어떠한 의미를 갖는지 나타냈고 그 의미는 다음과 같다.

- V1 : 펄스의 낮은 수준 (level) 전압
- V2 : 펄스의 높은 수준 전압
- PER : 펄스의 주기
- PW : 펄스의 폭
- TD : 한 주기 내에서 펄스가 낮은 수준에서 높은 수준으로 상승되기 시작할 때까지 지연 시간
- TR : 펄스가 낮은 수준에서 높은 수준으로 상승하는데 걸리는 시간
- TF : 펄스가 높은 수준에서 낮은 수준으로 하강하는데 걸리는 시간

실험 5

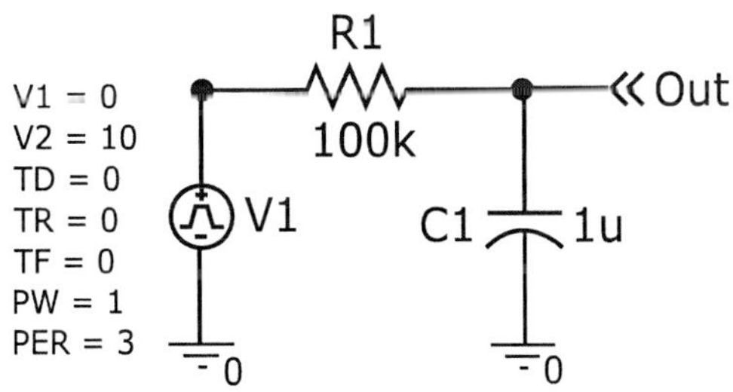

그림 3.12 'VPULSE', RC 회로

1. 그림 3.12 회로를 'OrCAD Capture' 프로그램을 이용하여 입력하시오. 여기에서 전압원 V1은 주기적인 펄스를 발생시켜서 회로에 인가할 목적으로 PSPICE 모델 'VPULSE'를 선택한 것이다. 'Property Editor'를 사용하여 'VPULSE' 모델의 속성을 그림 3.12에 나타낸 것과 같이 지정한다. 그러면, 펄스의 폭이 1 s, 주기 3 s, 최저 전압 0 V, 최대 전압 10 V인 주기적인 펄스 파형이 발생된다.

2. 이 회로에 대해 PSPICE에서 'transient analysis'를 수행한다.

3. 모의실험 결과에서 전압원 V1에 대해 트레이스 기능을 이용하여 파형을 그리고 1에서 설명한 것과 같은 파형이 발생되는지 확인하시오.

4. 모의실험 결과에서 전압원 V1의 파형과 단자 'Out'의 전압 파형을 동시에 출력하여 전압원 V1의 변화가 단자 'Out'의 전압에 어떻게 영향을 주는지 관찰한다. 저항과 커패시터의 조합 (R1, C1)을 다음과 같은 다양한 값으로 변화시키면서 단자 'Out'의 전압을 관찰하고, 각 경우에 대해 파형으로부터 시정수들을 측정하여 표 3.1에 기록하고 시정수에 따라 파형이 어떻게 변화하는지 설명하시오.

(R1, C1)	측정된 시정수 값
(1 kΩ, 1 μF)	
(10 kΩ, 1 μF)	
(100 kΩ, 1 μF)	
(1000 kΩ, 1 μF)	

표 3.1 시정수 측정 결과

❖ 과제

1. 실험3의 회로에 대해 단자 'Out'의 전압을 구하기 위한 방정식을 세워서 풀고 파형을 그리시오.

2. 실험5에서 R1과 C1의 위치를 서로 바꾼 회로에 대해 실험5의 과정을 반복하시오.

제4장 | RC 회로의 과도 특성 분석 및 측정

I 실험 목표

- 초기 조건에 의한 RC 회로의 동작을 분석한다.
- RC 회로에서 시정수의 정의 및 회로에서 그 영향을 이해한다.
- 오실로스코프의 조작법 및 측정 원리에 대해서 배운다.
- 오실로스코프의 트리거 체계에 대해서 이해한다.
- 오실로스코프의 트리거 체계를 이용하여 실제 회로에서 나타나는 과도 응답을 측정하는 방법을 배운다.
- 함수발생기를 이용하여 필요한 파형을 발생시키는 방법, 회로와 접속하는 방법, 그리고 유의할 점에 대해서 이해한다.
- 동일한 회로에 대해서 PSPICE를 이용하여 모의실험을 수행한 결과와 실험에서 오실로스코프로 측정한 결과를 비교하고 분석한다.

II 실험 부품 및 준비 사항

1 실험 부품

부품명	규격	수량
저항	1 kΩ, 1/4 watt	2개
저항	100 kΩ, 1/4 watt	2개
커패시터	0.001 μF	1개
커패시터	10 μF / 16 V	1개
스위치	2 pin, 1회로	1개

2 실험 준비 사항

- 오실로스코프, 함수발생기, 직류 전압원 공급장치, 멀티미터
- 브레드보드, 점퍼선
- PSPICE 소프트웨어가 설치된 컴퓨터

Ⅲ 실험 내용

1 초기 조건에 의한 RC 회로 동작 분석

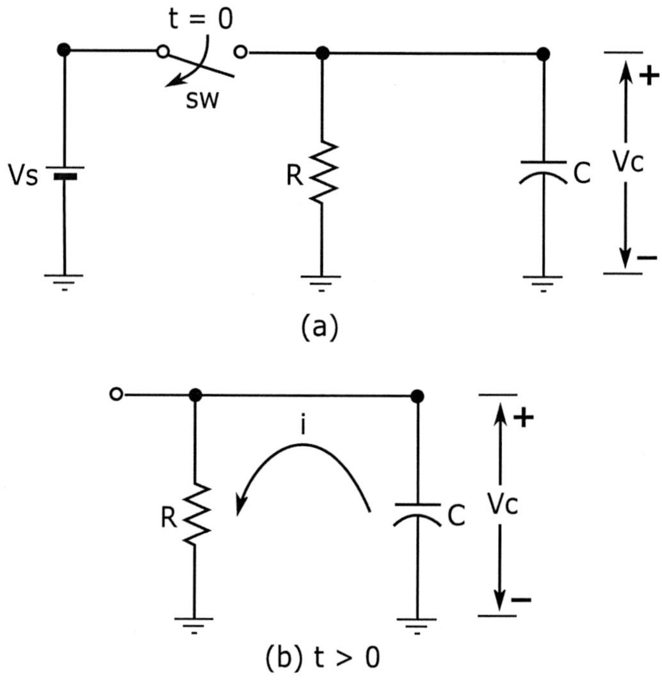

그림 4.1 RC 회로

그림 4.1 (a)에 주어진 회로에서 스위치 SW가 $t = 0$에서 개방된다고 할 때, $t \geq 0$인 구간에서 이 회로의 동작을 분석해 보자. 단, 스위치 SW는 $t < 0$에서 충분히 오랫동안 단락되어 있었다고 가정한다.

그림 4.1 (a)에서 스위치 SW가 $t < 0$에서 충분히 오랫동안 단락되어 있었다는 것은 커패시터가 전압원 V_S의 전압만큼 충전되었다는 것을 의미한다. 그림 4.1 (b)는 $t = 0$에서 스위치가 개방된 후, $t > 0$ 구간에서 전류가 흐르는 회로를 나타냈다. $t > 0$인 구간에서 스위치 SW가 개방되어 있기 때문에 R, C 회로 부분과 분리된 것으로 볼 수 있다. 그리고 $t < 0$에서 커패시터 C가 충전되어 있었기 때문에, $t > 0$인 구간에서 커패시터에 충전된 에너지 (전하의 형태로 커패시터에 저장됨)에 의해 회로에 전류가 흐르게 된다.

이제, 그림 4.1 (b)의 회로에서 저항 R과 커패시터의 한 쪽 단자는 접지에 연결되어 있고, 다른 쪽 단자는 동일한 선에 연결되어 있기 때문에 서로 병렬로 연결되어 있다.

따라서, 병렬 연결된 두 부품에는 동일한 전압이 나타나므로 커패시터의 전압 V_C가 저항 R에도 나타난다. 그림 4.2 (b)에 표시된 것처럼 커패시터에 저장되어 있던 에너지에 의해 저항에 흐르는 전류를 i라 하면, 식 (4.1)의 관계가 성립한다.

$$V_C = i \cdot R \tag{4.1}$$

그런데, 3장에서 설명했던 바와 같이, 커패시터에 나타나는 전압 V_C의 기준 방향과 연관된 전류의 방향은 그림 4.2에 표시된 전류 i와 반대 방향이므로, 커패시터에서 전압과 전류 관계는 $-i = C\frac{dV_C}{dt}$이다. 따라서, 식 (4.1)은 식 (4.2)와 같이 정리된다.

$$V_C = -C\frac{dV_C}{dt} \cdot R \tag{4.2}$$

이 식은 식 (4.3)과 같이 정리된다.

$$\frac{dV_C}{dt} + \frac{1}{RC}V_C = 0 \tag{4.3}$$

미분 방정식 (4.3)을 풀면, 그 해는 식 (4.4)와 같이 표현된다.

$$V_C(t) = V_C(0^+)e^{-\frac{1}{RC}t}, \quad t \geq 0 \tag{4.4}$$

여기서, 0^+는 스위치가 $t = 0$에서 단락된 직후의 시각을 의미하고, $V_C(0^+)$는 스위치가 단락된 직후에 커패시터의 전압, 즉 초기 조건을 의미한다.

초기 조건을 구하기 위해, 그림 4.1 회로에서 스위치 SW가 $t < 0$인 구간에서 충분히 오랫동안 단락되어 있었다고 가정했으므로, $V_C(0^-) = V_S$이고 커패시터의 전압은 임펄스 (impulse) 형태의 전류가 흐르지 않고는 순간적으로 변화하지 않기 때문에, 식 (4.5)와 같이 볼 수 있다. 여기서 0^-는 $t = 0$ 직전의 시각을 의미한다.

$$V_C(0^-) = V_C(0) = V_C(0^+) = V_S \tag{4.5}$$

그러므로, 식 (4.4)는 식 (4.6)과 같이 정리된다.

$$V_C(t) = V_S e^{-\frac{1}{RC}t}, \qquad t \geq 0 \tag{4.6}$$

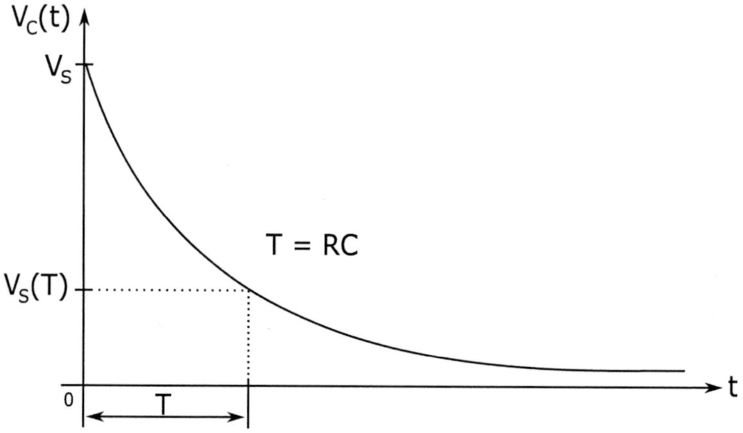

그림 4.2 초기 조건에 의한 응답

그림 4.2에서 커패시터 C의 전압 $V_C(t)$를 보면 $t = 0$일 때 V_S에서 시작하여 t가 커질수록 지수함수적으로 감소하면서 궁극적으로는 0에 수렴하는 특성을 보이는데, 이는 $t < 0$ 에서 캐패시터에 충전되어 있던 전하가 $t > 0$ 에서 저항 R을 통해 방전되면서 전압이 낮아지는 것이다.

식 (4.6)에서 지수항을 관찰하면, 지수항이 e^{-1}이 되는 시각은 $t = RC$인데, 3장에서 알아본 것과 같이, 커패시터가 방전될 경우에는 시정수 $(T = RC)$만큼 시간이 경과하면 커패시터의 전압이 초기값의 36.8%까지 감소하는 특성을 보인다.

2 오실로스코프 사용법

오실로스코프로 신호를 포착하여 그림 4.3과 같은 오실로스코프의 화면에 표시할 수 있다. 오실로스코프 화면에는 신호의 크기, 주기나 시간을 관측하기 위해 가로와 세로로 격자선들이 일정한 간격으로 표시되어 있다. 이 격자선들의 간격을 어떤 값의 단위로 지정한 상태에서 화면에 나타난 신호가 얼마나 많은 격자선에 걸쳐서 나타나는지를 보고 신호의 크기나 주기를 판단한다. 수직 격자선들의 간격 단위를 설정하는 스위치를 이 책에서는 '수평 (horizontal 또는 time) 격자 크기 조절 스위치' 또는 줄여서 '수평 스위치'라 하고, 수평 격자선들의 간격 단위를 설정하는 스위치를 '수직 (vertical) 격자 크기 조절 스위치' 또는 줄여서 '수직 스위치'라 하자.

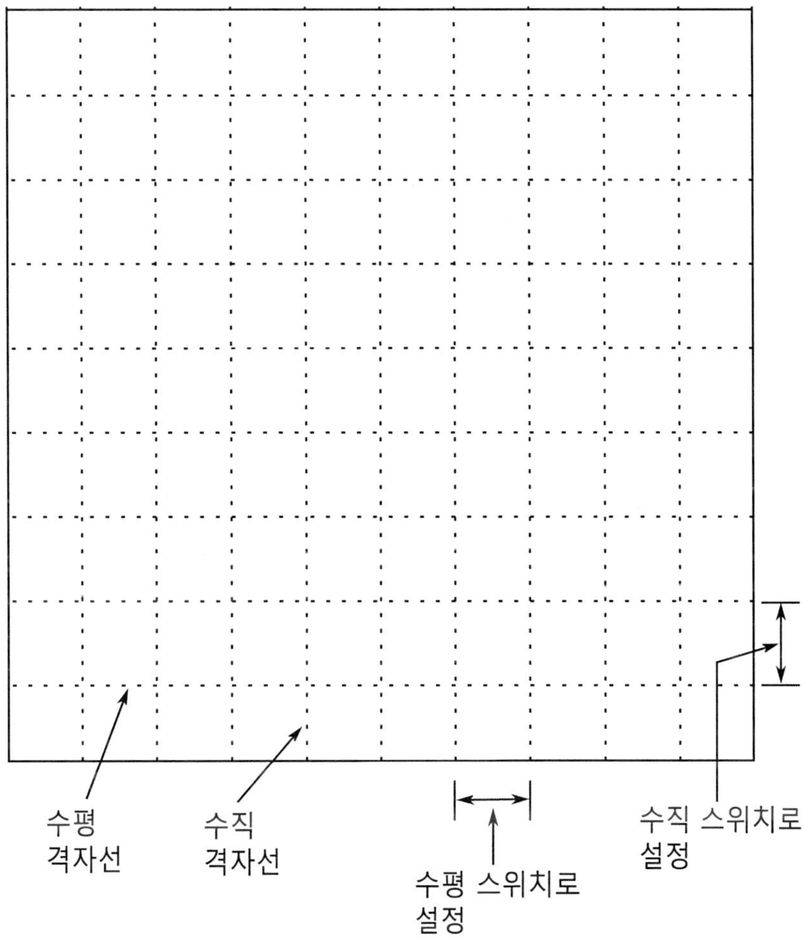

그림 4.3 오실로스코프 격자선

2.1 수직 스위치

그림 4.4 (a)와 같은 피크-투-피크 (peak-to-peak)의 크기가 1.0 V인 신호를 오실로스코프로 관찰할 때, '수직 스위치'의 설정에 따라 오실로스코프의 화면에 신호가 보이는 것을 그림 4.4 (b), (c), (d)에 나타냈다. 그림 4.4 (b), (c), (d)는 '수직 스위치'가 '500 mV/Div', '1.0 V/Div', '2.0 V/Div'으로 설정된 상태에서 그림 4.4 (a)의 신호를 포착하여 나타낸 것이다. 그림 4.4 (b)는 수평 격자선 한 칸 당 500 mV로 설정되었고 신호의 피크-투-피크가 격자선 두 칸에 걸쳐서 나타나므로 500 mV/Div × 2 칸 (Div) = 1.0 V로 해석된다. 이와 같은 방법으로 그림 4.3 (c)와 (d)에 표현된 신호도 크기를 판단하면 모두 1.0 V로 해석된다.

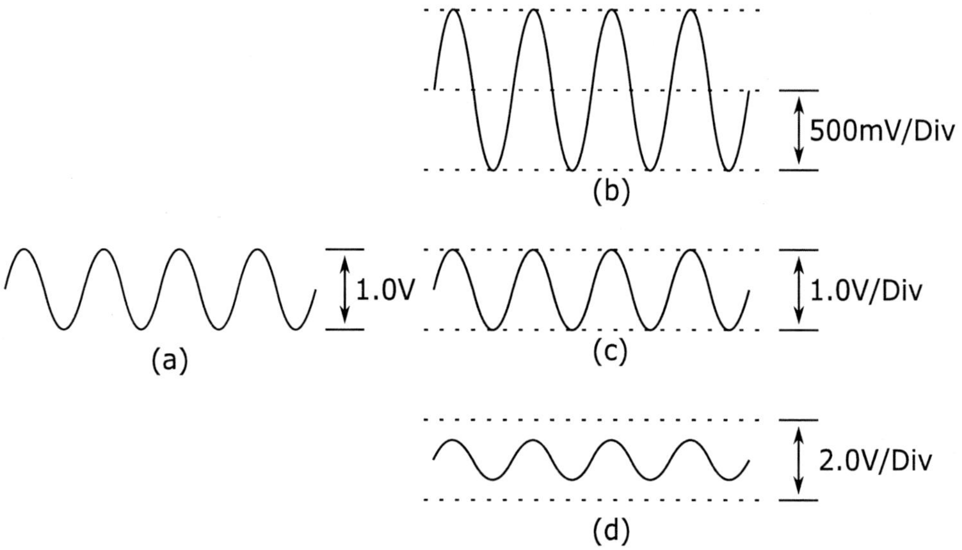

그림 4.4 오실로스코프 파형, 수직 (전압) 스위치 조절 결과

2.2 수평 스위치

그림 4.5 (a)와 같은 주기가 1 ms인 신호를 오실로스코프로 관찰할 때, '수평 스위치'의 설정에 따라 오실로스코프의 화면에 신호가 보이는 것을 그림 4.5 (b), (c), (d)에 나타냈다. 그림 4.5 (b), (c), (d)는 '수평 스위치'가 '0.5 ms/Div', '1.0 ms/Div', '2.0 ms/Div'으로 설정된 상태에서 그림 4.5 (a)의 신호를 포착하여 나타낸 것이다. 그림 4.5 (b)는 수직 격자선 한 칸당 0.5 ms로 설정되었고 신호의 주기가 수직 격자선 두 칸에 걸쳐서 나타나므로 0.5 ms/Div x 2 칸 (Div) = 1.0 ms로 해석된다. 이와 같은 방법으로 그림 4.5 (c)와 (d)에 표현된 신호도 주기를 판단하면 모두 1.0 ms로 해석된다.

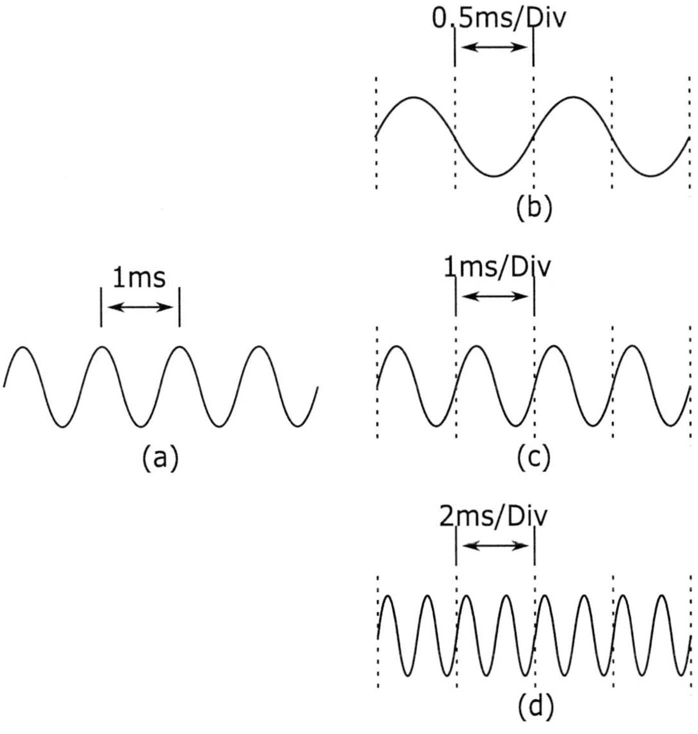

그림 4.5 오실로스코프 파형, 수평 (시간) 스위치 조절 결과

2.3 오실로스코프 트리거 (trigger) 체계

디지털 오실로스코프로 신호를 포착하기 위해서는 오실로스코프 전면 조작부에 배치되어 있는 'auto-scale', 'auto', 또는 이와 유사한 이름의 버튼을 누르기만 하면 오실로스코프가 알아서 신호를 포착해서 화면에 표시해준다.

그러나 이러한 방법은 주기적인 신호 또는 주기적이지만 비교적 단순한 모양의 신호를 포착할 수 있지만, 과도 응답과 같은 비주기적인 신호나 주기적인 신호일지라도 복잡한 신호에 대해서는 우리가 원하는 부분을 포착하여 볼 수는 없다. 그리고 신호를 포착하기 위해 자동적인 기능에 의존하다 보면 정작 오실로스코프를 올바르게 사용할 수 없게 된다. 그래서 우리는 오실로스코프가 신호를 포착해서 화면에 보여주는 원리, 즉 트리거 체계를 이해할 필요가 있다.

그림 4.6에 오실로스코프의 트리거 체계를 나타냈다. 그림 4.6 (a)에서 신호 s(t)를 우리가 관찰할 신호라 하고, 오실로스코프의 채널 중 하나로 입력된다고 하자. 그리고 오실로스코프 전면 조작부에서 돌리면서 트리거 레벨 (trigger level)을 설정할 수 있는 트리거 레벨 조정 손잡이가 있다. 이 트리거 레벨 조정 손잡이를 좌우로 돌리면 그

림 4.6 (a)에서 트리거 레벨 전압 V_{tr}을 나타내는 수평선을 위 또는 아래로 움직일 수 있다. 트리거 레벨을 나타내는 수평선은 트리거 레벨을 조정하고 있는 동안에만 화면에 나타났다가 잠시 후 사라진다.

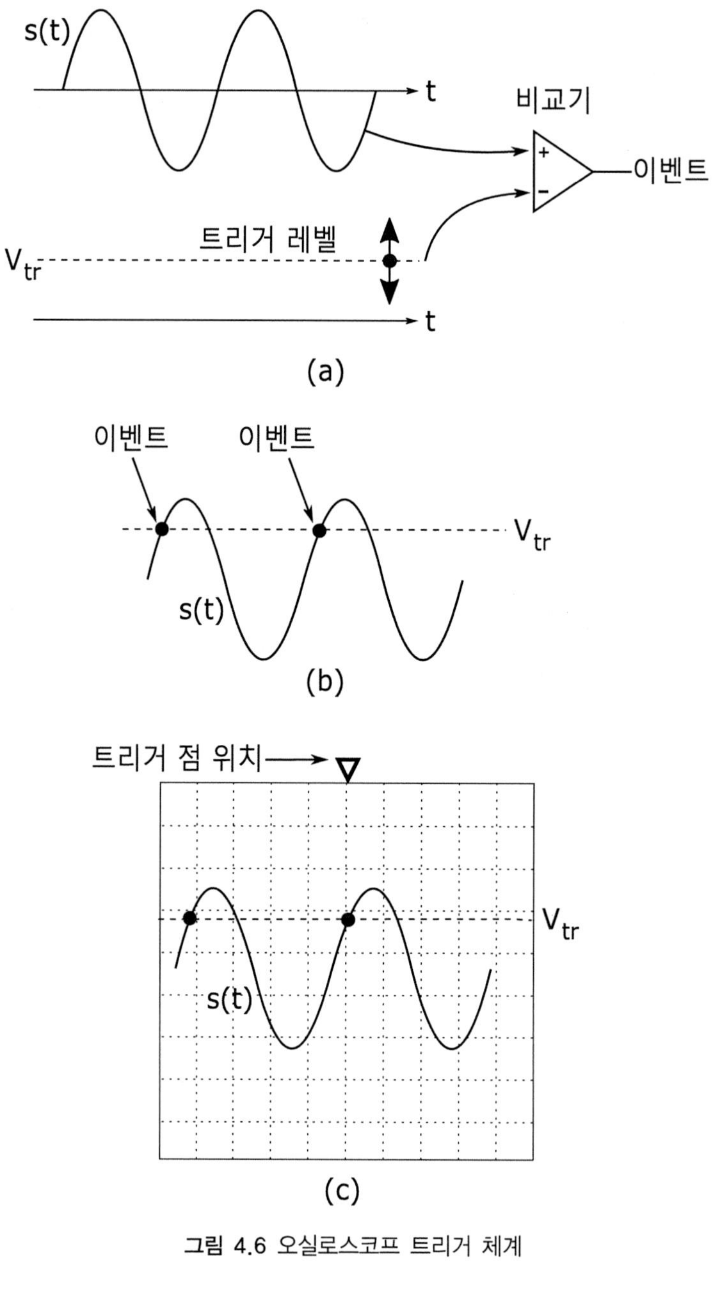

그림 4.6 오실로스코프 트리거 체계

관측하고자 하는 신호 s(t)와 트리거 레벨 전압 V_{tr}은 오실로스코프 내부에서 비교기에 입력된다. 비교기의 출력에는 입력되는 신호 s(t)가 트리거 레벨 전압 V_{tr}을 통과할 때마다 트리거 이벤트 (event)가 발생한다. 비교기 출력에서 발생되는 트리거 이벤트의 종류는,

- 신호가 트리거 레벨보다 아래에서 위로 상승하는 경우
- 신호가 트리거 레벨보다 위에서 아래로 하강하는 경우
- 상승 하강 둘 다

와 같이 나열될 수 있는데, 오실로스코프의 트리거 설정 메뉴에서 이들 중 하나를 선택하여 지정할 수 있다. 그림 4.6 (b)에서 신호가 트리거 레벨보다 아래에서 위로 상승하는 경우에 트리거 이벤트가 발생하도록 설정된 상황을 나타냈다. 만일, 그림 4.6 (a)에서 트리거 레벨이 신호의 최대치보다 높거나, 최소치보다 낮게 설정되면 비교기에서 트리거 이벤트는 발생하지 않게 되어 오실로스코프에 신호의 원하는 부분을 표시할 수 없게 된다.

그림 4.6 (b)와 같이 트리거 레벨 V_{tr}이 신호 s(t)의 최대치와 최소치 사이의 적당한 위치에 놓이도록 설정되면 트리거 이벤트가 발생되고, 그림 4.6 (c)와 같이 오실로스코프에서 포착된 파형의 수평 위치를 조정하는 손잡이를 좌우로 돌려서 관측하기 편한 위치에 트리거 이벤트 발생점을 둔다. 그림 4.6 (c)에서는 역삼각형 (▽)으로 표시되었는데, 일반적으로 트리거 이벤트 발생점이 화면 좌우의 중앙에 위치한다.

오실로스코프 트리거 모드 (mode)를 설정하는 메뉴에는 'auto'와 'normal' 중 하나를 선택하게 되어있다. 'auto'를 선택하게 되면, 앞에서 설명한 트리거 레벨과 신호가 만나게 되는 트리거 이벤트가 발생하지 않더라도 오실로스코프 내부 시스템에 의해 강제로 트리거 시켜서 화면에 파형을 표시해 준다. 그래서 'auto'를 선택할 경우에는 파형의 변화가 없는 직류 전압을 표시할 경우에 편리하다.

트리거 모드를 'normal'로 선택하면, 트리거 레벨과 만나면서 선택한 상승 또는 하강 신호가 존재해야만 트리거 이벤트가 발생되어서 오실로스코프의 화면에 파형이 표시될 수 있다.

2.4 신호 중 과도 응답 부분 포착

앞에서 설명한 오실로스코프의 트리거 체계를 이해하고, 오실로스코프로 그림 4.7 (a)의 회로에서 커패시터 C의 전압 V_C이 어떻게 변화하는지 분석을 위해 파형을 측정하

기 위한 방법을 생각해 본다. 이 회로에서 스위치 SW가 $t < 0$ 인 구간에서 충분히 오랫동안 단락되어 있다가 $t = 0$에서 스위치가 개방된다고 하자.

그림 4.7 (a)의 회로는 그림 4.1 (a)과 동일한 회로이다. 앞에서 이 회로에 대해서 커패시터의 전압 V_C의 해는 식 (4.6)과 같이 구해지므로, 이 식을 다시 쓴다.

$$V_C(t) = V_C(0^+)e^{-\frac{1}{RC}t}, \qquad t \geq 0 \tag{4.7}$$

그리고 식 (4.7)을 이용하면, 커패시터의 전압 $V_C(t)$를 $t < 0$ 구간에서부터 표현할 때, 그림 4.7 (b)와 같이 그려진다.

이 파형을 오실로스코프로 포착하기 위해서는, 측정하고자 하는 커패시터에 나타나는 전압 V_C의 최대값과 최소값을 상상할 수 있어야 하는데, 여기에서는 식 (4.7)을 이용하여 그림 4.7 (b)에 그렸으므로, 커패시터의 전압은 식 (4.8)의 범위에서 나타난다.

$$0 \leq V_C \leq V_S \tag{4.8}$$

그러므로 이러한 특성을 갖는 신호를 오실로스코프로 포착하여 화면에 표시하기 위해서는 다음과 같이 오실로스코프를 설정해야 한다.

- 오실로스코프의 트리거 레벨이 0과 V_S 사이에 위치하도록 조정한다.
- 그림 4.7 (b)를 보면, $t > 0$인 구간에서 파형이 지수함수적으로 감소하므로, 신호가 트리거 레벨보다 위에서 아래로 하강하는 순간에 트리거 이벤트를 발생시키도록 설정한다.
- 스위치를 반복적으로 동작하지 않는 경우에는 그림 4.7 (b)와 같은 파형은 한 번만 발생되므로 오실로스코프를 연속적으로 계속 측정할지, 아니면 트리거 이벤트가 발생하면 트리거 이벤트 전후로 한 번만 표시할지를 지정해야 하는데, 오실로스코프 전면 조작부에서 'single' 표시된 버튼을 누른 상태에서 스위치 SW를 조작하여 한 번만 측정하도록 설정한다.

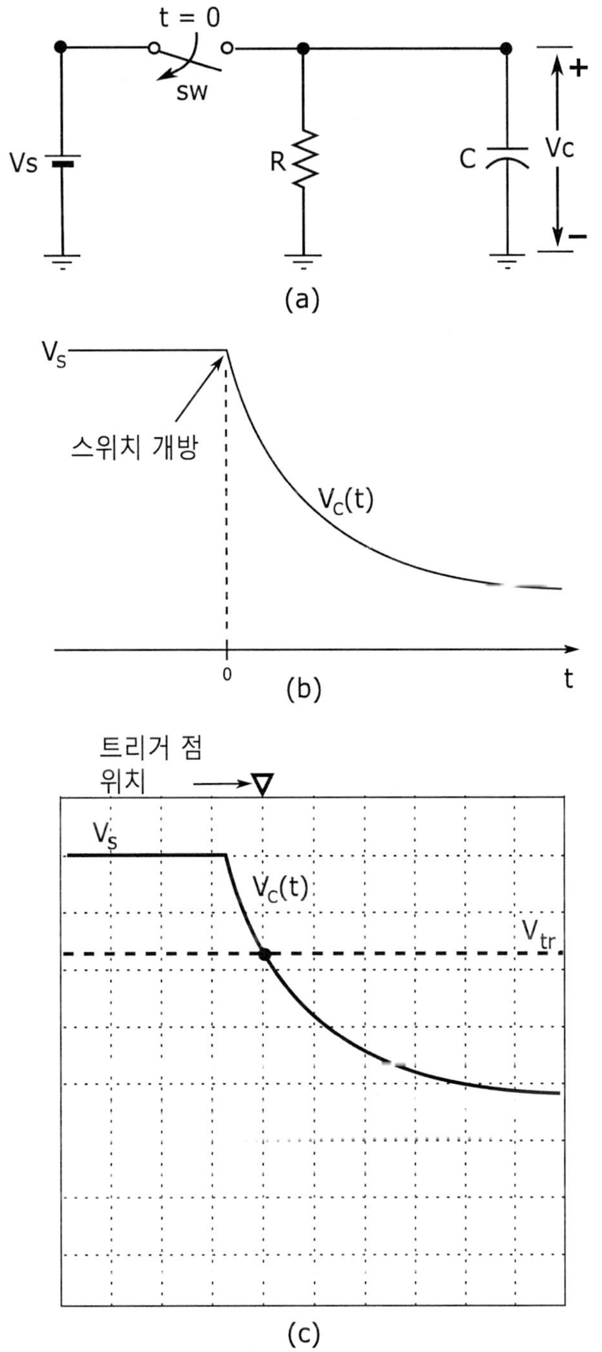

그림 4.7 오실로스코프에 의한 과도 응답 포착

2.5 오실로스코프로 측정하기 전에 확인해야 할 사항

이 장의 실험에서는 오실로스코프를 이용하여 파형을 관찰하면서 원하는 신호 요소들을 측정할 때 다음 사항을 우선적으로 확인한다.

- 오실로스코프 프루브 (probe) 측면에 부착되어 있는 배율 설정 스위치가 1배 (x1)로 설정되어 있는지 확인한다.
- 프루브가 접속되어 있는 채널의 속성 중 배율이 1로 설정되어 있는지 확인한다.
- 프루브가 접속되어 있는 채널의 속성 중 커플링 (coupling)은 직류 (DC)로 설정한다.
- 트리거 메뉴에서 트리거 소스 (trigger source)를 오실로스코프의 프루브가 접속되어 있는 채널로 설정한다.
- 신호 자동포착 (auto capture) 기능을 이용하지 않고, 오실로스코프의 채널 설정, 수직 · 수평 설정, 트리거 설정 등을 직접 조절하면서 측정한다.

실험 1 스위치 회로 파형 관찰

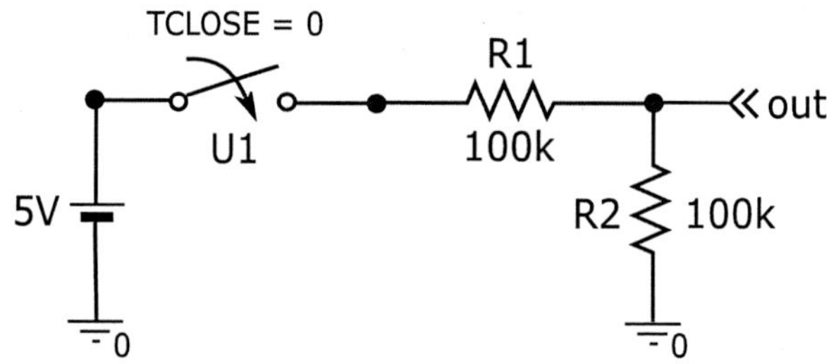

그림 4.8 스위치 회로

그림 4.8의 회로에서 스위치 U1을 t = 0에서 단락시킨다. 단자 'out'의 전압 $v_{out}(t)$을 오실로스코프를 이용하여 측정한다.

1. $-2 \leq t \leq 2$에서 $v_{out}(t)$의 파형을 예측하여 그림 4.9에 그리시오.

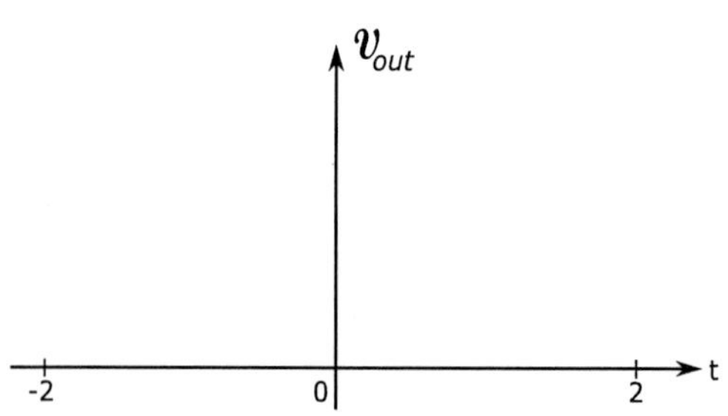

그림 4.9 출력 파형

2. 오실로스코프의 화면에 1에서 그린 파형이 포착되어 나타날 수 있도록 적절히 채널, 시간, 전압, 수평 위치, 수직 위치, 트리거 레벨, 트리거 모드 등을 조절하여 설정한다. 트리거 메뉴 설정과 'Run Control' 부분의 'single' 표시 버튼을 활용하여 파형을 관찰하는데, 스위치 U1을 닫는 시점이 오실로스코프의 화면 중앙에 위치하도록 조절한다.

3. 2에서 오실로스코프로 신호의 적절한 부분을 포착하기 위해 설정했던 오실로스코프 설정값들을 표 4.1의 빈칸에 기록하고, 표에서 예로 주어진 항목은 동그라미로 선택하고, 단위도 선택하여 표시하시오.

프루브 배율 선택 스위치	x1, x10
프루브가 접속된 채널명	CH1, CH2
채널의 커플링	DC, AC, GROUND
채널의 배율 설정	배
수평 격자 설정 값	[s, ms, μs]
수직 격자 설정 값	[mV, V]
트리거 소스 설정	CH1, CH2
트리거 이벤트 에지 설정	상승, 하강, 둘 다
트리거 모드 설정	normal, auto

표 4.1 측정을 위한 오실로스코프 설정

4. 2에서 포착한 파형을 그림 4.10에 주어진 오실로스코프 격자 화면에 그리시오.

그림 4.10 측정 결과 파형

실험 2 RC 회로 과도 응답 측정 I : single-shot capture

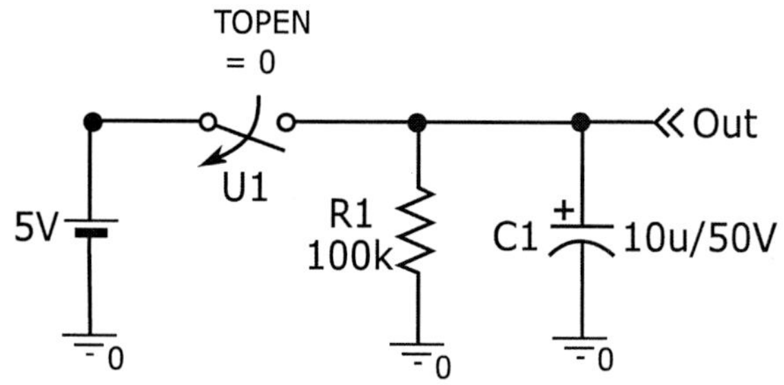

그림 4.11 RC 회로

1. 그림 4.11 회로에서 $t < 0$에서 스위치가 충분히 오랫동안 닫혀 있다. 시각 $t = 0$에 스위치가 개방된다. PSPICE를 이용하여 'transient analysis'를 수행하여 단자 'out'의 전압을 파형 $v_{out}(t)$을 그리시오.

2. 1에서 구한 단자 'out'의 전압 $v_{out}(t)$의 파형을 관찰하고 표 4.2를 완성하시오.

$v_{out}(0)$	[V]
$v_{out}(0)$의 63.8% 값	[V]
$\tau^{※)}$	[s, ms, μs]

*) τ : t = 0에서부터 $v_{out}(0)$의 63.8% 값에 이르기까지 걸리는 시간

표 4.2 측정 결과

3. 그림 4.11의 회로를 브레드보드에 꾸미고, 단자 'out'의 전압 $v_{out}(t)$을 오실로스코프를 이용하여 측정하려고 한다. 측정하기 전에, 1에서 PSPICE 모의실험으로 구한 $v_{out}(t)$의 파형을 관찰하고, 또한 오실로스코프로 신호를 포착하여 화면에 표시하기 위해 설정해야 하는 표 4.1과 같은 항목들을 확인한 후, 이번 실험에서 오실로스코프에 설정해야 하는 값들을 표 4.3에 기록하시오.

프루브 배율 선택 스위치	x1, x10
프루브가 접속된 채널명	CH1, CH2
채널의 커플링	DC, AC, GROUND
채널의 배율 설정	배
수평 격자 설정 값	[s, ms, μs]
수직 격자 설정 값	[mV, V]
트리거 소스 설정	CH1, CH2
트리거 이벤트 에지 설정	상승, 하강, 둘 다
트리거 모드 설정	normal, auto

표 4.3 측정을 위한 오실로스코프 설정

그림 4.12 측정 결과 파형

4. 표 4.1과 표 4.3의 주요한 차이점이 있으면, 왜 그렇게 결정했는지 설명하시오.

5. 단자 'out'의 전압 $v_{out}(t)$에 대해 표 4.3과 같은 조건으로 오실로스코프를 이용하여 포착하여 화면에 표시된 파형을 그림 4.12에 그리시오.

6. 실험에 의해 오실로스코프로 포착하여 그림 4.12에 나타낸 파형을 관찰하여 표 4.4를 완성하시오.

$v_{out}(0)$	[V]
$v_{out}(0)$의 63.8% 값	[V]
$\tau^{※)}$	[s, ms, μs]

*) τ : t = 0에서부터 $v_{out}(0)$의 63.8% 값에 이르기까지 걸리는 시간

표 4.4 측정 결과

7. 이 실험에서 PSPICE로 모의실험으로 구한 결과와 실제로 회로를 만들어 오실로스코프로 측정한 결과를 서로 비교하고 설명하시오.

실험 3 RC 회로 과도 응답 측정 II : 주기적인 펄스 이용

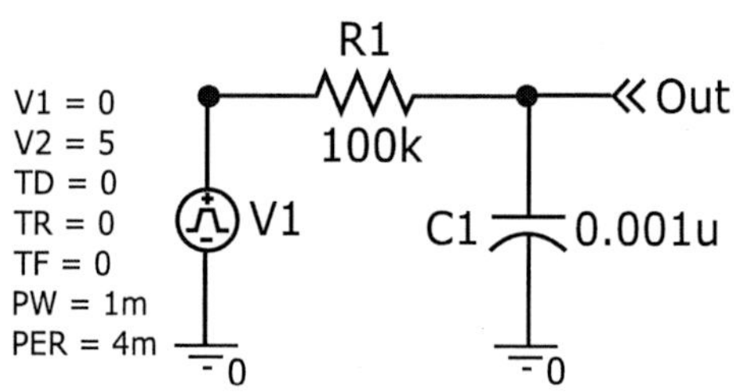

그림 4.13 'VPULSE'를 이용한 과도 응답 측정

이 실험에서는 앞에서 수행했던 실험과 달리 회로에 인가되는 입력에 대해 아주 짧은 시간 이내에 동작의 변화가 발생하는, 즉 과도 응답이 나타나는 시간이 짧은 회로에 대해서 그 특성을 관찰하기 위한 방법에 대해 경험하게 된다.

1. 그림 4.13의 회로를 'OrCAD Capture' 프로그램을 이용하여 그린다. 회로도에서 RC 회로에 인가되는 전압원 V1은 PSPICE 전원모델 'VPULSE'인데, 3장에서 설명한 'PSPICE VPULSE 모델' 부분을 참조하고, 'SOURCE' 라이브러리에서 그 기호를 선택하고, 'Property Editor'를 사용하여 'VPULSE'의 속성 파라미터들을 회로도에서 주어진 값들로 설정한다.

2. 그림 4.14에 회로도에서 주어진 속성이 반영된 펄스 파형을 두 주기 동안 그리시오.

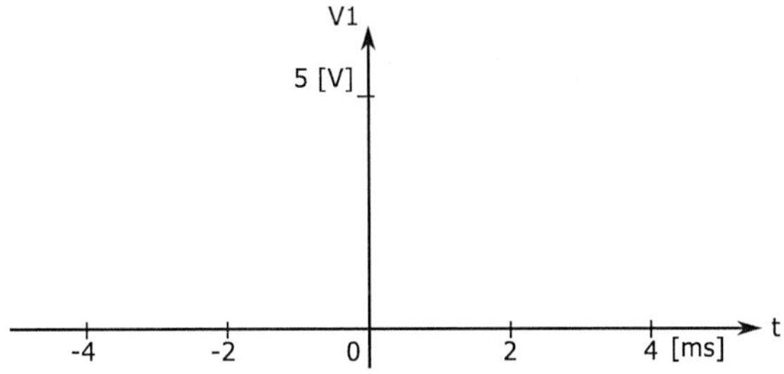

그림 4.14 펄스 파형

3. PSPICE로 'transient analysis'를 수행한다. 전압원 V1의 파형과 단자 'out'의 전압 파형을 동시에 출력하고, 출력한 파형의 주요 특징을 관찰하는 방법으로 회로의 시정수를 구하시오.

4. 그림 4.13에서 회로에 인가되는 전압 V1은 PSPICE에서는 'VPULSE' 모델을 사용했는데, 실제 실험에서는 함수발생기를 이용하여 필요한 신호를 얻어야 한다. 함수발생기는 사인 (sine), 구형 (square), 펄스 (pulse), 톱니 (sawtooth) 등 다양한 모양의 신호를 발생시킬 수 있고, 신호의 최대치, 최소치, 주파수 또는 주기 등 신호의 특징들을 설정할 수 있다. 이 실험에서는 'VPULSE' 모델이 사용되므로 펄스 신호를 발생시켜서 회로에 인가한다.

※ 함수발생기 사용시 주의할 점

- 함수발생기를 접속하려는 회로와 분리된 상태에서 원하는 신호를 만든다. 그 이유는 함수발생기의 출력을 회로에 연결하여 회로를 동작시킬 경우, 회로가 허용 가능한 전압이나 신호를 공급해야 바르게 동작하는데, 극성이 반대 이거나 허용 범위를 벗어나는 신호가 공급될 경우에는 회로를 구성하는 IC들에 과전류가 흘러서 부품에 고장이 발생할 수도 있다.
- 실험실에서 사용하는 함수발생기는, 대체로 비슷한 방법으로 조작되지만, 제조회사에 따라 또는 모델에 따라 전면 조작부에서 표시되는 항목들을 설정해서 함수발생기의 출력에 나타나는 신호를 관찰해보면, 우리가 생각하고 있는 개념과는 다르게 나타나는 경우가 있다. 예를 들어서 신호의 크기가 생각한 것보다 반으로 나타나거나 두 배로 나타나는 경우들이 있다. 이러한 문제로 인해 함수발생기에서 원하는 신호를 얻어야 하는 경우, 함수발생기의 출력을 회로에 바로 연결하지 말고, 오실로스코프에 직접 연결한 상태에서 함수발생기를 조작하고 오실로스코프로 관찰한 파형이 실험에 필요한 파형이 될 때까지 함수발생기의 해당 항목들을 조정한다.
- 오실로스코프를 통해서 파형을 관찰하면서 원하는 파형이 생성되면, 함수발생기와 실험 대상 회로의 기준 전위의 차로 인한 문제를 방지하기 위해, 함수발생기의 출력 중 접지를 회로에 먼저 연결하여 함수발생기와 회로의 접지를 일치시킨 후에 신호를 회로에 연결한다.

5. 브레드보드에 그림 4.13의 회로를 구성한다. 전압원 V1은 함수발생기를 사용하여 생성한다. 오실로스코프를 적절히 설정하여 전압원 V1과 단자 'out'의 전압 $v_{out}(t)$을 동시에 관찰하는 방법으로 실험 대상 회로의 시정수를 구하시오.

6. 3에서 PSPICE 모의실험에 의해 구한 값들과 5에서 실제 회로에서 오실로스코프로 관찰하여 구한 결과들을 서로 비교하고 분석한 내용을 설명하시오.

실험 4 RC 회로 과도 응답 측정 III

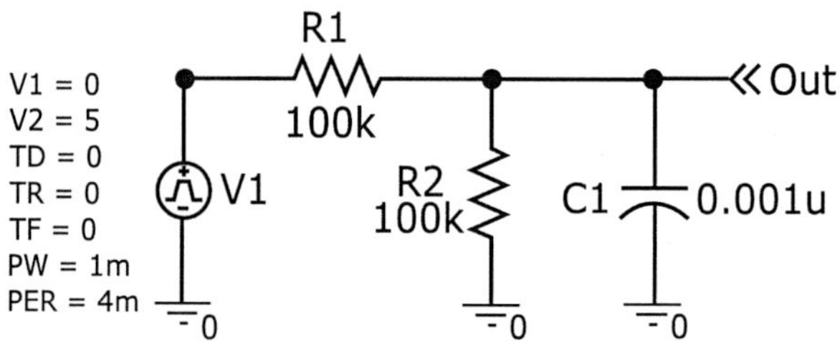

그림 4.15 RC 회로

1. 그림 4.15의 회로에 대해 'transient analysis'를 수행한다. 전압원 V1의 파형과 단자 'out'의 전압 파형을 동시에 출력하여 회로의 시정수를 구하시오.

2. 브레드보드에 회로를 꾸밀 때, 전압원 V1은 함수발생기를 사용하여 생성한다. 오실로스코프로 전압원 V1과 단자 'out'의 전압 $v_{out}(t)$을 동시에 관찰하는 방법으로 회로의 시정수를 구하시오.

3. 저항 R2의 유 · 무가 회로의 시정수에 어떻게 영향을 미치는지 실험적으로 관찰하고 결과를 설명하시오.

❖ 과제

그림 4.13의 회로에서 입력을 V_1, 단자 'out'의 전압을 V_{out}이라 할 때, 전달함수 $\frac{V_{out}(\omega)}{V_1(\omega)}$을 구하고 크기 그래프와 위상 그래프를 그리시오. 여기서 ω는 각주파수를 의미한다.

제5장 | RC 회로 필터와 주파수 응답

I 실험 목표

- 교류 전압원이 인가되는 회로의 해석법에 대해 배운다.
- 정상 상태 응답 신호에 대한 페이저 (phasor) 표현에 대해 이해한다.
- 교류 회로 해석시 저항, 커패시터, 인덕터에 대한 임피던스 표현을 이해한다.
- 페이저와 임피던스 (impedance)를 이용한 정상 상태 응답 해석에 대해서 배운다.
- 오실로스코프로 정상 상태 응답 신호를 측정하는 방법에 대해서 배운다.
- 회로에서 전달함수의 정의에 대해서 배운다.
- 회로에서 전압 이득의 개념을 이해한다.
- 회로의 전압 이득에서 크기와 위상의 주파수 특성에 대해서 이해한다.
- 데시벨 (decibel : dB)의 개념에 대해 이해한다.
- RC 저대역 필터 회로의 구조와 주파수 특성을 이해한다.
- RC 고대역 필터 회로의 구조와 주파수 특성을 이해한다.
- 직결합 (cascaded) 저대역 필터 회로의 구조와 주파수 특성을 이해한다.

II 실험 부품 및 준비 사항

1 실험 부품

부품명	규격	수량
저항	100 kΩ, 1/4 watt	2개
커패시터	0.001 μF	2개

2 실험 준비 사항

- 오실로스코프, 함수발생기, 직류 전압원 공급장치, 멀티미터
- 브레드보드, 점퍼선
- PSPICE 소프트웨어가 설치된 컴퓨터

III 실험 내용

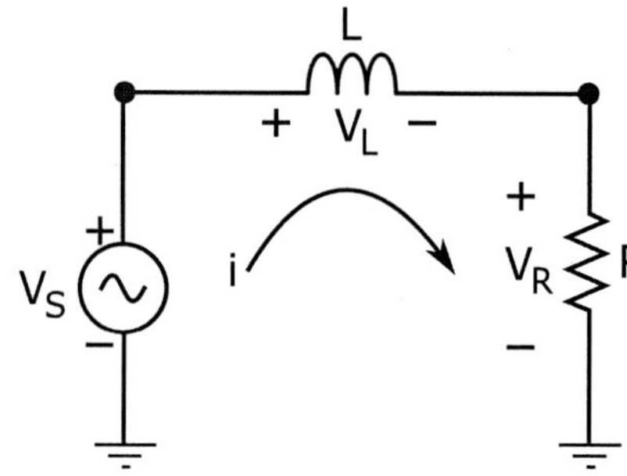

그림 5.1 RL 회로

그림 5.1의 회로에서, 교류 전압원 V_S는 $t < 0$인 구간에서 $V_S = 0$이고 $t \geq 0$인 구간에서 식 (5.1)과 같이 주어진다고 가정하자.

$$V_S(t) = V_I \sin\omega t \tag{5.1}$$

교류 전압원 V_S, 인덕터 L, 저항 R이 직렬로 연결되어 루프를 형성하고 있으므로, 그림에 표시한 바와 같이 인덕터 전압과 저항에 나타나고 있는 전압을 각각 V_L, V_R이라 할 때, 키르히호프의 전압 법칙을 적용하면, 식 (5.2)와 같이 표현된다.

$$V_S = V_L + V_R \tag{5.2}$$

루프에 전류 i가 흐른다면, 회로가 루프를 구성하며 직렬로 연결되어 있기 때문에, 이 전류는 인덕터 L과 저항 R에 흐른다. 인덕터 전압과 인덕터 전류의 관계는 $V_L = L\frac{di}{dt}$이고, 저항에서 $V_R = i \cdot R$이므로, 식 (5.3)과 같이 정리된다.

$$V_S = L\frac{di}{dt} + i \cdot R \tag{5.3}$$

그런데, $t \geq 0$에서 교류 전압원이 식 (5.1)과 같이 주어지므로, 식 (5.4)와 같이 정리된다.

$$L\frac{di}{dt} + i \cdot R = V_I \sin\omega t \tag{5.4}$$

여기서, 예를 들어, 전류의 초기조건을 $i(0) = 0$이라 가정하고, $L = 1$ H, $R = 2\ \Omega$, $\omega = 1$ rad/s, $V_I = 10$ V와 같이 주어질 때 식 (5.4)의 미분 방정식을 풀면, 그 해는 식 (5.5)와 같이 정리되고, 이어서 (5.6)과 같이 지수항과 하나의 사인 (sine) 항으로 표현될 수 있다.

$$i(t) = 2e^{-2t} + 4\sin t - 2\cos t,\ t \geq 0 \tag{5.5}$$

$$i(t) = 2e^{-2t} + \sqrt{20}\sin(t-\theta),\ t \geq 0 \tag{5.6}$$

여기서 $\theta = \tan^{-1}\frac{4}{2}$ 이다.

식 (5.6)을 자세히 보면, 지수항은 시간이 경과함에 따라 급격히 감소하여 사라지는 반면, 진폭이 $\sqrt{20}$인 사인항은 그 특성이 계속 유지되며 나타난다.

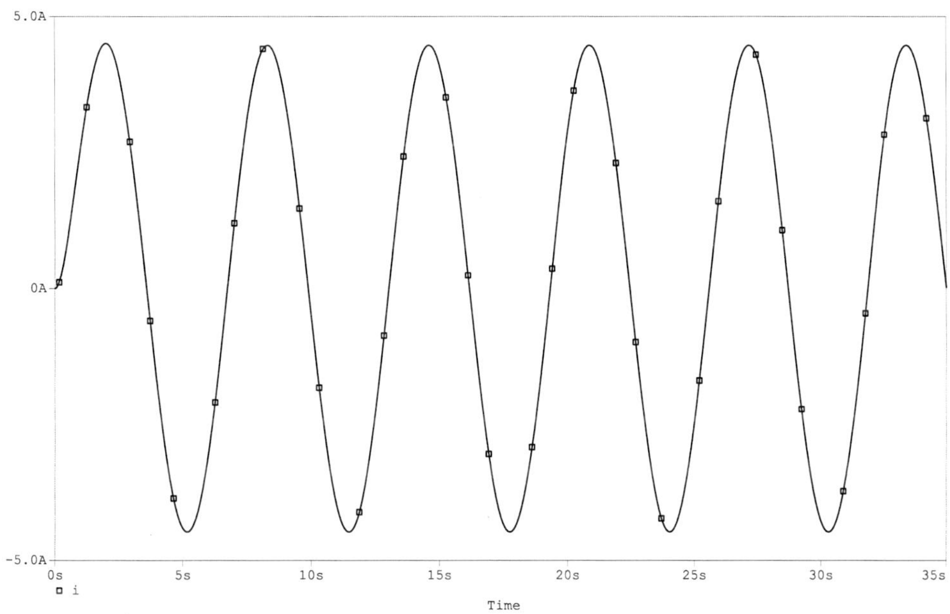

그림 5.2 식 (5.6)의 파형

그림 5.2에 식 (5.6)을 파형으로 나타냈다. 식 (5.6)에 대한 설명과 같이 지수항은 시간에 따라 점점 사라지고, 지수항에 비해서 사인항이 크기 때문에 사인항만 남은 듯이 보인다.

한편, 인덕터와 저항에서 전류와 전압의 관계를 고려하여 각각의 전압을 구하면, 식 (5.7)과 (5.8)과 같이 표현된다.

$$\begin{aligned} V_L(t) = L\frac{di}{dt} &= -4e^{-2t} + \sqrt{20}\cos(t-\theta) \\ &= -4e^{-2t} + \sqrt{20}\sin(t+90^\circ-\theta) \end{aligned} \tag{5.7}$$

$$V_R(t) = R \cdot i = 4e^{-2t} + 2\sqrt{20}\sin(t-\theta) \tag{5.8}$$

이제, 그림 5.1의 회로에 인가된 교류 전압원이 $V_I = 10$ V, $\omega = 1$ rad/s일 때, $V_S(t) = 10\sin t$로 표현되는데, 그로 인한 회로의 반응은 식 (5.6), (5.7), (5.8)과 같이 구해진다는 것을 유도하였다. 식 (5.6), (5.7), (5.8)은 모두 지수항과 사인항을 포함하고 있고, 지수항은 시간에 따라 사라지고 사인항만 남는 특징이 있다. 그리고 남게 되는 사인항을 회로에 인가되는 교류 전압원과 비교하면 주파수는 모두 $\omega = 1$ rad/s로 같고 각 신호들이 진폭과 위상에서 차이를 보인다.

따라서, 만일 오실스코프를 이용하여 인덕터, 커패시터의 전압을 측정하면, 식에서 지수항으로 표현되는 과도 응답은 시간에 따라 사라지고 정상 상태 응답인 사인항만 남고 파형들 사이에 크기와 위상이 다르게 관찰된다. 그리고 회로를 이미 동작시킨 후에 회로의 각 부분의 파형을 측정하면, 이미 과도 응답 부분은 지나가서 의미 없게 되고 오실로스코프에 나타나는 것은 정상 상태 응답만 보이게 된다.

1 페이저

앞에서 설명한 것처럼, 저항, 커패시터, 인턱터와 같은 부품으로 구성된 회로에 각주파수가 ω rad/s이고 진폭이 V_S인 교류 전원 $v_S(t) = V_S \sin\omega t$를 인가하면, 회로를 구성하는 각 부품 또는 노드에 나타나는 전압, 부품을 통해 흐르는 전류의 정상 상태 응답은, 식 (5.9)와 같이 각주파수 ω는 같고 진폭과 위상이 서로 다른 형태로 표현된다.

$$A\sin(\omega t + \theta) \tag{5.9}$$

따라서, 정상 상태 응답에서 공통점인 각주파수 ω를 두고 신호의 크기와 위상만으로 회로의 특성을 쉽게 분석하고 처리하는 방법이 필요하다.

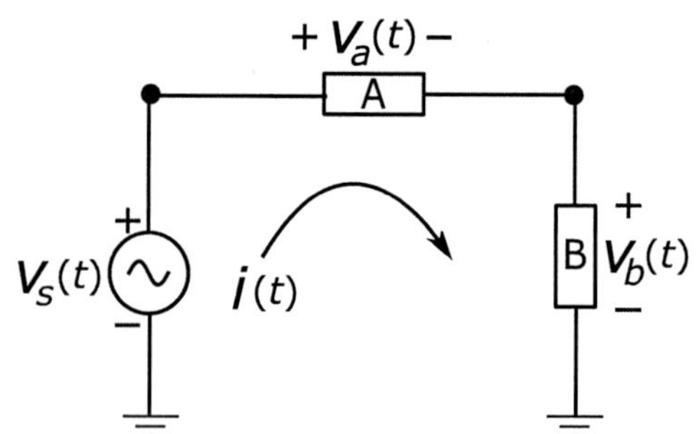

그림 5.3 교류 회로

예를 들어 그림 5.3과 같은 회로에 인가되는 교류 전압원이 식 (5.10)과 같이 주어진다고 하자.

$$v_S(t) = V_S \sin\omega t \tag{5.10}$$

그리고 과도 응답 과정이 지나간 후 정상 상태에서, 부품 A, B의 전압을 $v_a(t)$, $v_b(t)$라 하고 이 회로에 흐르는 전류를 $i(t)$라 하면, 이 전압과 전류를 각주파수는 같고 진폭과 위상이 다른 식 (5.11), (5.12), (5.13)과 같이 표현할 수 있다.

$$v_a(t) = A\sin(\omega t + \theta_a) \tag{5.11}$$

$$v_b(t) = B\sin(\omega t + \theta_b) \tag{5.12}$$

$$i(t) = I\sin(\omega t + \theta_i) \tag{5.13}$$

페이저는 교류 전원이 인가되는 회로에서, 식 (5.10), (5.11), (5.12), (5.13)과 같이 표현되는 정상 상태 응답 신호 $v_s(t)$, $v_a(t)$, $v_b(t)$, $i(t)$를 신호의 크기와 위상을 동시에 표현하는 극 좌표계 (angular coordinate system)를 이용하여 식 (5.14), (5.15), (5.16), (5.17)과 같이 표현하는 방법이다.

$$\boldsymbol{V_S} = Vs\angle 0° \tag{5.14}$$

$$\boldsymbol{V_a} = A\angle\theta_a \tag{5.15}$$

$$\boldsymbol{V_b} = B\angle\theta_b \tag{5.16}$$

$$\boldsymbol{I} = I\angle\theta_i \tag{5.17}$$

2 임피던스

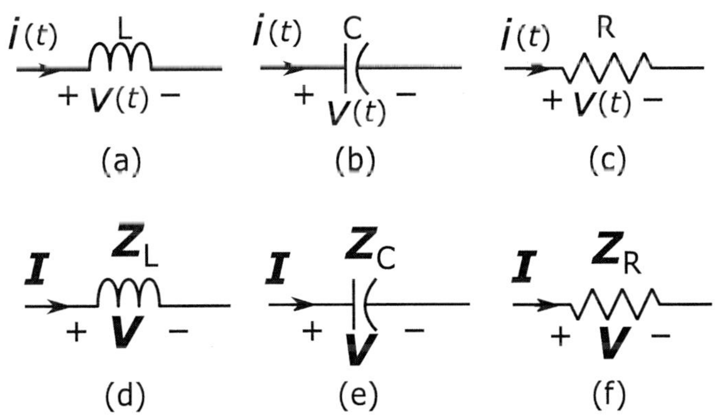

그림 5.4 저항, 커패시터, 인덕터의 임피던스와 페이저 표현

그림 5.4 (a), (b), (c)에 인덕터, 커패시터, 저항에 나타나는 전압 $v(t)$, 전류 $i(t)$를 나타냈다. 그림 5.4 (d), (e), (f)에서 전압 $v(t)$와 전류 $i(t)$의 페이저 표현을 $\boldsymbol{V}$, $\boldsymbol{I}$라 할 때, 인덕터, 커패시터, 저항의 임피던스 값을 각각 $\boldsymbol{Z}_L$, $\boldsymbol{Z}_C$, $\boldsymbol{Z}_R$로 나타냈다.

일반적으로 임피던스의 정의는 식 (5.18)과 같이 정의한다.

$$\boldsymbol{Z} = \frac{\text{전압페이저}}{\text{전류페이저}} = \frac{\boldsymbol{V}}{\boldsymbol{I}} [\Omega] \tag{5.18}$$

각 부품에 대한 임피던스를 구하기 위해, 인덕터에 대한 임피던스를 구해본다. 그림 5.4 (a)에서 인덕턴스 L인 인덕터에 전류 $i(t) = I\sin(\omega t + \theta)$가 흐른다고 하자. 그러면 전류 $i(t)$에 대한 페이저는 $\boldsymbol{I} = I\angle\theta$로 표현된다. 여기서 I와 θ는 전류 $i(t)$의 크기와 위상 성분이다.

한편, 인덕터에서는 전압과 전류 사이에 식 (5.19)인 관계가 있다.

$$v(t) = L\frac{di(t)}{dt} \tag{5.19}$$

그러므로 인덕터 전압은,

$$\begin{aligned} v(t) &= L\frac{d}{dt}(I\sin(\omega t + \theta)) \\ &= \omega LI\cos(\omega t + \theta) \\ &= \omega LI\sin(\omega t + 90° + \theta) \end{aligned} \tag{5.20}$$

이므로, 인덕터 전압에 대한 페이저는 식 (5.21)과 같이 표현된다.

$$\boldsymbol{V} = \omega LI\angle 90° + \theta \tag{5.21}$$

따라서 임피던스의 정의에 의해, 인덕터의 임피던스 $\boldsymbol{Z}_L$은 식 (5.22)와 같이 정리된다.

$$\begin{aligned} \boldsymbol{Z}_L &= \frac{\boldsymbol{V}}{\boldsymbol{I}} \\ &= \frac{\omega LI\angle 90° + \theta}{I\angle\theta} \\ &= \omega L\angle 90° \end{aligned} \tag{5.22}$$

이와 같은 방법을 커패시터와 저항에도 적용하면, 커패시터와 저항의 임피던스는 각각 식 (5.23)과 (5.24)와 같이 표현된다.

$$Z_C = \frac{1}{\omega C}\angle -90° \tag{5.23}$$

$$Z_R = R\angle 0° \tag{5.24}$$

앞에서 구한 인덕터, 커패시터, 저항의 임피던스를 극 좌표계와 복소 좌표계로 좌표 평면 위에 표현하면 그림 5.5와 같이 나타낼 수 있다.

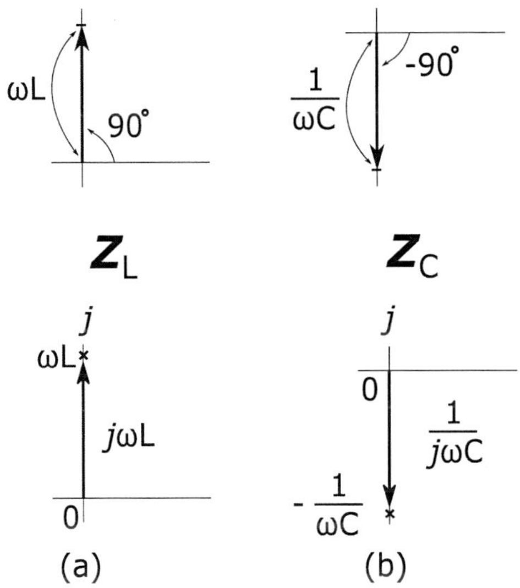

그림 5.5 임피던스 : 극 좌표계, 복소 좌표계 표현

극 좌표계에서는 서로 비교할 수 없는 단위인 크기와 위상, 복소 좌표계에서도 서로 비교할 수 없는 실수와 허수와 같이, 두 좌표계는 서로 동일한 차원에서 비교할 수 없는 단위들을 한 쌍으로 묶어서 표현하기에 적합한 좌표계이고 동일한 내용을 서로 다른 좌표계를 이용하여 표현할 수 있다.

예를 들어 그림 5.5 (a) 인덕터의 임피던스 Z_L은 극 좌표계로 표현할 때는 상단의 그림과 같이 $\omega L\angle 90°$로 표현되지만, 그림에서 화살표 (또는 벡터)가 시시하는 점은 그림 5.5 (a) 하단의 복소 좌표계에서는 $j\omega L$로 표현될 수 있다. 이와 같은 방법을 적용해서 생각하면, 인덕터, 커패시터, 저항의 임피던스는 식 (5.25), (5.26), (5.27)과 같이 상황에 따라 극 좌계 또는 복소 좌표계 형식을 이용하여 표현할 수 있다.

$$Z_L = \omega L\angle 90° = j\omega L \tag{5.25}$$

$$Z_C = \frac{1}{\omega C}\angle -90° = \frac{1}{j\omega C} \tag{5.26}$$

$$Z_R = R\angle 0° = R \tag{5.27}$$

3 페이저와 임피던스에 의한 정상 상태 응답 해석

R, L, C 회로에서 전류나 전압을 구하기 위해서는 키르히호프의 법칙들이나 메시 (mesh) 해석법 또는 마디 (node) 해석법 등 회로 해석에 관한 다양한 방법들을 이용하여 방정식들을 세우게 되는데, 세워진 방정식들이 미분 방정식의 형태로 표현되므로 그 해를 구하는데 시간이 많이 소요된다.

그런데, 교류 전원이 R, L, C로 구성된 회로에 인가될 때, 회로에 흐르는 전류나, 회로에 전원이 인가된 후 시간이 충분히 경과된 후인 정상 상태 응답에서는 각 부품이나 노드에 나타나는 전압은 인가된 전원과 주파수는 같고 크기와 위상 성분이 다르게 나타나는 것을 앞의 설명에서 이해하였다.

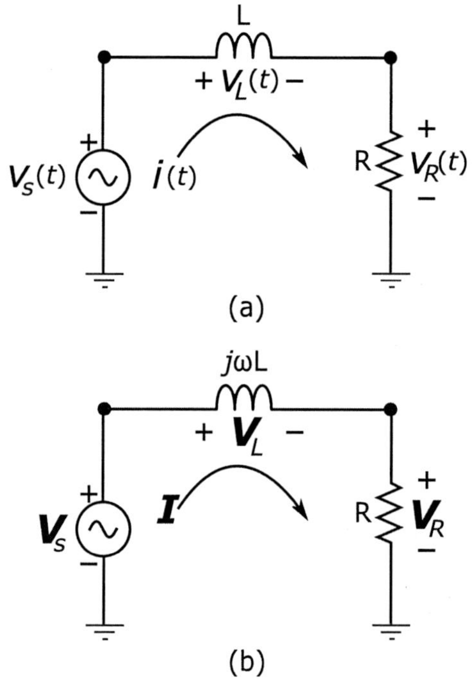

그림 5.6 RL 회로와 페이저, 임피던스 표현

이러한 특성을 활용하여 정상 상태 응답에서 나타나는 신호들을 페이저 형식으로 표현하고, 각 부품을 임피던스로 표현한 회로 해석법을 적용하여, 정상 상태에서 회로에서 전압이나 전류를 간단하게 구할 수 있다.

그림 5.6 (a)의 회로에서 식 (5.28)과 같이 표현된 교류 전압원 $v_s(t)$가 L, R 회로에 인가된다고 하자.

$$v_S(t) = V_S \sin\omega t \tag{5.28}$$

그러면 이 교류 전압원 때문에 인덕터, 커패시터에 나타나는 전압과 회로에 흐르는 전류를 정상 상태에서 각각 $v_L(t)$, $v_R(t)$, $i(t)$라 하자. 교류 전압원이 인가되기 때문에, 정상 상태에서 $v_L(t)$, $v_R(t)$, $i(t)$는 교류 전압원과 주파수는 같고 크기와 위상 성분에 있어서 차이가 나타나고, 식 (5.29), (5.30), (5.40)과 같이 표현될 수 있다.

$$v_L(t) = V_L \sin(\omega t + \theta_L) \tag{5.29}$$

$$v_R(t) = V_R \sin(\omega t + \theta_R) \tag{5.30}$$

$$i(t) = I \sin(\omega t + \theta_I) \tag{5.31}$$

그러면, 페이저와 임피던스를 이용하여 회로를 해석하기 위해, 그림 5.6 (a)를 그림 5.6 (b)와 같이 다시 표현한다. 그림 5.6 (b)에서 $\boldsymbol{V_S}$, $\boldsymbol{V_L}$, $\boldsymbol{V_R}$, $\boldsymbol{I}$는 신호 $v_S(t)$, $v_L(t)$, $v_R(t)$, $i(t)$에 대한 페이저 표현인데, 페이저 정의에 따라 식 (5.32), (5.33), (5.34), (5.35)와 같이 표현될 수 있다.

$$\boldsymbol{V_S} = V_S \angle 0° \tag{5.32}$$

$$\boldsymbol{V_L} = V_L \angle \theta_L \tag{5.33}$$

$$\boldsymbol{V_R} = V_R \angle \theta_R \tag{5.34}$$

$$\boldsymbol{I} = I \angle \theta_I \tag{5.35}$$

그리고 인덕터 L과 저항 R은 임피던스 $j\omega L$과 R로 표현되었다. 여기서 ω는 회로에 인가된 교류 전원의 각주파수를 의미한다.

그러면, 그림 5.6 (b)에서 전류 $\boldsymbol{I}$는 오옴의 법칙을 이용하여 식 (5.36)과 같이 구할 수 있다.

$$\boldsymbol{I} = \frac{\boldsymbol{V_S}}{\boldsymbol{Z}} \tag{5.36}$$

여기서, $\boldsymbol{Z}$는 교류 전원압에서 인덕터와 저항의 합성 임피던스이고 식 (5.37)과 같이 표현된다.

$$\begin{aligned} \boldsymbol{Z} &= j\omega L + R \\ &= Z \angle \theta_Z \end{aligned} \tag{5.37}$$

여기서, $Z = |\boldsymbol{Z}| = \sqrt{(\omega L)^2 + R^2}$ 이고 $\theta_Z = \tan^{-1}(\frac{\omega L}{R})$이다.

그러므로 식 (5.36)은 식 (5.38)과 같이 정리된다.

$$\begin{aligned} \boldsymbol{I} &= \frac{V_S \angle 0°}{Z \angle \theta_Z} \\ &= \frac{V_S}{\sqrt{(\omega L)^2 + R^2}} \angle -\tan^{-1}(\frac{\omega L}{R}) \end{aligned} \tag{5.38}$$

식 (5.38)과 같이 전류 $\boldsymbol{I}$와 같이 구해지므로, 페이저와 임피던스 관점에서, 인덕터의 전압 · 전류 관계 $\boldsymbol{V}_L = \boldsymbol{Z}_L \cdot \boldsymbol{I}$, 저항의 전압 · 전류 관계 $\boldsymbol{V}_R = R \cdot \boldsymbol{I}$를 이용하면, 식 (5.39)과 (5.40)과 같이 구해진다.

$$\begin{aligned} \boldsymbol{V}_L &= j\omega L \cdot \boldsymbol{I} \\ &= j\omega L \cdot \frac{V_S}{\sqrt{(\omega L)^2 + R^2}} \angle -\tan^{-1}(\frac{\omega L}{R}) \\ &= \frac{\omega L V_S}{\sqrt{(\omega L)^2 + R^2}} \angle 90^{\circ} - \tan^{-1}(\frac{\omega L}{R}) \end{aligned} \tag{5.39}$$

$$\begin{aligned} \boldsymbol{V}_R &= R \cdot \boldsymbol{I} \\ &= R \cdot \frac{V_S}{\sqrt{(\omega L)^2 + R^2}} \angle -\tan^{-1}(\frac{\omega L}{R}) \\ &= \frac{R V_S}{\sqrt{(\omega L)^2 + R^2}} \angle -\tan^{-1}(\frac{\omega L}{R}) \end{aligned} \tag{5.40}$$

식 (5.38), (5.39), (5.40)과 같이, 신호 $v_L(t)$, $v_R(t)$, $i(t)$에 대한 페이저 표현으로 각 신호에 대한 크기와 위상 성분을 구했으므로, 식 (5.29), (5.30), (5.31)의 신호표현과 식 (5.33), (5.34), (5.35)의 페이저 표현의 관계로부터, 정상 상태 응답 신호 $v_L(t)$, $v_R(t)$, $i(t)$를 식 (5.41), (5.42), (5.43)과 같이 구할 수 있다.

$$v_L(t) = \frac{\omega L V_S}{\sqrt{(\omega L)^2 + R^2}} \sin(\omega t + 90° - \tan^{-1}(\frac{\omega L}{R})) \tag{5.41}$$

$$v_R(t) = \frac{R V_S}{\sqrt{(\omega L)^2 + R^2}} \sin(\omega t - \tan^{-1}(\frac{\omega L}{R})) \tag{5.42}$$

$$i(t) = \frac{V_S}{\sqrt{(\omega L)^2 + R^2}} \sin(\omega t - \tan(\frac{\omega L}{R})) \tag{5.43}$$

지금까지 설명한 것을 요약하면, R, L, C 회로에 교류 전원이 인가될 때, 회로에 나타나는 응답 중 정상 상태 응답은 신호에 대한 페이저 표현과 부품에 대한 임피던스를 이용하여 구할 수 있는데, 그 과정은 다음과 같이 정리된다.

- 회로의 모든 신호를 페이저 형식으로 표현한다.
- 회로의 모든 부품을 임피던스로 바꾸어 다시 그린다.
- 오옴의 법칙, 키르히호프의 법칙, 메시 (또는 마디) 해석법 등 다양한 해석법을 적용하여 페이저 형식의 신호를 구한다.
- 페이저 형식으로 구해진 결과에서 크기와 위상 성분을 취하여 사인함수에서 크기와 위상에 적용함으로써 구하고자 하는 신호에 대한 정상 상태 응답을 구한다.

4 측정에 의해 정상 상태 응답 신호를 구하는 법

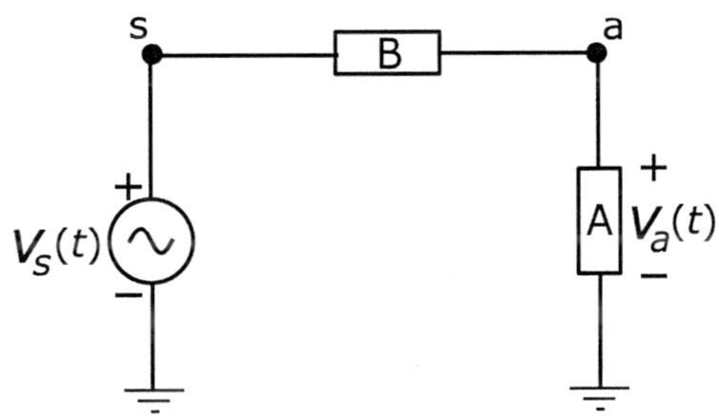

그림 5.7 교류 회로

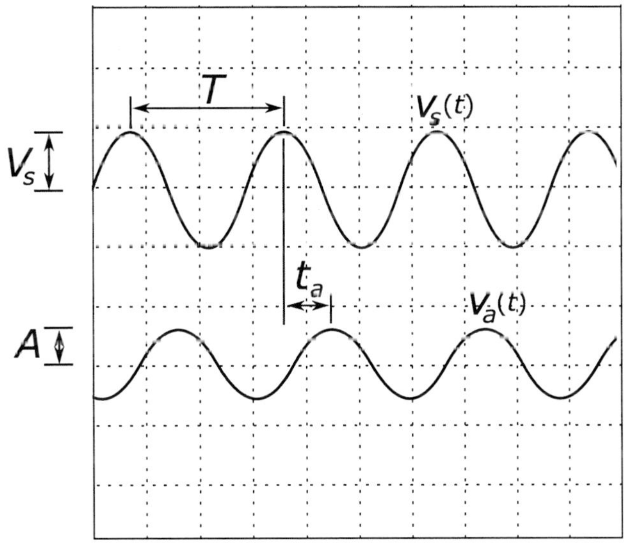

그림 5.8 오실로스코프로 포착한 파형

그림 5.7과 같이 저항, 커패시터, 인덕터 등과 같은 부품으로 구성된 회로에 식 (5.44)와 같이 표현되는 교류 전압원 $v_S(t)$가 회로에 인가될 때, 부품 A의 전압 $v_a(t)$를 측정한다고 하자.

$$v_S(t) = V_S \sin\omega t \tag{5.44}$$

그림 5.7 회로에서 전압원 $v_S(t)$는 노드 s와 접지 사이에, 그리고 부품 A는 노드 a와 접지 사이에 연결되어 있으므로, 접지를 기준으로 설정하고 노드 s와 노드 a의 전압을 측정하면, $v_S(t)$와 $v_a(t)$의 파형을 관찰할 수 있다.

그림 5.8에 오실로스코프 화면에 포착된 $v_S(t)$와 $v_a(t)$의 파형을 나타냈다. 당연히 두 파형은 주파수가 같으므로 주기는 일치하지만, 진폭과 위상에 있어서 차이를 보인다. 오실로스코프의 수직 스위치 설정을 고려하여 그림에 파형 $v_S(t)$와 $v_a(t)$의 진폭을 각각 V_S와 A로 표시하였다. 그리고 파형 $v_S(t)$의 인접한 피크 (peak) 점들 사이를 수평 스위치 설정을 고려하여 $v_S(t)$의 주기 T로 표시하였다. 또한 파형 $v_S(t)$와 $v_a(t)$의 피크점들 사이의 시간 차이 t_a로 표시하였다.

오실로스코프로 관찰된 $v_a(t)$ 파형은 진폭이 A이고, 시간이 전압원 $v_S(t)$보다 t_a 만큼 지연되고 있다.

한편, 사인파의 주기 T와 각주파수 ω 사이에는 $T=\dfrac{2\pi}{\omega}$ 인 관계에 있으므로, 주기 T는 각주파수 ω를 이용하여 계산하거나 그림 5.8과 같이 관찰된 오실로스코프 상에서 인접한 피크점들 사이의 간격을 측정하는 방법으로 결정한다.

그리고 $v_S(t)$와 $v_a(t)$의 시간 지연 t_a에 해당되는 위상 차이 θ_a 식 (5.45), (5.46)과 같은 과정으로 계산된다.

$$\frac{t_a}{T} = \frac{\theta_a}{2\pi} \tag{5.45}$$

$$\theta_a = 2\pi\frac{t_a}{T} \text{ [radian]} \tag{5.46}$$

그러므로 그림 5.7의 회로에 대해 오실로스코프로 관찰되는 그림 5.8의 파형들로부터, 부품 A의 전압에 대한 진폭 A와 위상 θ_a가 측정되었고, 신호의 페이저 표현에서 주어진 진폭과 위상의 정상 상태 응답 표현의 관계에 의해, 신호 $v_a(t)$는 식 (5.47)과 같이 표현된다.

$$v_a(t) = A sin(\omega t - \theta_a) \tag{5.47}$$

5 주파수 응답 (frequency response)

그림 5.9에서 회로망의 입력에 전원 $v_i(t)$가 인가되면, 이로 인해 회로망의 입력 단자로 전류 $i_i(t)$가 흐르게 되고, 회로망의 출력에 연결된 부하에 나타나는 전압 $v_o(t)$이나 부하에 흐르는 전류 $i_o(t)$에 어떤 효과가 나타난다. 그래서 회로망의 특성을 표현하기 위한 수단으로, 회로망에 들어가는 입력 신호와 출력 신호의 관계를 나타내는 전달함수 (transfer function)라 불리는 함수를 이용하여 회로의 특성을 표현하고, 입력된 신호에 대해 출력에 어떤 반응이 나타날지 예측하는 데 사용하기도 한다.

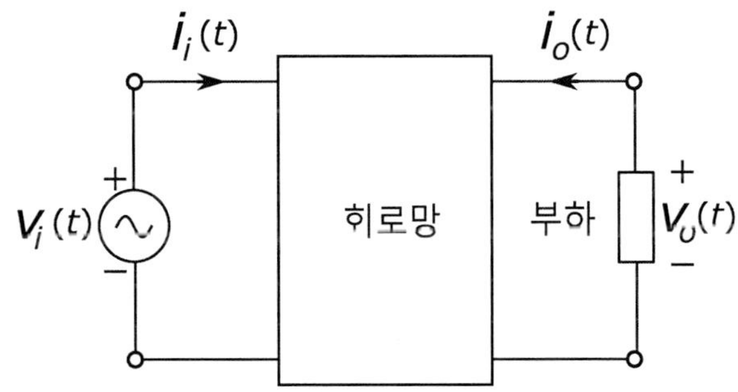

그림 5.9 2-포트 (port) 회로망

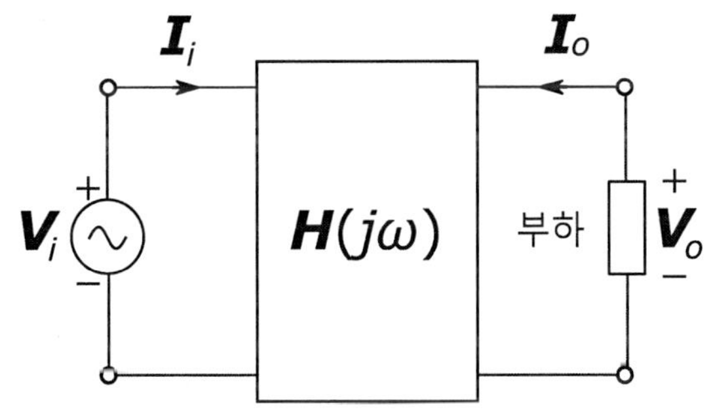

그림 5.10 2-포트 회로망 : 페이서, 임피던스 표현

전달함수는, 그림 5.9에서 신호 $v_i(t)$, $i_i(t)$, $v_o(t)$, $i_o(t)$에 대한 페이저 표현을 그림 5.10에서 각각 $\boldsymbol{V}_i$, $\boldsymbol{I}_i$, $\boldsymbol{V}_o$, $\boldsymbol{I}_o$라 할 때, 식 (5.48)과 같이 정의된다.

$$\boldsymbol{H}(j\omega) = \frac{\{\boldsymbol{V}_o, \boldsymbol{I}_o\}}{\{\boldsymbol{V}_i, \boldsymbol{I}_i\}} \tag{5.48}$$

전달함수 $\boldsymbol{H}(j\omega)$가 각주파수 (또는 주파수)의 함수로 표현되는 것은, 회로망을 임피던스로 변환하여 해석할 때 인덕터와 커패시터를 $j\omega L$와 $\frac{1}{j\omega C}$로 바꾸기 때문에, 주파수에 의해 크기나 위상이 변할 수 있다는 의미이다.

예를 들어 대표적인 전달함수 중 하나인 전압 이득은 식 (5.49)와 같이 정의된다.

$$\boldsymbol{H}(j\omega) = \frac{\boldsymbol{V}_o}{\boldsymbol{V}_i} \tag{5.49}$$

이제, 전달함수로 관찰할 수 있는 회로의 특성을 알아보기 위해, 저항과 커패시터로 구성된 그림 5.11과 같은 저항 R과 커패시터 C의 직렬 회로에 대한 전압 이득을 구해보자.

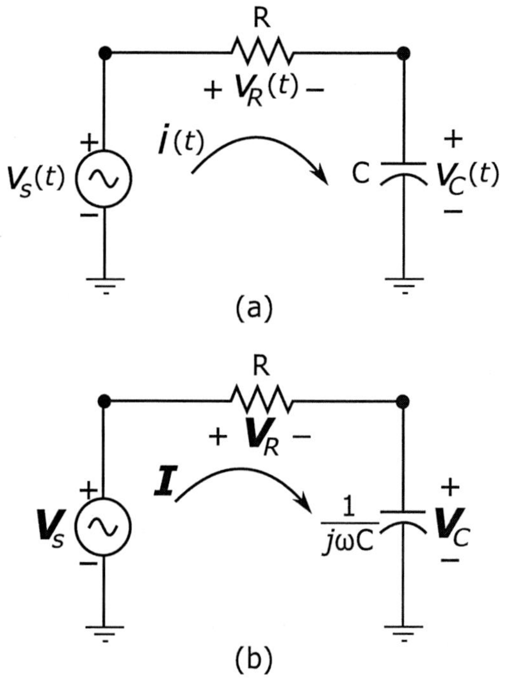

그림 5.11 RC 회로와 페이저, 임피던스 표현

전압 이득을 구하기 위해서, 그림 5.11 (a)에 나타낸 회로에서 교류 전압원 $v_S(t) = V_S \sin\omega t$가 회로에 인가될 때, 커패시터에 나타나는 전압 $v_C(t)$를 구하여 회로에 입력되는 신호 $v_S(t)$의 주파수 변화에 따라 $v_C(t)$의 변화를 나타내는 주파수 특성을 관찰한다.

전압 이득을 구하기 위해 그림 5.11 (a)의 회로를 그림 5.11 (b)와 같이 페이저와 임피던스로 표현할 수 있다. 여기서 $\boldsymbol{V}_S$, $\boldsymbol{V}_R$, $\boldsymbol{V}_C$, $\boldsymbol{I}$는 신호 $v_S(t)$, $v_R(t)$, $v_C(t)$, $i(t)$에 대한 페이저를 의미하고, R, $\frac{1}{j\omega C}$은 저항 R과 커패시터 C의 임피던스이다.

그림 5.11 (b)의 회로에서, 전류 $\boldsymbol{I}$는 오옴의 법칙에 의해 식 (5.50)과 같이 구해진다.

$$\boldsymbol{I} = \frac{\boldsymbol{V}_S}{R + \frac{1}{j\omega C}} \tag{5.50}$$

그러면, 커패시터 C에 나타나는 전압 $\boldsymbol{V}_C$는 식 (5.51)과 같이 구하게 된다.

$$\begin{aligned} \boldsymbol{V}_C &= \boldsymbol{I} \cdot \frac{1}{j\omega C} \\ &= \frac{\boldsymbol{V}_S}{1 + j\omega RC} \end{aligned} \tag{5.51}$$

그러므로, 식 (5.51)로부터 회로에 인가된 전압원에 의해 커패시터에 나타나는 전압의 특성을 나타내는 전압 이득은 식 (5.52)와 같이 표현된다.

$$\boldsymbol{H}(j\omega) = \frac{\boldsymbol{V}_C}{\boldsymbol{V}_S} = \frac{1}{1 + j\omega RC} \tag{5.52}$$

식 (5.52)를 보면 전압 이득이 저항과 커패시터의 값 R과 C에 의해서 결정되기도 하지만, 각주파수 ω에 의해서도 변하므로, 전압 이득을 $\frac{\boldsymbol{V}_C}{\boldsymbol{V}_S}$ 대신 $\frac{\boldsymbol{V}_C}{\boldsymbol{V}_S}(j\omega)$로 표현하기도 한다.

참고로, 이 장에서 ω는 각주파수 (단위 radian / sec)이지만 각주파수와 주파수 f (단위 herz) 와는 $\omega = 2\pi f$인 관계가 있기 때문에 앞으로의 설명에서는 각주파수와 주파수를 혼용해서 주파수로 설명한다.

식 (5.52)의 전압 이득은 식 (5.53)과 (5.54)와 같이 크기 H와 위상 성분 θ_H로 나누어 표현할 수 있다.

$$H = |\boldsymbol{H}(j\omega)| = \left|\frac{\boldsymbol{V}_C}{\boldsymbol{V}_S}\right| = \frac{1}{\sqrt{1 + (\omega RC)^2}} \tag{5.53}$$

$$\theta_H = -\tan^{-1}\omega RC \tag{5.54}$$

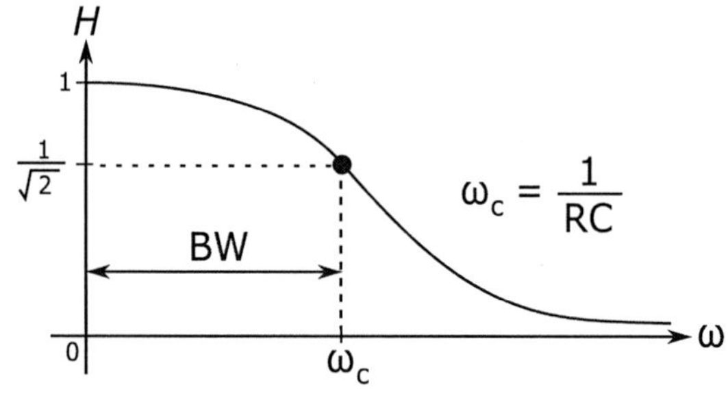

(a)

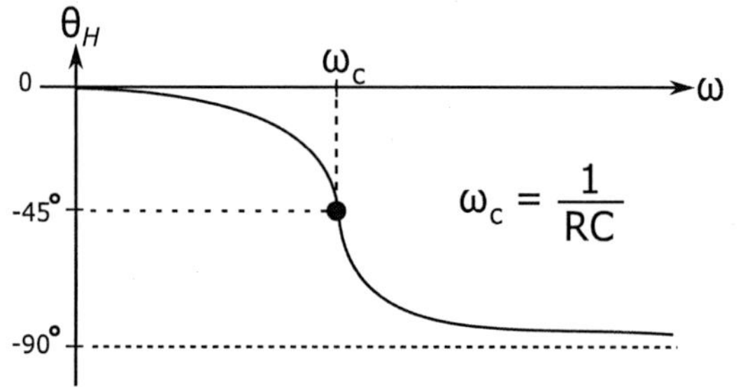

(b)

그림 5.12 주파수 특성 : 크기와 위상 지연

그림 5.12에 식 (5.53)과 (5.54)와 같이 구한 전압 이득의 크기와 위상 지연을 그래프로 나타냈다. 그림 5.12 (a)의 전압 이득 크기 그래프에서는 $\omega = 0$인 경우 $H(0) = 1$로 최대값이고 주파수가 증가할수록 감소하면서 0에 접근하는 특성을 보인다. 반면, 그림 5.12 (b)의 위상 그래프에서는 $\omega = 0$인 경우 $\theta_H(0) = 0^\circ$의 위상을 보이고 주파수가 증가할수록 지연이 커져서 -90°에 접근하는 것을 알 수 있다.

그리고 $\omega_c = \dfrac{1}{RC}$에서 전달함수의 크기 H는 최대값의 $\dfrac{1}{\sqrt{2}}$이 된다. 이 점을 특별히 차단 주파수 (cutoff frequency)라 정의한다.

$$H(\omega_c) = \frac{1}{\sqrt{2}} \tag{5.55}$$

한편, 식 (5.55)은 데시벨 (decibel : dB)의 정의에 따라 식 (5.56)과 같이 계산된다.

$$\begin{aligned} 20\log_{10}H(\omega_c) &= 20\log_{10}\left|\frac{\boldsymbol{V}_C}{\boldsymbol{V}_S}(j\omega_c)\right| \\ &= 20\log_{10}\frac{1}{\sqrt{2}} \simeq -3[\text{dB}] \end{aligned} \tag{5.56}$$

이 식은 차단 주파수 ω_c에서 전달함수는 크기가 최대값의 $\frac{1}{\sqrt{2}}$이고, 데시벨 단위로는 -3 dB값을 갖고, 최대값보다 3 dB만큼 낮은 특성을 보이므로 차단 주파수를 '3dB 주파수'라 부르기도 한다.

그리고 전달함수의 크기가 최대인 주파수 0에서 크기가 최대값의 $\frac{1}{\sqrt{2}}$인 차단 주파수 ω_c까지의 폭을 대역폭 BW (band width)로 정의한다.

차단 주파수에서 위상 지연은 $-45°$로 나타나고 있다. 그러므로 지금 설명하고 있는 RC 회로에 대해, 차단 주파수에서 전달함수의 특징은 식 (5.55), (5.56), (5.57)과 같이 표현된다.

$$\theta_H(\omega_c) = -45° \tag{5.57}$$

지금까지 그림 5.11의 회로에 대해서 페이저와 임피던스를 이용해서 입력에 인가된 교류 전압과 커패시터에서 전압으로 나타나는 출력의 관계를 전달함수의 개념으로 전압 이득을 구했다. 그리고 구한 전압 이득의 크기와 위상 성분이 주파수의 변화에 따라 그림 5.12와 같은 모양으로 나타나는 것을 이해하였다. 그림 5.12에서 크기 성분을 관찰하면, 주파수가 차단 주파수보다 낮은 신호들에 대해서는 출력에 크기가 감소됨이 적게 나타나지만, 차단 주파수보다 높은 신호들은 크기가 상당히 감소되어 출력에 나타나는 것을 알 수 있다. 이와 같이 낮은 주파수 성분의 신호는 잘 통과시키지만, 높은 주파수의 신호에 대해서는 크기를 감소시키는 기능을 저대역 필터 (low pass filter : LPF)라 부른다. 앞으로 이 장의 실험에서는 저대역 필터 외에도 고대역 필터 (high pass filter : HPF) 등 다양한 구조와 특성을 갖는 필터 회로에 대해서 측정하고 분석하여 그 기능을 익힌다.

실험 1 저대역 필터 (low pass filter : LPF) 회로 분석 및 측정

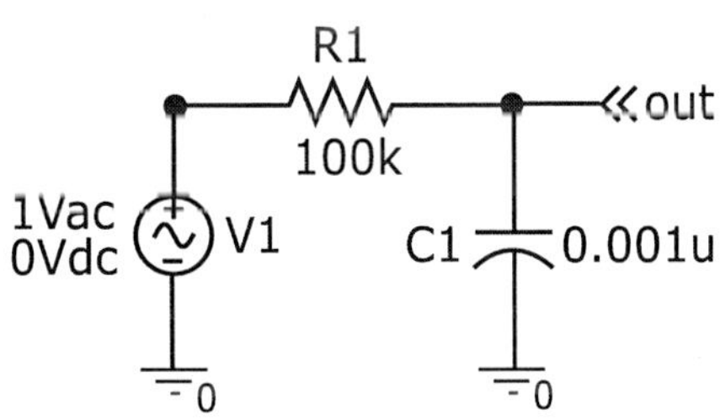

그림 5.13 저대역 필터

1. 그림 5.13의 회로에 대해 앞에서 설명한 내용을 참조하여 차단 주파수 또는 3 dB 주파수를 계산하시오.

2. PSPICE로 모의실험을 수행하기 위해, 'OrCAD Capture' 프로그램을 이용하여 그림 5.13의 회로를 입력한다. 회로에서 교류 전압원 V1은 PSPICE 라이브러리 'SOURCE'에서 'VAC'라는 이름의 부품을 선택하여 사용한다. 'Property Editor'를 사용하여 교류 전압원 'VAC' 모델의 속성을 회로도에 표시한 내용과 같이 지정한다. 참고로 교류 전압원 'VAC' 모델에는 다음과 같은 속성들을 지정할 수 있다.

- ACMAG : 교류 전압원의 실효치 (root mean square : RMS)를 의미.
- DC : 전압원의 'DC offset' 전압을 의미.
- ACPHASE : 전압원의 위상을 의미하며, 특별히 지정하지 않으면 기본적으로 0° 가 사용된다.

3. 2에서 입력한 그림 5.13의 회로에 대해 PSPICE 모의실험에서 'AC sweep analysis'를 수행한다. 단자 'out'의 전압 $v_{out}(t)$의 주파수 특성을 판단할 수 있도록 1에서 계산한 차단 주파수를 고려하여 교류 전압원 V1의 주파수 범위를 적절히 선택한다. PSPICE로 모의실험을 수행한 결과로 나타나는 그래프에서 3 dB 주파수를 결정하고 1에서 계산한 이론치와 비교하시오.

4. 위에서 PSPICE로 모의실험한 결과를 실제 회로에서 검증하기 위해, 그림 5.13의 회로를 브레드보드에 구현한다. 교류 전압원 V1은 함수발생기를 사용하는데, 진폭이 1 V인 사인파가 출력되도록 그 파형을 오실로스코프로 관찰하면서 함수발생기를 조절한다.

오실로스코프에 교류 전압원 V1과 단자 'out'의 전압 $v_{out}(t)$의 파형이 동시에 나타나도록 오실로스코프를 조작한다. 당분간, 오실로스코프로 파형을 포착하고 측정할 때는 오실로스코프의 자동 측정 기능을 사용하지 않고 화면의 격자와 눈금, 수직 격자 조절 스위치, 수평 격자 조절 스위치 등을 조절하면서 설정된 값만을 반영하여 측정한다.

오실로스코프로 동시에 여러 개의 신호를 관찰하는 경우, 예를 들어 이 실험에서와 같이 교류 전압원 V1과 단자 'out'의 전압 $v_{out}(t)$의 파형을 포착해야 하는 경우, 화면에 나타나는 파형이 안정되게 보여야 관측이 가능하다. 다음과 같은 사항들을 지킴으로써 오실로스코프에 나타나는 파형을 안정되게 보이도록 만들 수 있다.

- 두 개의 신호를 오실로스코프로 분석할 때, 각각 오실로스코프의 각 채널에 연결되어 있는 프루브를 해당 신호의 노드에 연결하고 안정된 파형을 포착하기 위해, 그림 5.13에서 교류 전압원 V1과 같이, 이미 그 특성을 잘 알고 있는 신호가 연결되어 있

는 채널을 기준으로 활용한다. 예를 들어서 이 실험에서 V1은 채널 1에, $v_{out}(t)$는 채널 2에 연결되어 있다고 하자.

- 사인파와 같은 주기적인 신호에 대해서는 트리거 모드를 'auto' 또는 'normal' 어느 것으로 설정해도 신호가 비교적 쉽게 포착된다.
- 트리거 설정에서 트리거 소스를 이 실험의 예에서는 채널 1으로 설정한다.
- 트리거 레벨 스위치를 조절하여 기준으로 사용하는 채널에 나타나는 신호의 최대치와 최소치 중간에 트리거 레벨을 나타내는 점선이 위치하도록 한다.

5. 3에서 PSPICE 모의실험에서 얻은 것과 비슷한 그래프를 그리기 위해 함수발생기의 주파수를 적당히 설정하면서 오실로스코프에 나타난 $v_{out}(t)$의 파형의 진폭과 V1에 대한 시간 지연을 측정하여 표 5.1을 완성한다. 측정을 반복하는 동안, 측정을 위해 신호의 주파수를 변경할 때마다 V1이 항상 동일한 진폭을 갖는지 확인한다.

※ $v_{out}(t)$의 시간 지연은 V1에 대한 시간 지연을 의미함.						
V1의 주파수	10 Hz	30 Hz	100 Hz	300 Hz	1 kHz	3 kHz
$v_{out}(t)$의 진폭						
$v_{out}(t)$의 시간 지연						
V1의 주파수	10 kHz	30 kHz	100 kHz	300 kHz	1 MHz	3 MHz
$v_{out}(t)$의 진폭						
$v_{out}(t)$의 시간 지연						
V1의 주파수	10 MHz					
$v_{out}(t)$의 진폭						
$v_{out}(t)$의 시간 지연						

표 5.1 측정 결과 : 진폭, 위상 지연

6. 표 5.1의 측정 결과를 이용하여 교류 전압원 V1의 주파수 변화에 따른 단자 'out'에 나타나는 신호 $v_{out}(t)$의 진폭 (크기)을 그래프로 그리시오.

7. 6에서 그린 그래프에서 차단 주파수를 결정할 수 없는 경우, 진폭이 최대치의 $\frac{1}{\sqrt{2}}$ 이라고 추정되는 주파수 근처에서 신호의 주파수를 더 상세하게 나누어 차단 주파수를 실험적으로 판단할 수 있도록 실험을 추가로 진행하여 진폭과 위상을 측정한 후 측정결과에 기초해서 차단 주파수를 결정하시오.

8. 표 5.1의 측정결과를 이용하여 교류 전압원 V1의 주파수 변화에 따른 단자 'out'에 나타나는 신호 $v_{out}(t)$의 시간 지연을 위상 지연 (위상차)으로 바꾸어 계산하고, 주파수 변화에 따른 위상 지연 그래프를 그리시오.

9. 6에서 구한 진폭 그래프를 가로축은 log scale, 세로축은 dB 단위로 그림 5.14에 다시 그리시오.

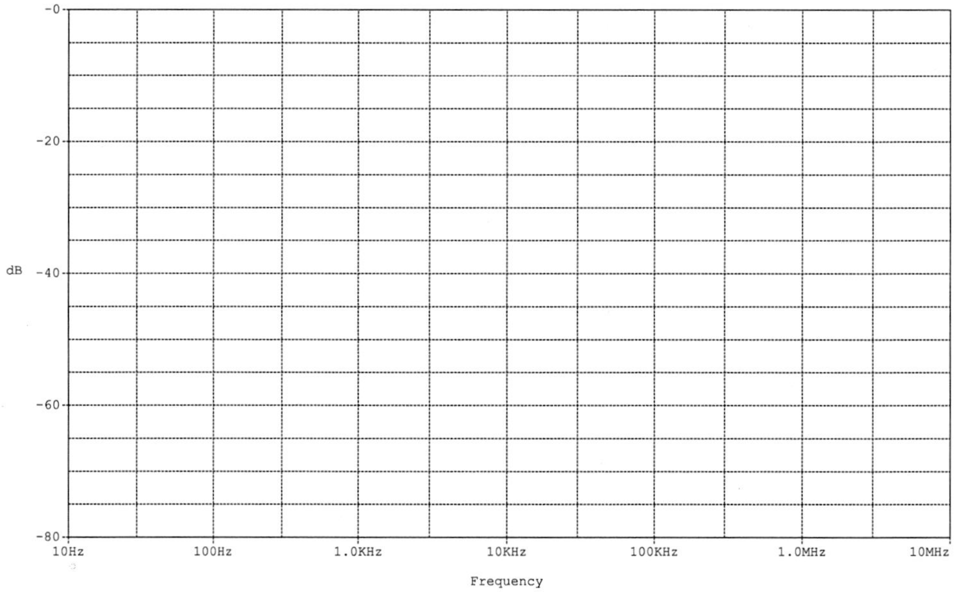

그림 5.14 주파수 특성 : 크기

※ 주파수 x에서 측정된 크기를 y라 할 때, 가로축은 $\log_{10}x$의 위치에 x의 값이 표시되고, 세로축은 $20\log_{10}y$위치에 y의 값이 기록된다. 이 때, x축과 y축의 단위는 각각 [Hz, kHz, MHz]와 [dB]로 표시된다.

10. 8에서 구한 위상 지연 그래프를 가로축은 log scale, 세로축은 ° (degree) 단위로 그림 5.15에 다시 그리시오. 그림 5.15에서 세로축의 'd' 표시는 는 °를 의미한다.

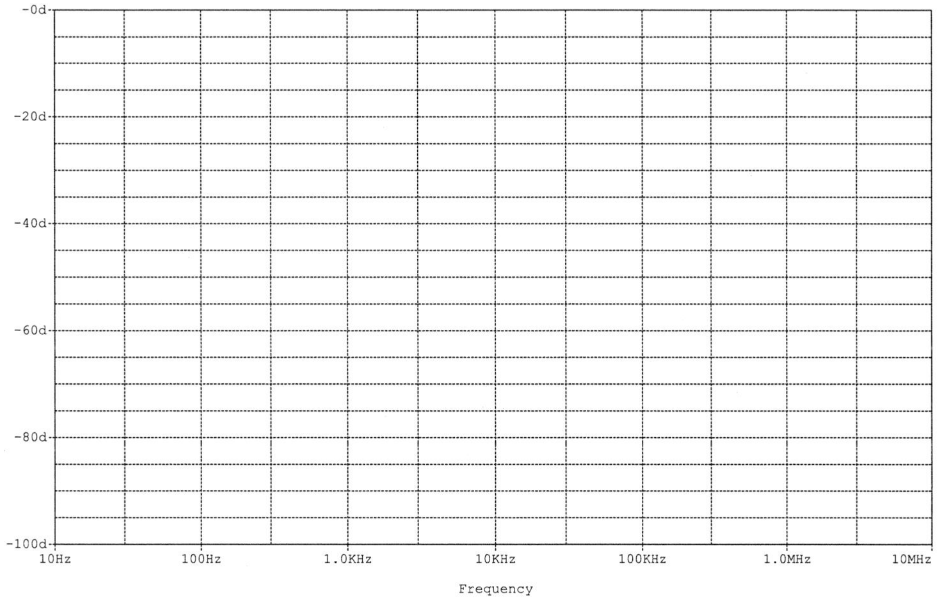

그림 5.15 주파수 특성 : 위상 지연

11. 1에서 10까지의 결과를 관찰하고 분석하여 그림 5.13 회로의 동작을 설명하시오.

실험 2 고대역 필터 (high pass filter : HPF) 회로 분석 및 측정

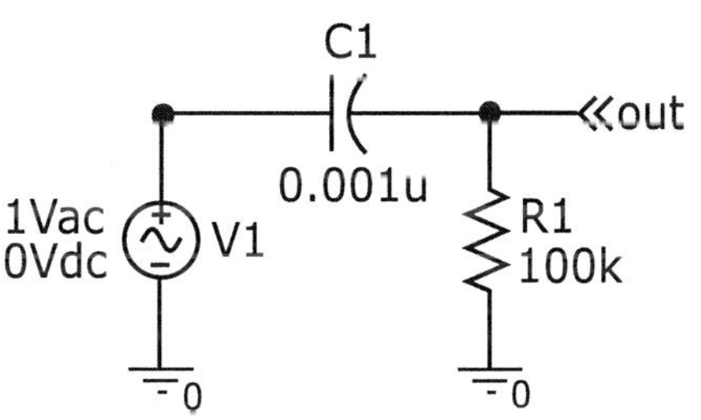

그림 5.16 고대역 필터

1. 그림 5.16의 회로에 대해 차단 주파수 또는 3 dB 주파수를 계산하시오.

2. PSPICE로 모의실험을 수행하기 위해, 'OrCAD Capture' 프로그램을 이용하여 그림 5.16의 회로를 입력한다.

3. 2에서 입력한 그림 5.16의 회로에 대해 PSPICE 모의실험에서 'AC sweep analysis'를 수행한다. 단자 'out' 전압 $v_{out}(t)$의 주파수 특성을 판단할 수 있도록 1에서 계산한 차단 주파수를 고려하여 교류 전압원 V1의 주파수 범위를 적절히 선택한다. PSPICE로 모의실험을 수행한 결과로 나타나는 그래프에서 3 dB 주파수를 결정하고 1에서 계산한 이론치와 비교하시오.

4. 위에서 PSPICE로 모의실험한 결과를 실제 회로에서 검증하기 위해, 그림 5.16의 회로를 브레드보드에 구현한다. 교류 전압원 V1은 함수발생기를 사용하는데, 진폭이 1 V인 사인파가 출력되도록 그 파형을 오실로스코프로 관찰하면서 함수발생기를 조절한다.

5. 3에서 PSPICE 모의실험에서 얻은 것과 비슷한 그래프를 그리기 위해 함수발생기의 주파수를 적당히 설정하면서 오실로스코프에 나타난 $v_{out}(t)$의 파형의 진폭과 V1에 대한 시간 지연을 측정하여 표 5.2를 완성한다. 측정을 반복하는 동안, 측정을 위해 신호의 주파수를 변경할 때마다 V1이 항상 동일한 진폭을 갖는지 확인한다.

※ $v_{out}(t)$의 시간 지연은 V1에 대한 시간 지연을 의미함.						
V1의 주파수	10 Hz	30 Hz	100 Hz	300 Hz	1 kHz	3 kHz
$v_{out}(t)$의 진폭						
$v_{out}(t)$의 시간 지연						
V1의 주파수	10 kHz	30 kHz	100 kHz	300 kHz	1 MHz	3 MHz
$v_{out}(t)$의 진폭						
$v_{out}(t)$의 시간 지연						
V1의 주파수	10 MHz					
$v_{out}(t)$의 진폭						
$v_{out}(t)$의 시간 지연						

표 5.2 측정 결과 : 진폭, 위상 지연

6. 표 5.2의 측정 결과를 이용하여 교류 전압원 V1의 주파수 변화에 따른 단자 'out'에 나타나는 신호 $v_{out}(t)$의 진폭 (크기)을 그래프로 그리시오.

7. 6에서 그린 그래프에서 차단 주파수를 결정할 수 없는 경우, 진폭이 최대치의 $\frac{1}{\sqrt{2}}$이라고 추정되는 주파수 근처에서 신호의 주파수를 더 상세하게 나누어 차단 주파수를 실험적으로 판단할 수 있도록 실험을 추가로 진행하여 진폭과 위상을 측정한 후 측정 결과에 기초해서 차단 주파수를 결정하시오.

8. 표 5.2의 측정 결과를 이용하여 교류 전압원 V1의 주파수 변화에 따른 단자 'out'에 나타나는 신호 $v_{out}(t)$의 시간 지연을 위상 지연 (위상차)으로 바꾸어 계산하고, 주파수 변화에 따른 위상 지연 그래프를 그리시오.

9. 6에서 구한 진폭 그래프를 가로축은 log scale, 세로축은 dB 단위로 그림 5.17에 다시 그리시오.

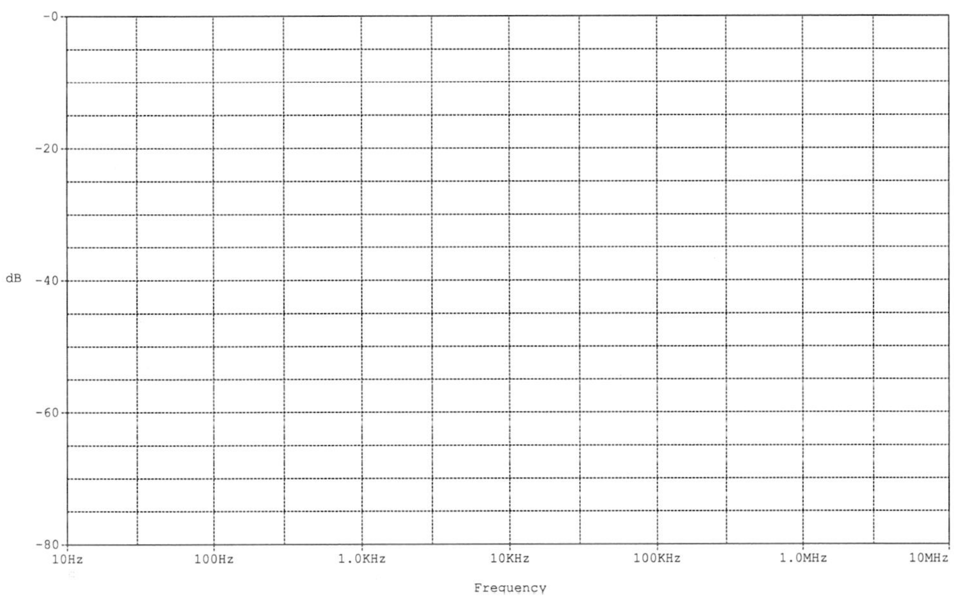

그림 5.17 주파수 특성 : 크기

10. 8에서 구한 위상 지연 그래프를 가로축은 log scale, 세로축은 °(degree) 단위로 그림 5.18에 다시 그리시오. 그림 5.18에서 세로축의 'd' 표시는 는 °를 의미한다.

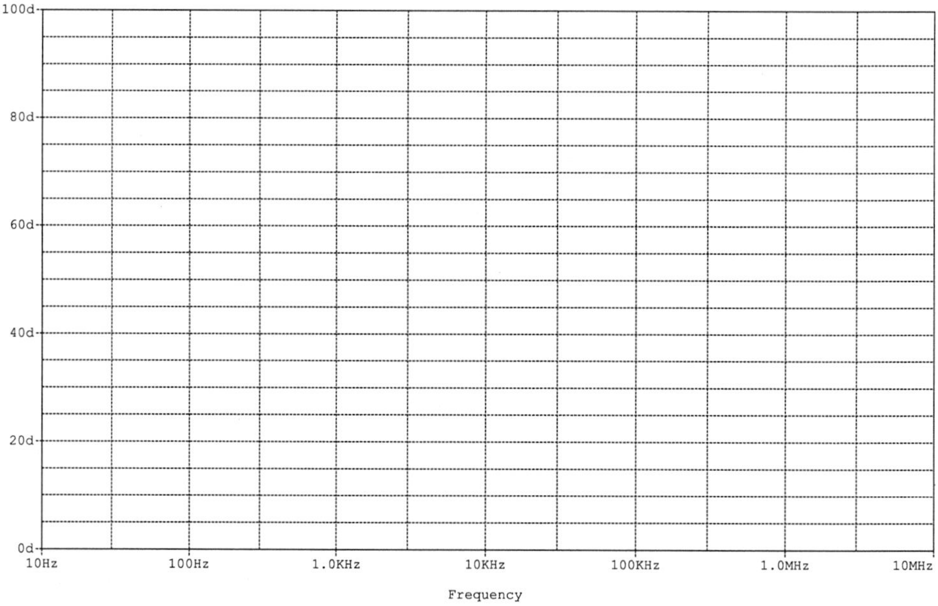

그림 5.18 주파수 특성 : 위상 지연

11. 1에서 10까지의 결과를 관찰하고 분석하여 그림 5.16 회로의 동작을 설명하시오.

실험 3 직결 저대역 필터 (cascaded low pass filter)

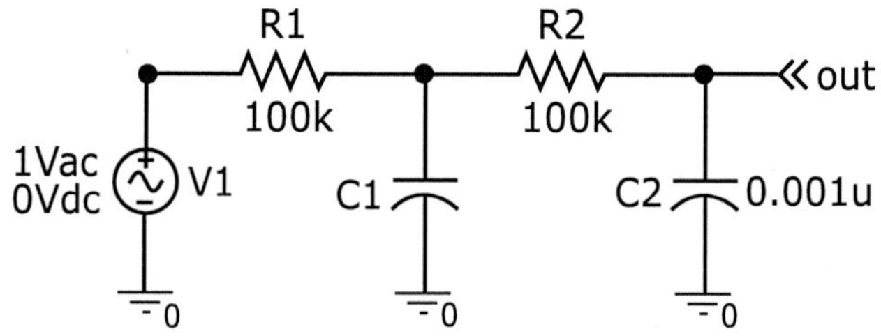

그림 5.19 직결 저대역 필터

1. PSPICE로 모의실험을 수행하기 위해, 'OrCAD Capture' 프로그램을 이용하여 그림 5.19의 회로를 입력한다.

2. 1에서 입력한 그림 5.19의 회로에 대해 PSPICE 모의실험에서 'AC sweep analysis'를 수행한다. 단자 'out' 전압 $v_{out}(t)$의 주파수 특성을 판단할 수 있도록 교류 전압원 V1의 주파수 범위를 적절히 선택한다. PSPICE로 모의실험을 수행한 결과로 나타나는 그래프에서 3 dB 주파수를 결정하시오.

3. 위에서 PSPICE로 모의실험한 결과를 실제 회로에서 검증하기 위해, 그림 5.19의 회로를 브레드보드에 구현한다. 교류 전압원 V1은 진폭이 1 V인 사인파가 출력되도록 함수 발생기를 조절한다.

4. 2에서 PSPICE 모의실험에서 얻은 것과 비슷한 그래프를 그리기 위해 함수발생기의 주파수를 적당히 설정하면서 오실로스코프에 나타난 $v_{out}(t)$ 파형의 진폭과 V1에 대한 시간 지연을 측정하여 표 5.3을 완성한다.

※ $v_{out}(t)$의 시간 지연은 V1에 대한 시간 지연을 의미함.						
V1의 주파수	10 Hz	30 Hz	100 Hz	300 Hz	1 kHz	3 kHz
$v_{out}(t)$의 진폭						
$v_{out}(t)$의 시간 지연						
V1의 주파수	10 kHz	30 kHz	100 kHz	300 kHz	1 MHz	3 MHz
$v_{out}(t)$의 진폭						
$v_{out}(t)$의 시간 지연						
V1의 주파수	10 MHz					
$v_{out}(t)$의 진폭						
$v_{out}(t)$의 시간 지연						

표 5.3 주파수 특성 : 크기, 위상 지연

5. 표 5.3의 측정 결과를 이용하여 교류 전압원 V1의 주파수 변화에 따른 단자 'out'에 나타나는 신호 $v_{out}(t)$의 진폭 (크기)을 그래프로 그리시오.

6. 5에서 그린 그래프에서 차단 주파수를 결정할 수 없는 경우, 진폭이 최대치의 $\frac{1}{\sqrt{2}}$이라고 추정되는 주파수 근처에서 신호의 주파수를 더 상세하게 나누어 차단 주파수를 실험적으로 판단할 수 있도록 실험을 추가로 진행하여 진폭과 위상을 측정한 후 측정 결과에 기초해서 차단 주파수를 결정하시오.

7. 표 5.3의 측정 결과를 이용하여 교류 전압원 V1의 주파수 변화에 따른 단자 'out'에 나타나는 신호 $v_{out}(t)$의 시간 지연을 위상 지연 (위상차)으로 바꾸어 계산하고, 주파수 변화에 따른 위상 지연 그래프를 그리시오.

8. 7에서 구한 진폭 그래프를 가로축은 log scale, 세로축은 dB 단위로 그림 5.20에 다시 그리시오.

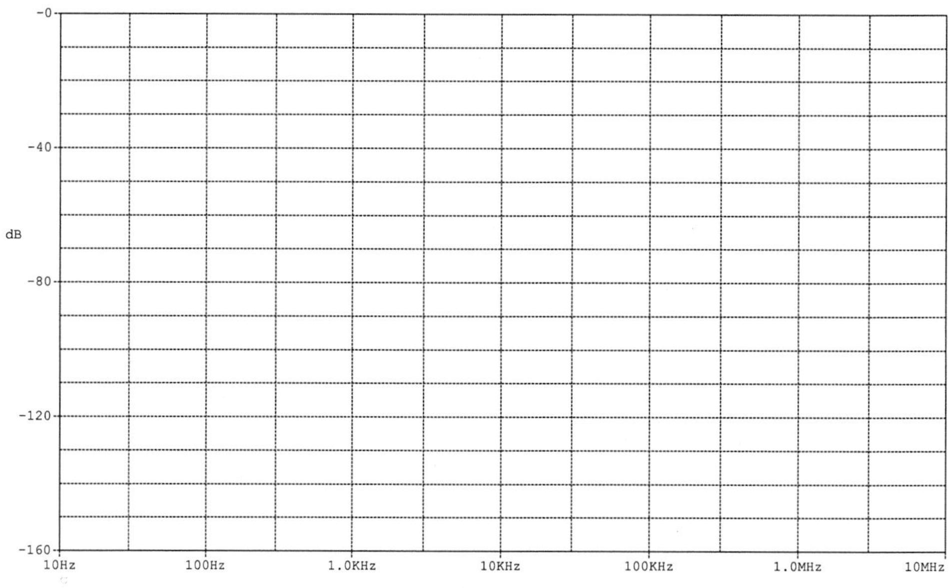

그림 5.20 주파수 특성 : 크기

9. 8에서 표현한 dB 그래프와 실험 1에서 표현한 dB 그래프를 서로 비교하여 공통점, 차이점 등을 포함한 주요 특징을 설명하시오.

10. 7에서 구한 위상 지연 그래프를 가로축은 log scale, 세로축은 ° (degree) 단위로 그림 5.21에 다시 그리시오. 그림 5.21에서 세로축의 'd' 표시는 는 ° 를 의미한다.

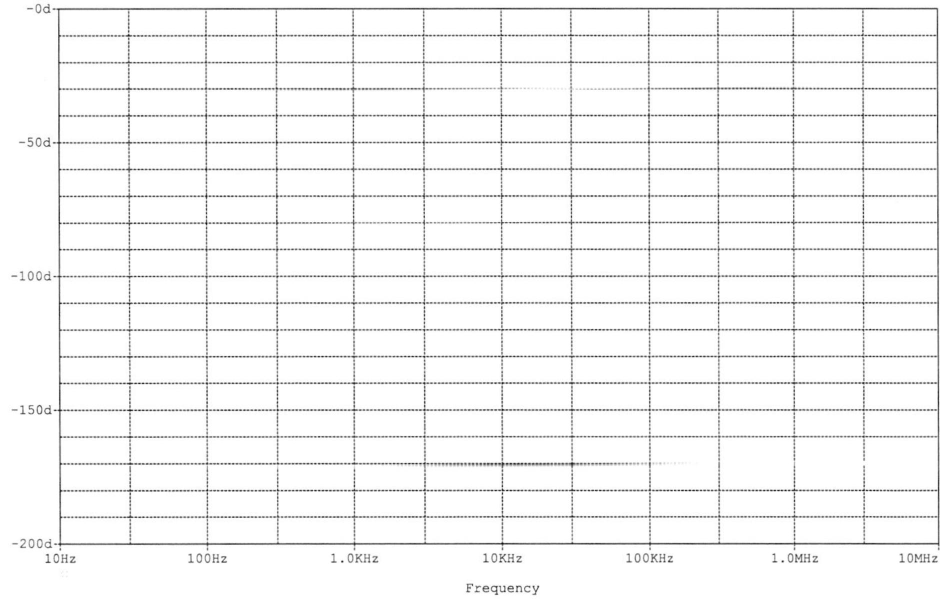

그림 5.21 주파수 특성 : 위상 지연

11. 10에서 구한 위상 지연 그래프와 실험 1에서 구한 위상 지연 그래프를 서로 비교하여 공통점과 차이점 등을 포함한 주요 특징을 설명하시오.

12. 1에서 11까지의 결과를 관찰하고 분석하여 실험 1의 회로에 비해 그림 5.19 회로가 어떠한 특징을 보이는지 설명하시오.

❖ 과제

반파 정류 회로에 대해서 조사하고, 반파 정류 회로에서 출력 전압의 평균치를 구하시오.

제6장 | 다이오드 회로

I 실험 목표

- pn 접합의 전기적인 특성에 대해서 이해한다.
- pn 접합에서 순방향 바이어스와 역방향 바이어스의 특징에 대해서 배운다.
- 다이오드 방정식과 특성 곡선에 대해서 이해한다.
- 다이오드의 동작과 다이오드의 특성 곡선을 간단하게 표현한 부분적인 직선 모델에 대해서 이해한다.
- 이상적인 다이오드 모델을 이용하여 다이오드가 포함된 간단한 회로를 해석하는 방법을 배운다.
- 다이오드가 포함된 회로에 대해 PSPICE를 이용한 모의실험과 실제 회로 실험을 병행하여 다이오드의 특성을 확인한다.
- 반파 정류 회로의 특성을 이해한다.
- 평활 회로가 포함된 반파 정류 회로에서 평활 회로의 기능에 대해서 이해한다.
- 클리퍼 (clipper) 회로의 동작과 특성에 대해서 이해한다.

II 실험 부품 및 준비 사항

1 실험 부품

부품명	규격	수량
다이오드	IN4001 (대치품으로 1N4001 ~ 1N4007 사용 가능)	1개
저항	1 kΩ, 1/4 watt	1개
커패시터	1 μF / 50 V	1개
커패시터	10 μF / 50 V	1개
커패시터	100 μF / 50 V	1개

2 실험 준비 사항

- 오실로스코프, 함수발생기, 직류 전압원 공급장치, 멀티미터, 브레드보드, 점퍼선
- PSPICE 소프트웨어가 설치된 컴퓨터

Ⅲ 실험 내용

1 다이오드의 동작 원리

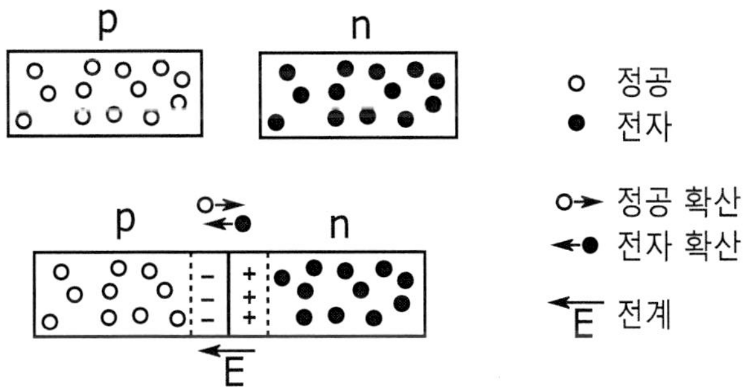

그림 6.1 PN 접합 (junction)

다이오드는 그림 6.1과 같이 p형 반도체와 n형 반도체가 서로 접합되어 있는 구조이다. p형 반도체는 정공 (hole)이 우세하고, n형 반도체는 전자 (electron)가 우세한데, p형 반도체와 n형 반도체가 서로 접합된 구조에서, 접합면 부근에 있는 p형 반도체의 정공들이 접합면을 건너서 정공이 희박한 n형 반도체 쪽으로 확산 현상 (정공 확산)으로 인해 이동한다. 반대로 접합면 부근에 있는 n형 반도체의 전자들은 접합면을 건너서 전자가 희박한 p형 반도체 쪽으로 확산 현상 (전자 확산)으로 이동한다. 그러면 p형 반도체의 접합면 부근에 있던 정공이 이동한 자리는 음이온이 남고, n형 반도체에서 접합면 부근에 있던 전자가 이동한 자리는 양이온 상태가 된다. 이로 인하여 접합면 부근의 양이온과 음이온 층에서 전계 (E)가 발생하게 된다.

이러한 pn 접합 다이오드를 동작시키기 위해 그림 6.2와 같이 전원을 인가할 수 있다. 그림 6.2 (a)는 pn 접합 다이오드에 전원을 인가하지 않은 상태로 접합면 부근에 생긴 전계에 의해 전자와 정공 어느 것도 전계를 극복하고 건너편으로 넘어갈 수 없다.

그림 6.2 (b)에는 p형 반도체 쪽이 n형 반도체 쪽보다 전위가 V_F 만큼 높게 되도록 전압원이 연결되었다. 이 전압원으로 인해 pn 접합면 부근에 형성된 전계는 세기가 약

해져서 p형 반도체에서 우세한 정공이 p형 반도체 쪽에서 접합면 부근에 형성된 전계를 극복하고 n형 반도체 쪽으로 이동하고, 반대로 n형 반도체에서 우세한 전자가 접합면을 거쳐서 p형 반도체 쪽으로 이동하게 된다. 따라서 정공은 p형에서 n형을 거쳐서 인가된 전압원의 음극 쪽으로 이동하고, 전자는 n형에서 p형을 거쳐서 인가된 전압원의 양극 쪽으로 이동한다.

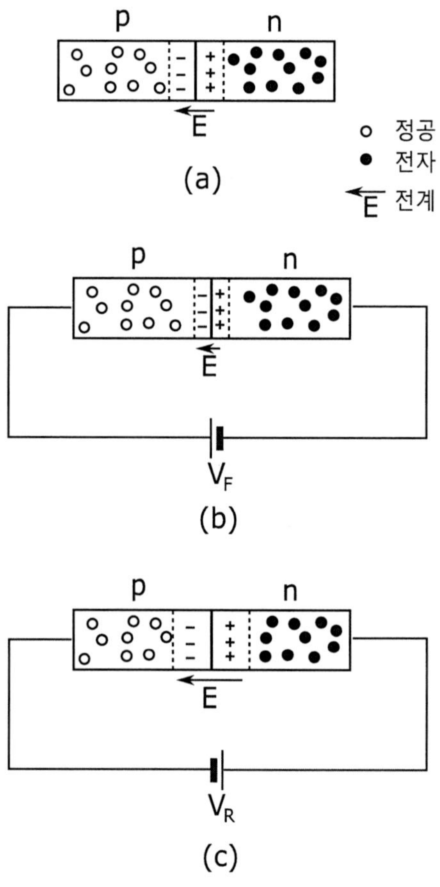

그림 6.2 다이오드 바이어스 (bias)

따라서 양전하와 음전하가 이동하게 되므로 전류가 흐르게 되는 것이다. 이와 같은 형상이 일어나도록 전압원이 연결된 상태를 다이오드가 '순방향 바이어스 (forward-bias)' 된 상태에 있다고 한다. 그리고 pn 접합면 부근에 형성된 전계 (전위 장벽)를 극복하고 전류가 흐르기 위해서는 '문턱 전압 (threshold voltage)'라 부르는 전압보다 큰 전압의 순방향 바이어스 전압이 인가되어야 하는데, 게르마늄 (Ge) 재질은 약 0.2 V, 실리콘 (SI) 재질에서는 0.7 V 등 반도체의 재질에 따라 다른 값을 갖는다.

그림 6.2 (c)는 그림 6.2 (b)와는 반대 방향으로 전압원이 연결되어 있다. 이 전압원의 극성에 의해 발생하는 전계와 기존의 pn 접합면 부근에 형성된 전계와 합해져 pn 접합면 부근에 더욱 강한 전계가 형성되므로 p형 반도체에서 우세한 정공과 n형 반도체에서 우세한 전자가 이를 극복하고 넘어갈 수 없기 때문에 거의 전류가 흐르지 않게 된다. 그리고 pn 접합 다이오드에 이와 같은 상태로 전압원이 연결된 상태를 다이오드가 '역방향 바이어스 (reverse-bias)' 상태에 있다고 말한다.

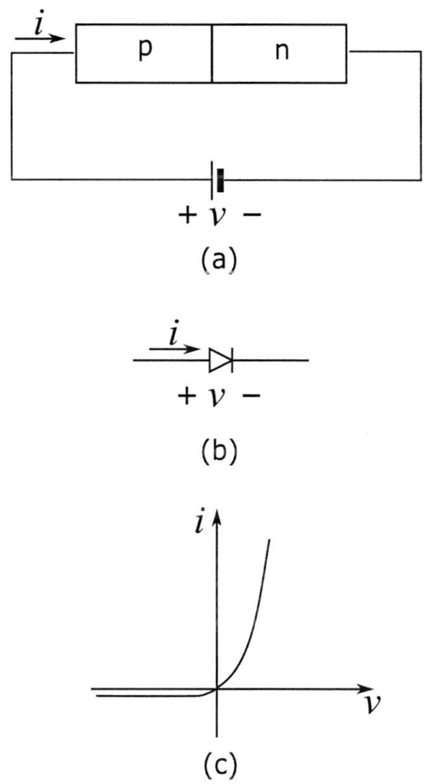

그림 6.3 다이오드 특성 곡선

그림 6.3 (a)에 pn 접합 다이오드에 바이어스 전압 v를 인가할 때, 흐르는 전류를 i로 표시하였다. 그림 6.3 (b)는 pn 접합 다이오드를 다이오드 기호로 나타낸 것이다. 다이오드에 바이어스 전압 v가 인가될 때 흐르는 전류 i는 식 (6.1)로 표현된다.

$$i = I_o(e^{qv/kT} - 1) \tag{6.1}$$

여기서, 식을 구성하는 상수들과 변수들은 다음과 같이 정의되어 있다.

I_o : 역방향 포화 전류 (reverse saturation current)

q : 전자의 전하량 $= 1.6 \times 10^{-19}$ C

v : 다이오드에 인가된 전압

k : Boltzmann 상수 $= 1.38 \times 10^{-23}$ J/K

T : 절대온도

그림 6.3 (c)에 다이오드의 전압 · 전류 관계 식 (6.1)을 그래프로 나타냈다. 그래프에서 $v > 0$인 경우는 다이오드가 순방향 바이어스 상태에 있음을 의미하고, 전류가 다이오드에 걸리는 전압 v의 변화에 따라 지수함수적으로 증가한다. 반면에, $v < 0$인 경우는 다이오드가 역방향 바이어스 상태에 있고, 지수항이 거의 0에 가깝기 때문에 흐르는 전류의 크기는 I_o이고 거의 무시할 정도로 작은 값이다. 그래서 일반적으로 다이오드가 순방향 바이어스 상태에서 전류가 흐르지만, 역방향 바이어스 상태에서 전류가 흐르지 않는다고 말한다.

2 다이오드의 동작 해석과 응용

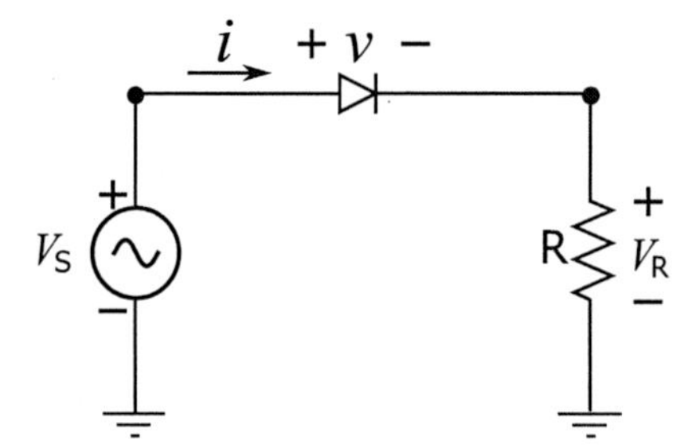

그림 6.4 다이오드 동작 분석을 위한 회로

그림 6.4에 다이오드의 동작 분석을 위한 회로를 나타냈다. 교류 전압원 V_S가 인가되면 이 전원에 의해 다이오드에 전류 i가 흐르게 된다. 그리고 저항 R에는 오옴의 법칙 $v_R = i \cdot R$에 의해 i에 비례하는 전압 v_R이 나타나게 된다.

다이오드의 동작을 알아보기 위해, 이 회로에 공급되는 교류 전압원 V_S가 식 (6.2)와 같이 표현되는 사인파라고 가정하자.

$$V_S = A\sin\omega t \tag{6.2}$$

그러면, 이 전압원에 의해 다이오드에 흐르는 전류 i와 저항에 나타나는 전압 v_R의 파형은 그림 6.5와 같이 나타낼 수 있다.

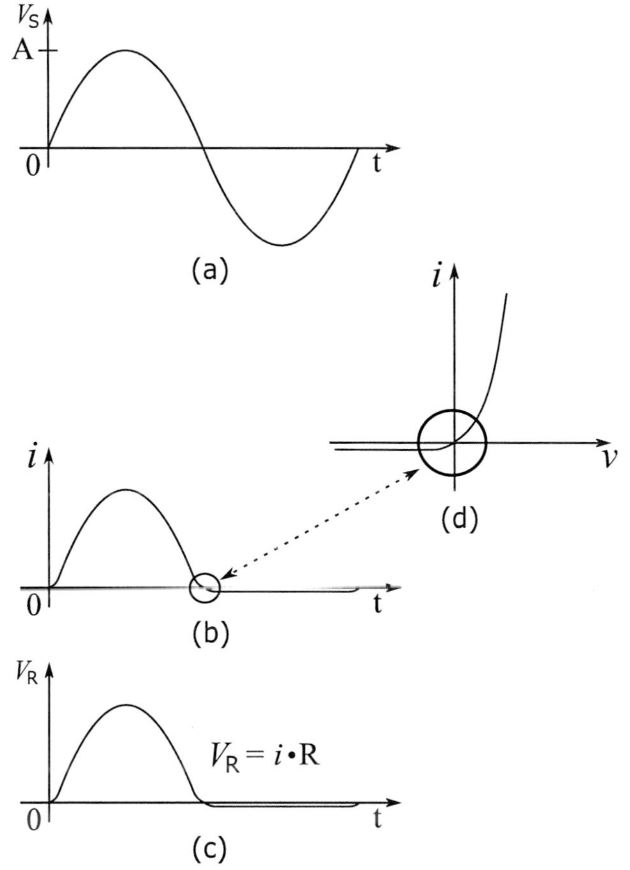

그림 6.5 다이오드 회로 입·출력 파형 : 사인파 입력

그림 6.5 (a)는 회로에 인가되는 교류 전압원 V_S의 파형을 한 주기만 나타낸 것이다. 그림 6.5 (b)는 다이오드를 통해 흐르는 전류 i를 나타낸 것인데, $V_S > 0$인 구간에서 다이오드는 순방향 바이어스 상태이므로 전류가 잘 흐르고, $V_S < 0$인 구간에서는 역방향 바이어스 상태이므로 전류가 거의 흐르지 않는다.

그림 6.5 (b)에서 원 안에 표시된 부분의 전류 파형을 자세히 보면, 동일한 위치에서 그림 6.5 (a) 사인파의 모양과 크기가 비례하지 않고, 약간 다른 모양으로 나타나고 있다. 그 이유는 그림 6.5 (d)에 나타낸 다이오드의 전압 · 전류 특성 곡선을 보면, 전압과 전류의 관계가 원점을 지나는 직선이 아니고 비선형 특성을 갖고 있기 때문이다.

그림 6.5 (c)는 저항에 나타나는 전압 V_R의 파형을 나타낸 것이다. 저항에서는 오옴의 법칙에 의해 전압 · 전류의 관계가 원점을 지나는 직선과 같이 선형의 관계이므로, 그림 6.5 (b)에 나타낸 전류 i에 저항값 상수 R을 곱한 결과가 V_R이 되어야 한다. 따라서 이 회로에서 전류 i와 저항의 전압 V_R은 동일한 모양을 갖게 된다.

2.1 간단한 해석을 위한 다이오드 모델

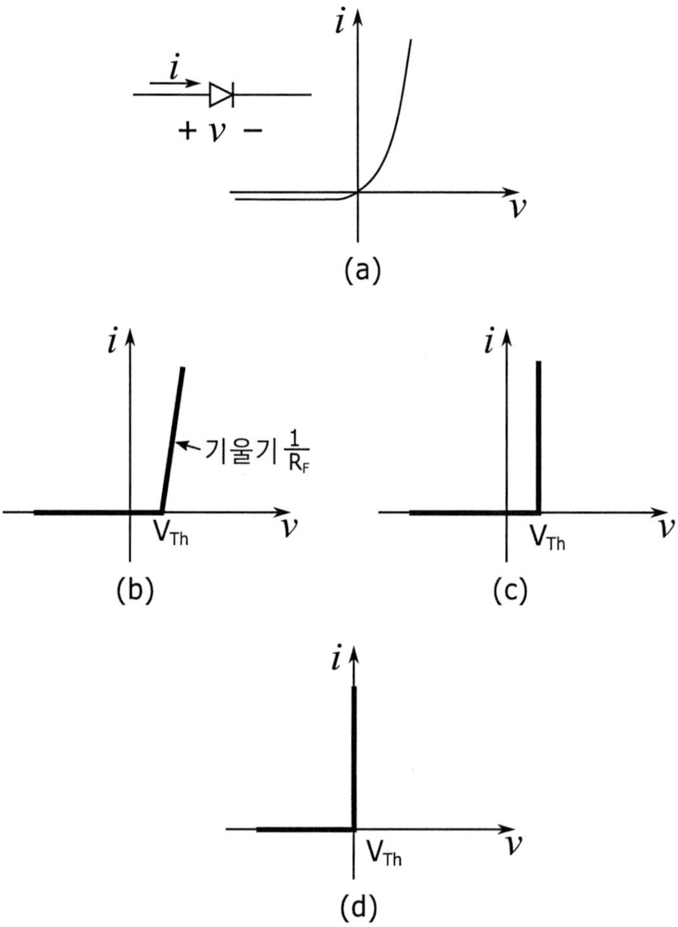

그림 6.6 다이오드 특성 곡선의 간단한 모델

다이오드가 포함된 회로의 해석을 위해 항상 식 (6.1)과 같이 주어지는 다이오드 방정식을 사용할 필요는 없다. 신호의 크기가 아주 작은 미시적인 관점에서 회로를 동작시키지 않는 경우, 즉 신호의 크기가 적당히 큰 경우, 그림 6.6 (a)에 나타낸 다이오드의 전압 · 전류 특성 곡선과 유사한 그림 6.6 (b), (c), (d)와 같이 간단한 부분적인 직선형 모델을 사용해도 좋은 경우가 많다. 그림 6.6 (b), (c), (d)에서 $\mathrm{V_{Th}}$는 다이오드의 문턱 전압을 의미하고 게르마늄과 실리콘 재질에 대해 각각 0.2 V와 0.7 V로 가정한다.

그림 6.6 (b)는 다이오드 특성 곡선에서 $v > 0$인 지수 부분을 단순하게 기울기 $\frac{1}{\mathrm{R_F}}$인 직선으로 나타냈고, 여기서 $\mathrm{R_F}$는 다이오드가 순방향 바이어스 상태일 때 다이오드

의 저항값 (순방향 저항)을 의미한다. 다이오드 특성 곡선에서 $v < 0$인 부분은 다이오드가 역방향 바이어스 상태일 경우 다이오드에 흐르는 역방향 포화 전류인데, 크기가 아주 작아서 거의 0으로 간주한 것이다. 물론 이 그림에서 역방향 바이어스 상태에서 다이오드의 저항값은 무한대로 본다.

그림 6.6 (c), (d)는 다이오드가 순방향 바이어스 상태인 경우에 순방향 저항 R_F를 0으로 본 것이다.

2.2 다이오드의 간단한 모델을 이용한 회로 해석

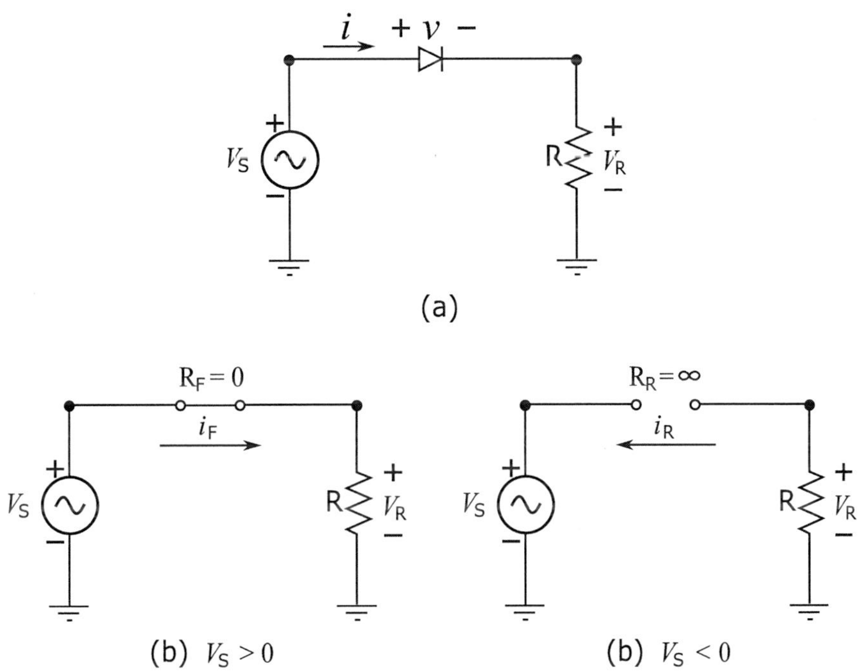

그림 6.7 이상적인 다이오드 모델을 이용한 해석

이제 다이오드 특성 곡선의 간단한 직선 모델을 이용하여 그림 6.7 (a)의 회로에 대해서 동작을 분석한다. 여기에서는 그림 6.6 (d)의 이상적인 모델을 사용하기로 한다. 그림 6.7 (a)의 회로에서 회로에 인가되는 교류 전압원 V_S가 식 (6.3)과 같은 사인파라고 가정하자.

$$V_S = A\sin\omega t \tag{6.3}$$

그러면, 이 회로는 교류 전압원 V_S에 따라 다이오드의 바이어스 상태가 그림 6.7 (b), (c)와 같이 구분된다. 즉, $V_S > 0$인 경우는 다이오드가 순방향 바이어스 상태를 의미하고, $V_S < 0$인 경우는 역방향 바이어스 상태에 있음을 의미한다. 그림 6.6 (d)에 나타낸 이상적인 다이오드 모델은 순방향 바이어스 상태에서 저항값 $\mathrm{R_F}$가 0 Ω이고, 역방향 바어스 상태에서 저항값 $\mathrm{R_R}$이 무한대라고 가정하므로, 그림 6.7 (a)의 회로는 다이오드의 바이어스 상태에 따라 그림 6.7 (b), (c)와 같이 표현될 수 있다.

그림 6.7 (b)와 같이 다이오드가 순방향 바이어스 상태인 경우에 $\mathrm{R_F} = 0$으로 간주하므로 다이오드는 단락된 것으로 보지만, 반면에 6.7 (c)과 같이 역방향 바이어스 상태인 경우 $\mathrm{R_R} = \infty$ 으로 간주하므로 다이오드는 개방된 것으로 본다.

그러므로 $V_S > 0$경우에 그림 6.7 (b)에서 회로에 흐르는 i_F는 식 (6.4)와 같이 정리되고, 저항에 나타나는 전압 V_R은 식 (6.5)와 같게 된다.

$$i_F = \frac{A}{R}\sin\omega t \tag{6.4}$$

$$V_R = i_F \cdot R = R \cdot \frac{A}{R} sin\omega t = A\sin\omega t \tag{6.5}$$

$V_S < 0$ 일 때는 그림 6.7 (c)에서 회로에 흐르는 전류는 $i_R = 0$이 되고 결과적으로 저항에 나타나는 전압도 $V_R = 0$이 된다.

따라서 저항에 나타나는 전압 V_R은 식 (6.6)과 같이 정리될 수 있다.

$$V_R = \begin{cases} A\sin\omega t & , V_S > 0 \\ 0 & , V_S < 0 \end{cases} \tag{6.6}$$

위에서 해석하는 과정을 통해 얻은 다이오드에 흐르는 전류와 저항에 나타나는 전압의 파형을 그림 6.8에 나타냈다.

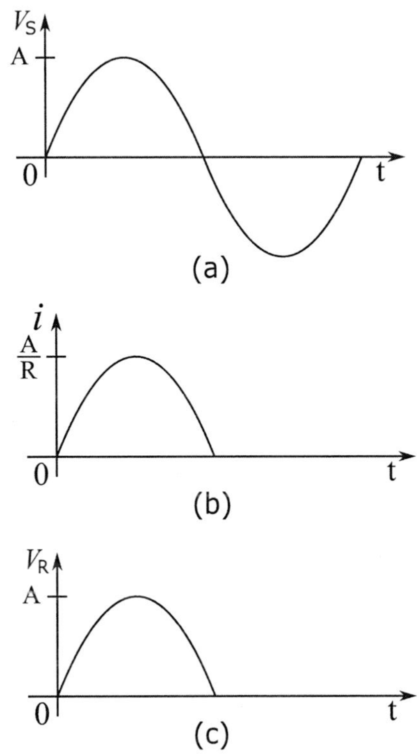

그림 6.8 이상적인 다이오드를 가정한 해석

그림 6.3 (c)와 같은 전압 · 전류 특성 곡선을 갖는 다이오드는 다양한 분야에서 응용된다. 특성 곡선의 어느 부분을 이용하느냐에 따라, 다이오드 특성 곡선에서 비선형적인 부분에 동작점을 형성시켜서 신호의 주파수를 체배시키는 통신 분야, 다이오드 특성 곡선을 거시적인 관점에서 방향성을 활용하여 교류 전원을 직류 전원으로 변환하는 분야, 모터 제어, 전원의 방향 제어 등등 다양한 분야에서 활용된다.

이 장에서는 위에서 언급한 다양한 응용 분야들 중에서 거시적인 신호의 관점에서 다이오드의 방향성을 활용하는 분야에 대해서 실험한다.

※ 오실로스코프로 파형을 관찰할 때, 오실로스코프의 동작원리를 숙지하기 위해 당분간 수동으로 측정한다. 측정하기 전에 프루브의 배율 선택 스위치, 채널의 배율 설정 상태, 트리거 설정 등 필요한 요소들을 확인하고 실험에 맞도록 올바르게 설정한다.

실험 1 반파 정류 회로 분석 및 측정

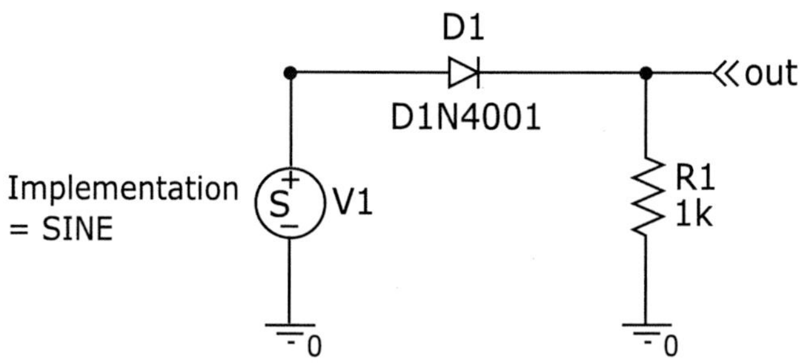

그림 6.9 반파 정류 회로

1. PSPICE로 모의실험을 수행하기 위해, 'OrCAD Capture' 프로그램을 이용하여 그림 6.9의 회로를 입력한다. 회로에서 교류 전압원 V1은 PSPICE 라이브러리 'SOURCSTM'에서 'VSTIM'이라는 이름의 부품을 선택하여 사용한다.

'OrCAD Capture' 화면에서 교류 전압원 V1을 선택한 후 'Stimulus Editor'를 호출하여 'VSTIM' 모델의 속성 파라미터들을 설정한다. 'Stimulus Editor'가 호출되면, 'OrCAD Capture' 화면에서 교류 전압원 V1의 'implementation'에 대한 'Name' 항목으로 'SINE'을 입력한 후, 'Analog' 신호를 선택하고, 'Analog' 신호 중 'SIN (sinusoidal)'을 선택하면, 사인파 'SIN' 모델에 대해 다음과 같은 속성들을 설정할 수 있다.

- Offset value : 평균치 (사인파에 포함된 직류 성분)
- Amplitude : 진폭
- Frequency (Hz) : 주파수
- Time delay (sec) : 사인파가 발생되기 시작하는 시각
- Damping factor : 사인파의 진폭이 시간의 진행에 따라 감소하는 특성을 표현
- Phase angle (degree) : 사인파의 위상 지연

그림 6.9의 회로에 대해 PSPICE로 'transient analysis'를 수행한다. 'Stimulus Editor'를 이용하여 V1은 진폭 6 V, 주파수 60 Hz인 사인파로 설정한다. 'transient analysis'를 수행한 결과로 얻은 V1의 전압과 단자 'out'의 전압 $v_{out}(t)$ 파형을 그림 6.10에 그리시오.

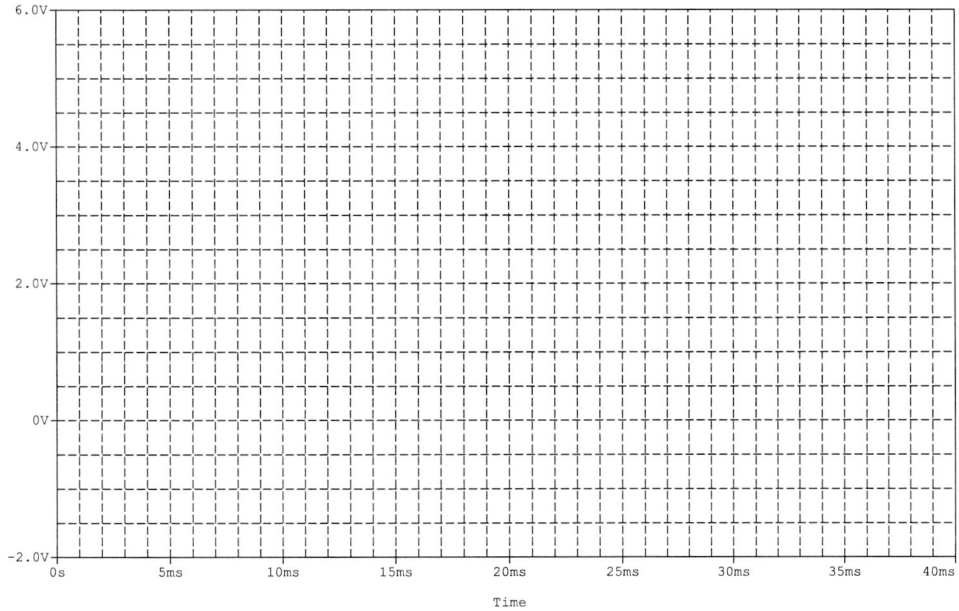

그림 6.10 $v_{out}(t)$ 파형

2. 1에서 모의실험을 통해 구한 파형에서 V1의 전압과 'out'의 전압 $v_{out}(t)$ 파형 중 0보다 큰 부분의 파형이 완전히 겹치지 않는 이유를 설명하시오.

3. 위에서 PSPICE로 모의실험한 결과를 실제 회로에서 검증하기 위해, 그림 6.9의 회로를 브레드보드에 구현한다. 교류 전압원 V1은 진폭 6 V, 주파수 60 Hz인 사인파가 출력되도록 함수발생기를 조절한다.

4. 1에서 PSPICE 모의실험에서 얻은 것과 비슷한 그래프를 그리기 위해 오실로스코프에 나타난 V1과 $v_{out}(t)$의 파형을 관찰하고 그림 6.11에 그리시오.

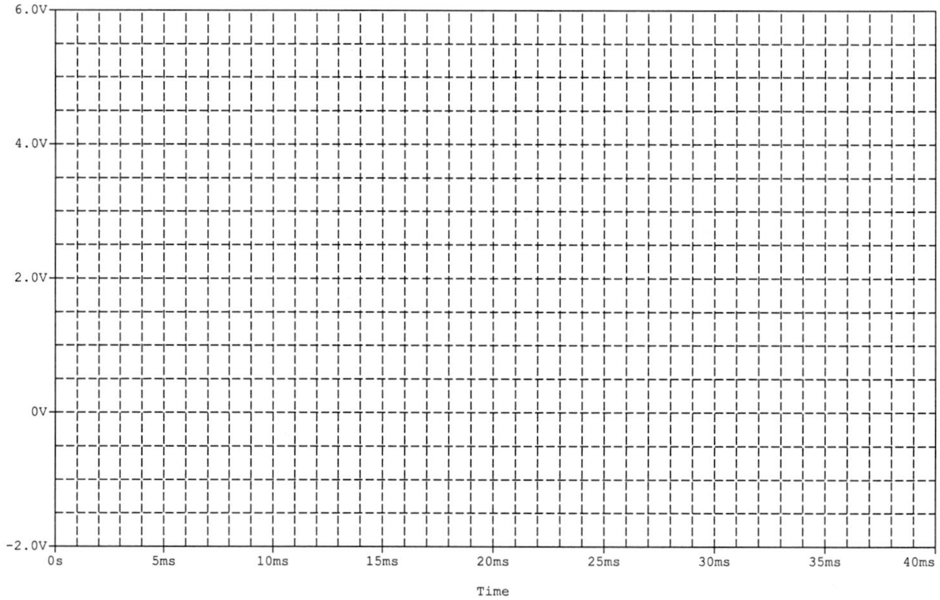

그림 6.11 $v_{out}(t)$ 파형

5. PSPICE 모의실험 결과와 4의 실험에서 오실로스코프로 관찰한 파형의 공통점과 차이점에 대해서 기술하고, 차이점의 원인을 설명하시오.

6. $v_{out}(t)$의 직류 전압을 측정하고, 신호에 대해 평균치의 개념을 적용한 이론적인 계산값을 표 6.1에 기록하고 비교하시오.

	측정값	이론적 계산값
$v_{out}(t)$	[V]	[V]

표 6.1 반파 정류 회로의 직류 전압 측정

실험 2 반파 정류 회로 및 평활 회로

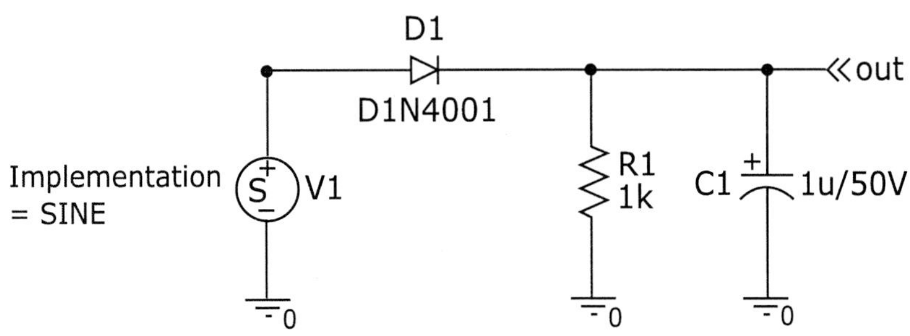

그림 6.12 반파 정류 회로, 평활 회로

1. PSPICE로 모의실험을 수행하기 위해, 'OrCAD Capture' 프로그램을 이용하여 그림 6.12의 회로를 입력하고 회로에 대해 PSPICE로 'transient analysis'를 수행한다. 'Stimulus Editor'를 이용하여 V1은 진폭 6 V, 주파수 60 Hz인 사인파로 설정한다. 'transient analysis'를 수행한 결과로 얻은 V1의 전압과 단자 'out'의 전압 $v_{out}(t)$ 파형을 그림 6.13에 그리시오.

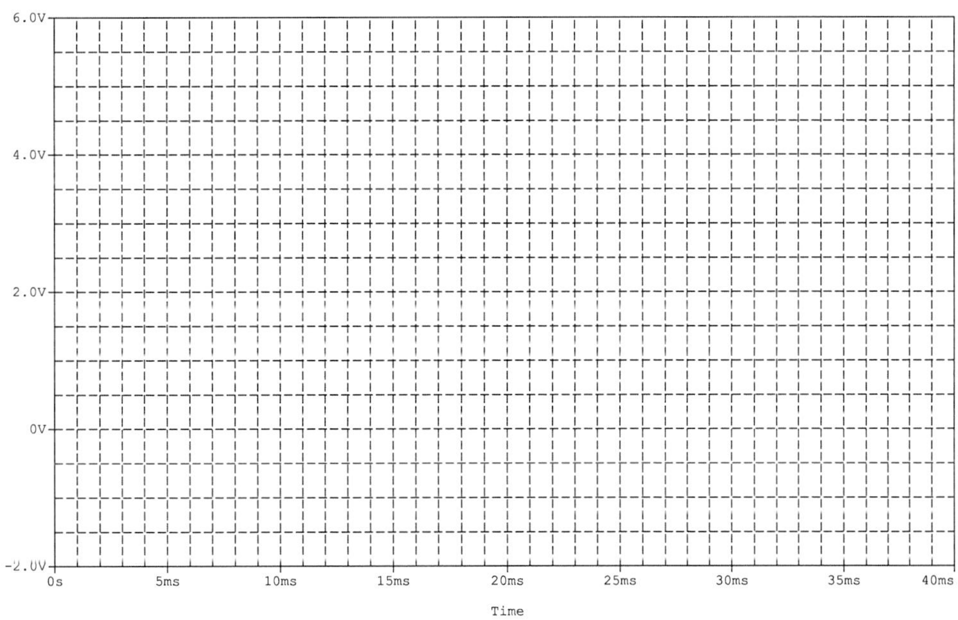

그림 6.13 $v_{out}(t)$ 파형

2. 1에서 V1의 전압과 단자 'out'의 전압 $v_{out}(t)$의 전압을 관찰하고, 리플 성분의 최대치 위치, 최소치 위치, 파형의 평균값 위치 등과 같은 특징을 그림 6.13에 나타낸 파형에 자세히 표시한다. 그리고 리플(ripple)이 나타나는 부분에서 파형의 최대치, 최소치를 구하여 다음에 기록하시오.

최대치 : ______________ [V]

최대치 : ______________ [V]

3. 그림 6.12의 회로에서 C1을 다음과 같은 값으로 변경하고 1, 2의 과정을 반복하시오.

가. C1 = 10 μF/50V인 경우

나. C1 = 100 μF/50V인 경우

4. 실험 1과 실험 2의 1, 2, 3에서 수행한 모의실험 결과 분석을 통해서 그림 6.12의 회로에서 커패시터의 용량이 $v_{out}(t)$에 미치는 영향을 설명하시오.

5. 지금까지 PSPICE를 이용하여 모의실험을 수행한 결과를 실험적으로 확인하기 위해 그림 6.12의 회로를 브레드보드에 구현한다. 교류 전압원 V1은 진폭 6 V, 주파수 60 Hz인 사인파가 되도록 함수발생기를 설정한다.

커패시터 C1을 1 μF/50 V, 10 μF/50V, 100 μF/50V의 값으로 변경하면서 각각의 경우에 대해 교류 전압원 V1과 $v_{out}(t)$의 파형을 관찰하고 그리시오. 또한 각 경우에 대해 $v_{out}(t)$의 직류 전압을 측정하여 표 6.2에 기록하시오.

C1의 용량	$v_{out}(t)$의 직류 전압
1 μF/50V	[V]
10 μF/50V	[V]
100 μF/50V	[V]

표 6.2 평활 기능이 있는 반파 정류 회로의 직류 전압

6. 실제 회로에서 실험 5에서 구한 결과와 PSPICE로 모의실험에 의해 구한 1, 2, 3, 4의 결과를 비교하고 특징을 설명하시오.

실험 3 클립퍼 (clipper) 회로

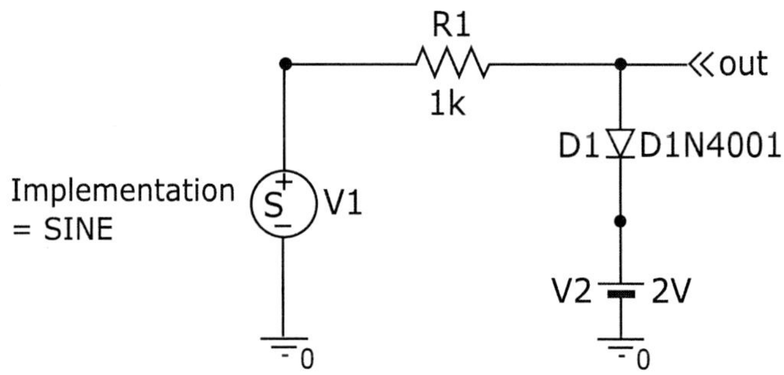

그림 6.14 클립퍼

1. PSPICE로 모의실험을 수행하기 위해, 'OrCAD Capture' 프로그램을 이용하여 그림 6.14의 회로를 입력하고 회로에 대해 PSPICE로 'transient analysis'를 수행한다. 'Stimulus Editor'를 이용하여 V1은 진폭 6 V, 주파수 60 Hz인 사인파로 설정한다. 'transient analysis'를 수행한 결과로 얻은 V1의 전압과 단자 'out'의 전압 $v_{out}(t)$ 파형을 그림 6.15에 그리시오.

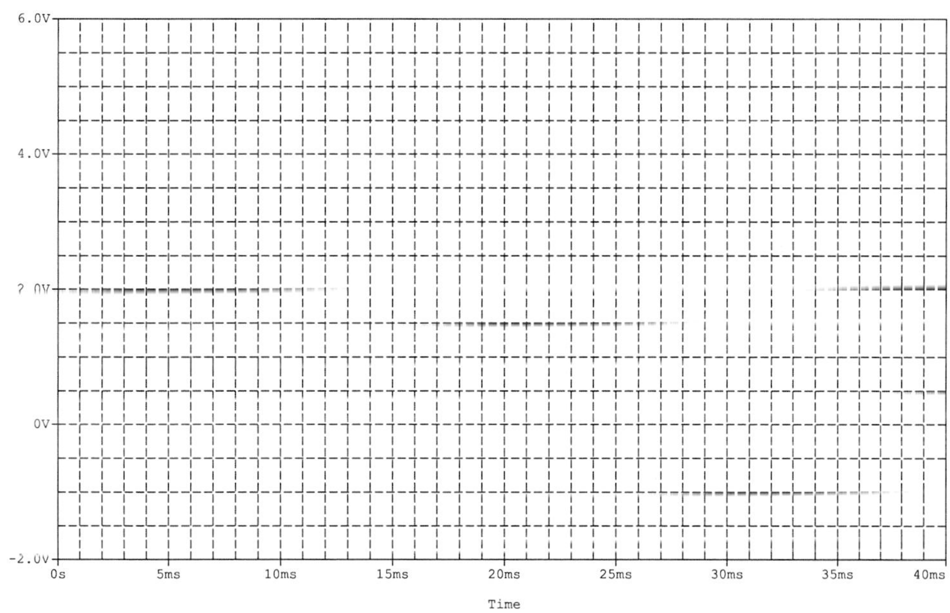

그림 6.15 클립퍼 회로 출력 파형

2. 1에서 구한 $v_{out}(t)$ 파형에서 입력 신호 V1과 동일한 모양의 파형이 나타나는 구간과 다르게 나타나는 구간에서 다이오드 D1의 바이어스 상태를 설명하시오. 그리고 각 구간에서 $v_{out}(t)$의 파형과 같은 모양으로 나타나는 이유를 설명하시오.

3. 그림 6.14의 회로를 브레드보드에 구현하고, 오실로스코프를 사용하여 V1과 단자 'out'의 전압 $v_{out}(t)$의 파형을 관찰한다. V2는 직류 전압원 공급장치를 사용한다. 입력 신호 V1의 진폭이 6 V, 5 V, 4 V, 3 V, 2 V, 1 V에 대해 V1, $v_{out}(t)$의 파형을 동시에 관찰하고 그리시오.

4. V1의 진폭을 6 V로 설정하고 직류 전압원 V2의 진폭을 1 V, 2 V, 3 V, 4 V, 5 V, 6 V로 변화시킬 때 각각에 대해 V1, $v_{out}(t)$의 파형을 동시에 관찰하고 그리시오.

5. 3과 4의 실험 결과를 분석하고 그림 6.14 회로의 특성을 설명하시오.

❖ 과제

1. 이상적인 OP 앰프 (operational amplifier)의 특성에 대해서 조사한다.
2. OP 앰프가 포함된 회로를 해석하는 방법에 대해서 조사한다.

제7장 | OP 앰프 : 반전 증폭기와 비반전 증폭기

I 실험 목표

- 이상적인 OP 앰프에 대해서 배운다.
- OP 앰프 반전 증폭기 회로의 구조를 배우고, 그 동작을 이론적으로 해석하고 입·출력 신호의 크기와 위상 관계에 대해서 이해한다.
- OP 앰프 비반전 증폭기의 회로 구조를 배우고, 그 동작을 이론적으로 해석하고 입·출력 신호의 크기와 위상 관계에 대해서 이해한다.
- 대표적인 OP 앰프 부품의 데이터시트를 찾아서 패키지와 내부 구조를 알고, 부품의 전기적인 주요 특성에 대해서 확인한다.
- OP 앰프 회로에 사용되는 전원을 위해, 직류 전압원 공급장치의 마스터와 슬레이브 전원을 이용하여 양전원을 만들어 OP 앰프 회로에 공급하는 방법에 대해서 배운다.
- 모의실험과 실제 실험을 통해 OP 앰프 회로에서 신호의 왜곡이 없는 동작 범위를 확인한다.

II 실험 부품 및 준비 사항

1 실험 부품

부품명	규격	수량
OP 앰프	UA741CP(대치품으로 LF356N 사용 가능)	1개
저항	1 kΩ, 1/4 watt	1개
저항	2 kΩ, 1/4 watt	1개
저항	5 kΩ, 1/4 watt	1개
가변 저항	10 kΩ, 1/4 watt	1개

2 실험 준비 사항

- 오실로스코프, 함수발생기, 직류 전압원 공급장치, 멀티미터, 브레드보드, 점퍼선
- PSPICE 소프트웨어가 설치된 컴퓨터

Ⅲ 실험 내용

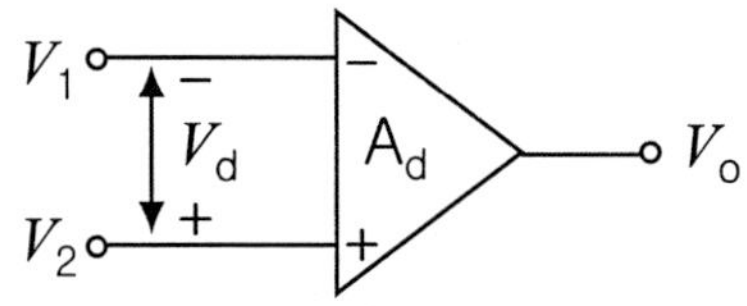

(a) OP 앰프 기호

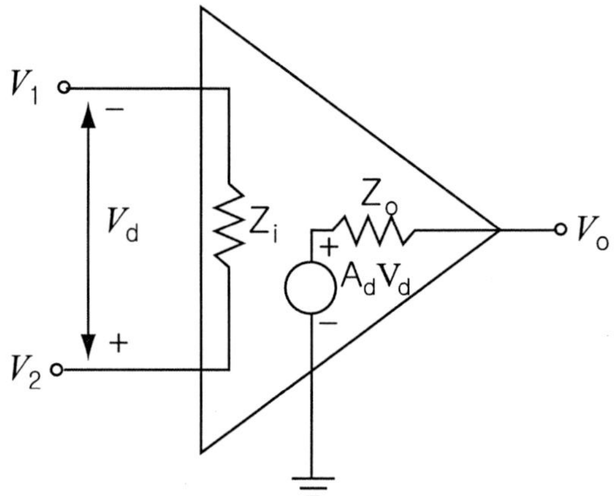

(b) OP 앰프 등가회로

그림 7.1 OP 앰프 기호와 등가회로

OP 앰프는 용어에서도 유추할 수 있듯이 입력되는 신호에 대해 아날로그 방식으로 회로에서 덧셈, 뺄셈, 곱셈, 나눗셈, 미분, 적분 등과 같은 연산 기능을 수행할 수 있다.

1 이상적인 OP 앰프

그림 7.1에 OP 앰프 (operational amplifier)의 기호와 등가 회로를 나타냈다. 이상적인 OP 앰프에서는 그림 7.1 (b)에 나타낸 등가 회로에 표시한 속성들을 다음과 같이 가정한다.

- 전압 이득 (voltage gain) : $A_d = \infty$
- 출력 V_o에서 입력으로 부귀환 입력 (피드백 : negative feedback)이 존재하는 경우, 피드백 작용으로 인해 입력 단자 전위차가 $V_d = V_2 - V_1 \simeq 0$이 된다.

• 입력 단자에서 바라본 입력 임피던스 (input impedance) : $Z_i = \infty$

• 출력 단자에서 OP 앰프 내부를 바라본 출력 임피던스 (output impedance) : $Z_0 = 0$

• Offset 전압 : 입력 신호 V_1와 V_2의 전위차가 $V_d = 0$일 때, 출력 전압 $V_o = 0$

실제 OP 앰프에서는 위에서 가정한 요소들이 약간 차이가 있기도 하지만, OP 앰프가 사용된 회로를 간단하게 해석하기 위해 위에서 가정한 이상적인 모델을 사용한다.

2 반전 증폭기 (inverting amplifier)

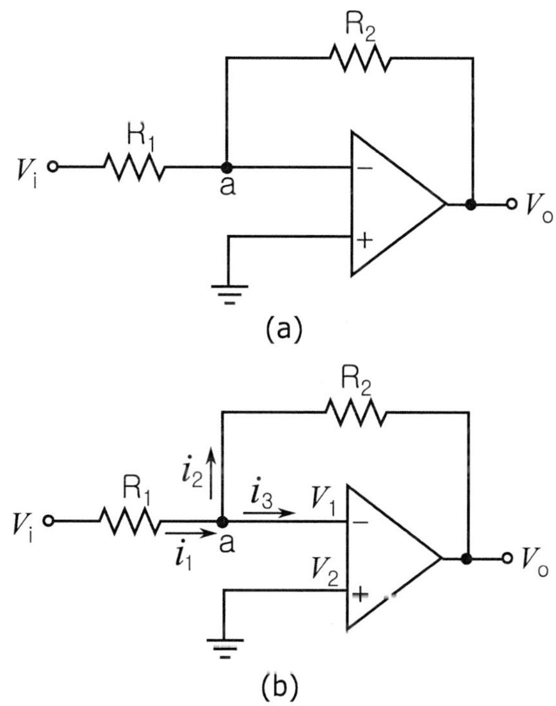

그림 7.2 반전 증폭기

그림 7.2 (a)는 OP 앰프를 사용한 반전 증폭기 회로이다. 회로를 자세히 보면, OP 앰프의 비반전 ('+' 표시) 입력 단자가 접지에 연결되어 있고, 신호 V_i가 저항 R_1을 통해서 OP 앰프의 반전 ('−' 표시) 입력 단자에 들어간다. 이 회로를 해석하기 위해, 노드 a에 연결된 가지 (edge 또는 branch)에 흐르는 전류를 그림 7.2 (b)에 표시한 것과 같이 i_1, i_2, i_3라 하자. 회로를 해석할 때 '가지'라 함은 인접한 두 노드 사이에 연결된 부품을 의미한다.

노드 a에서 키르히호프의 전류 법칙을 적용하면, 식 (7.1)과 같은 관계가 성립한다.

$$i_1 = i_2 + i_3 \tag{7.1}$$

여기서, i_1, i_2는 식 (7.2), (7.3)과 같이 표현된다.

$$i_1 = \frac{V_i - V_1}{R_1} \tag{7.2}$$

$$i_2 = \frac{V_1 - V_o}{R_2} \tag{7.3}$$

이상적인 OP 앰프에서 OP 앰프의 입력 임피던스는 무한대라 가정하므로 OP 앰프로 들어가는 전류 $i_3 = 0$이다. 따라서 식 (7.1)은 식 (7.4)와 같이 정리된다.

$$\frac{V_i - V_1}{R_1} = \frac{V_1 - V_o}{R_2} \tag{7.4}$$

그런데, 그림 7.2의 회로에서 OP 앰프의 비반전 입력 단자는 접지에 연결되어 있으므로 $V_2 = 0$, 또한 OP 앰프에서 출력 전압 V_o가 저항 R_2를 통해서 귀환되므로 OP 앰프의 입력 단자 전압 V_1, V_2의 전위차는 0이 된다. 따라서 식 (7.4)로부터 출력 V_o와 입력 V_i의 관계는 식 (7.5)와 같이 정리된다.

$$V_o = -\frac{R_2}{R_1} V_i \tag{7.5}$$

식 (7.5)와 같이 표현되는 반전 증폭기의 기능을 이해하기 위해, 그림 7.2 (a)의 회로에 입력되는 신호 V_i가 식 (7.6)과 같이 표현된다고 가정하자.

$$V_i = A\sin\omega t \tag{7.6}$$

그러면, 반전 증폭기의 출력에 나타나는 신호는 식 (7.5)에 유도한 반전 증폭기의 입·출력 관계에 의해 (7.7)과 같이 정리된다.

$$V_o = -\frac{R_2}{R_1} A\sin\omega t \tag{7.7}$$

그림 7.3에 식 (7.6), (7.7)과 같이 표현된 입·출력 파형을 나타냈다.

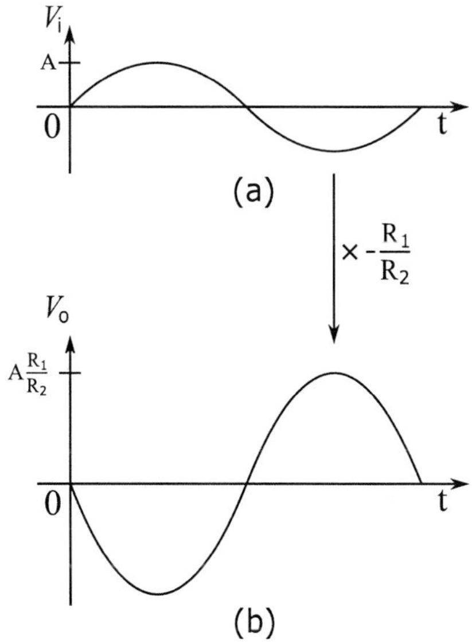

그림 7.3 반전 증폭기 입 · 출력 파형

그림 7.3에 나타낸 반전 증폭기의 입 · 출력 파형을 비교해 보면, 출력 파형은 입력 파형에 음수가 곱해졌기 때문에 파형의 모양이 반전되어 위상이 180° 바뀌었고, 진폭은 입력 파형의 $\frac{R_2}{R_1}$ 배가 되었다.

3 비반전 증폭기 (non-inverting amplifier)

그림 7.4에 OP 앰프를 사용한 비반전 증폭기 회로를 나타냈다. 비반전 증폭기의 회로를 관찰해 보면, 반전 증폭기의 연결 구조와 달리, 신호 V_i가 OP 앰프의 비반전 입력단자에 연결되어 있다.

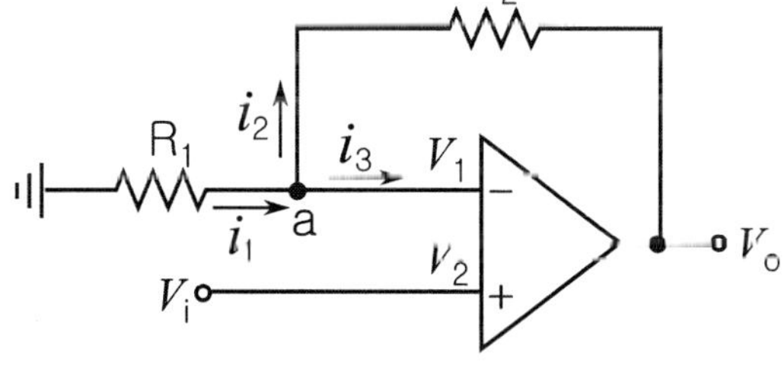

그림 7.4 비반전 증폭기

노드 a에 연결된 가지에 흐르는 전류를 그림 7.4에 표시한 것과 같이 i_1, i_2, i_3라 하자. 노드 a에서 키르히호프의 전류 법칙을 적용하면, 식 (7.8)과 같은 관계가 성립한다.

$$i_1 = i_2 + i_3 \tag{7.8}$$

여기서, i_1, i_2는 식 (7.9), (7.10)과 같이 표현된다.

$$i_1 = \frac{0 - V_1}{R_1} \tag{7.9}$$

$$i_2 = \frac{V_1 - V_o}{R_2} \tag{7.10}$$

이상적인 OP 앰프에서 OP 앰프의 입력 임피던스는 무한대라 가정하므로 OP 앰프로 들어가는 전류 $i_3 = 0$이다. 그리고 OP 앰프 회로에서 출력 신호 V_o가 저항 R_2를 통해서 귀환되므로, OP 앰프의 반전 입력 전압 V_1과 비반전 입력 V_2의 전위차는 0이 되고, 따라서 $V_1 = V_i$이 성립하고 식 (7.8)은 식 (7.11)과 같이 정리된다.

$$V_o = (1 + \frac{R_2}{R_1})\, V_i \tag{7.11}$$

식 (7.11)과 같이 표현되는 비반전 증폭기의 입 · 출력 관계를 보면, 출력 신호 V_o는 입력 신호 V_i에 $(1 + \frac{R_2}{R_1})$이 곱해진 형태이고, 입력 신호에 양수가 곱해지므로 출력과 입력은 동일한 위상을 갖는다. 그림 7.5에 입력 신호가 $V_i = A\sin\omega t$일 때, 입력 신호 V_i와 출력 신호 V_o의 파형을 나타냈다.

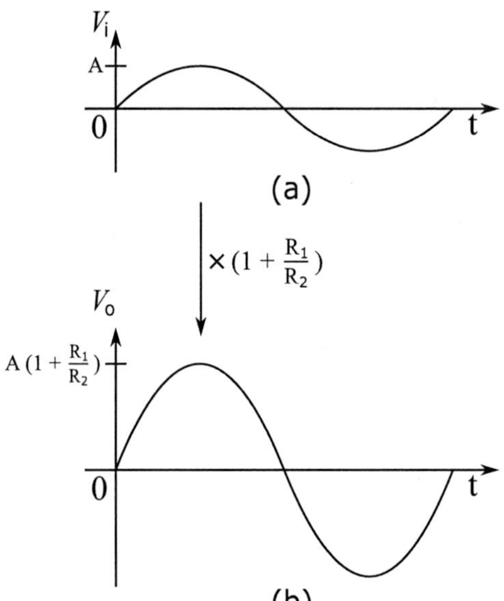

그림 7.5 비반전 증폭기 입 · 출력 파형

실험 1 OP 앰프 데이터시트 (data sheet) 검색

앞으로 OP 회로의 실험에 사용하게 될 OP 앰프들을 인터넷에서 검색하여 필요한 정보를 알아보자.

1. 실험에 사용될 부품 번호가 UA741CP, LF356N, TL082CP인 OP 앰프들의 데이터시트를 인터넷에서 검색한다.

2. 각 부품에 대해서 검색한 데이터시트에서 필요한 부분을 찾아서 내용을 파악하고, 주어진 부품 번호를 갖는 OP 앰프들의 다양한 형태의 패키지 (부품의 외형)들 중 핀의 개수가 8개인 패키지의 부품에 대해 핀 배치, 핀 번호, 핀 이름 (또는 기능)을 확인하고 그림 7.6에 주어진 부품의 패키지 핀 옆에 기록한다. 부품 내부에서 OP 앰프 기호의 각 단자가 패키지 외부 핀에 연결된 상태 (내부 회로)를 그림 7.6에 주어진 부품 패키지 내부에 그리시오.

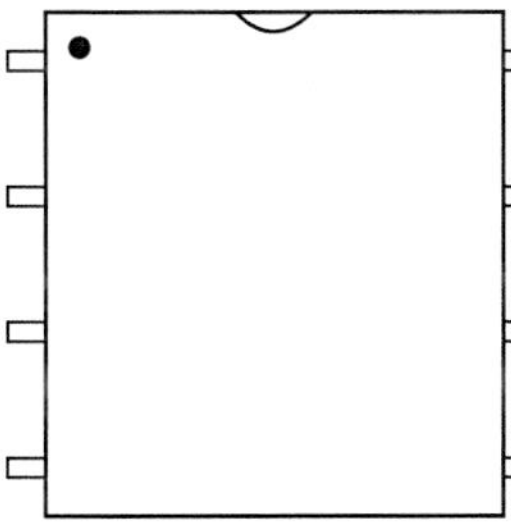

(a) UA741CP

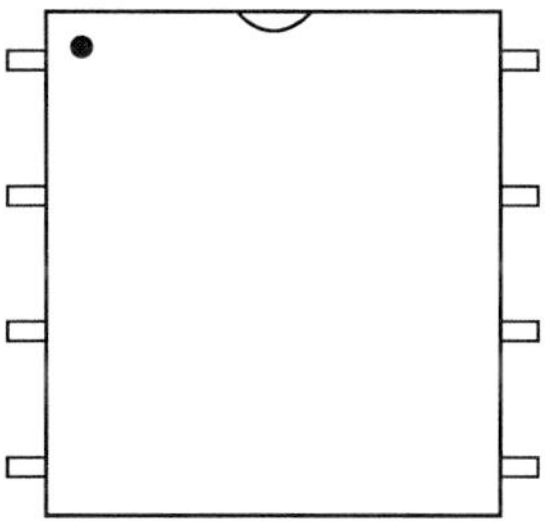

(b) LF356N

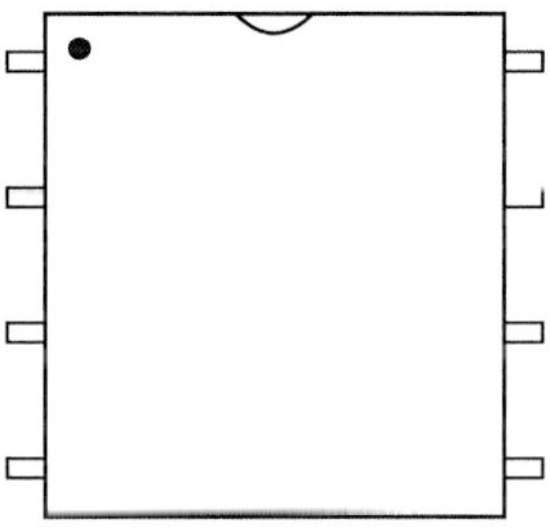

(c) TL082CP

그림 7.6 OP 부품 패키지

3. OP 앰프 부품번호 UA741CP의 데이터시트에서 전기적 특성 부분을 찾아서 그 내용을 표 7.1에 기록하시오. 표에서 V_{CC+} = +15 V, V_{CC-} = −15 V는 OP 앰프의 전원 핀 V_{CC+}, V_{CC-}에 각각 +15 V와 −15 V를 인가한 상태를 의미한다.

<table>
<tr><td rowspan="2">전원 전압[1]
허용 최대치</td><td>V_{CC+}</td><td>[V]</td></tr>
<tr><td>V_{CC-}</td><td>[V]</td></tr>
<tr><td rowspan="4">V_{CC+} = +15 V
V_{CC-} = −15 V
일 때</td><td>출력 전압 범위</td><td>[V]</td></tr>
<tr><td>입력 저항</td><td>[MΩ]</td></tr>
<tr><td>출력 저항</td><td>[Ω]</td></tr>
<tr><td>전압 이득</td><td></td></tr>
</table>

(1) supply voltage

표 7.1 OP 앰프 UA741CP의 전기적 규격

□ 양(兩)전원

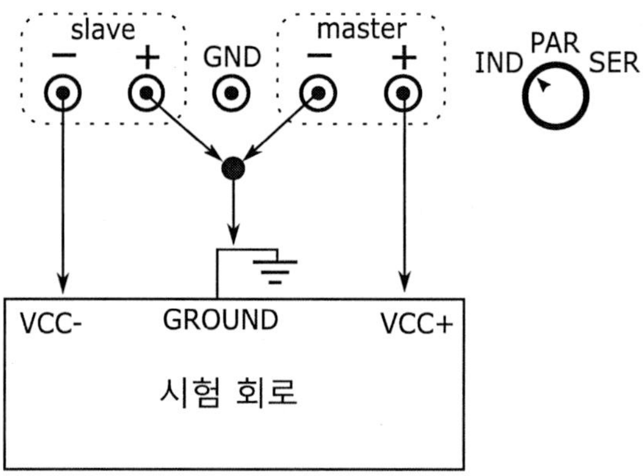

그림 7.7 양(兩)전원 사용 방법

OP 앰프 회로에는 양전원 또는 단전원을 사용할 수 있다. 단전원은 직류 전압원 공급장치의 마스터 전원이나 슬레이브 전원 중 어느 하나를 선택하여 출력 단자 ('+' 표시 단자, '−' 표시 단자)에서 나오는 전압을 회로의 전원으로 사용하는 방식이다.

양(兩)전원은 회로에 양(陽 : positive)의 전원과 음(陰 : negative)의 전원을 동시에 공급하는 방식이다. 양전원을 이용하기 위해서는 직류 전압원 공급장치의 선택 스위치를 'IND'에 맞춘다. 이 상태에서는 직류 전압원 공급장치의 내부에서 마스터 전원과 슬레이브 전원이 서로 독립적으로 동작하는 상태이므로 두 개의 전원을 이용할 수 있게 된다. 그리고 그림 7.7과 같이 슬레이브의 '+' 표시 단자와 마스터의 '−' 표시 단자를 서로 연결하고 이 부분을 회로의 접지에 연결하면, 마스터의 '+' 표시 단자는 양극 전원으로, 슬레이브의 '-' 표시 단자는 음극 전원으로 사용할 수 있게 된다.

이러한 방법으로 양전원을 만든 후, 그림 7.7과 같이 접지는 시험 회로의 접지 (ground)에, 양극 전원은 시험회로의 VCC+에, 음극 전원은 시험 회로의 VCC−에 연결한다.

※ 전원을 회로에 연결할 때에는 기기나 회로의 보호를 위해 항상 접지부터 연결하는 습관을 갖도록 한다.

실험 2 반전 증폭기 : 직류 전압 신호 입력

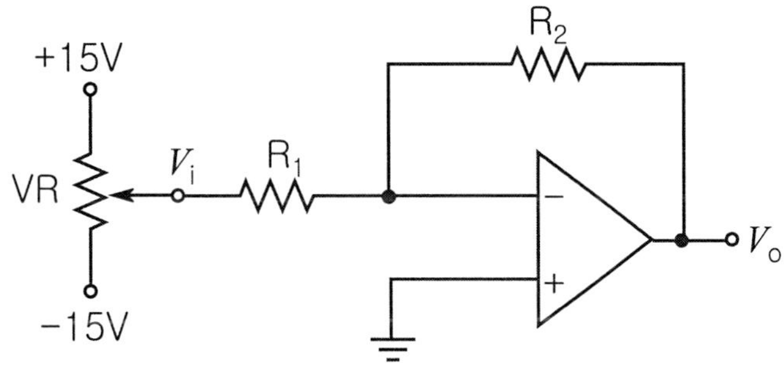

그림 7.8 반전 증폭기

그림 7.8의 회로에서 반전 증폭기의 입력 V_i에 인가되는 전압을 가변 저항 VR을 조정하는 방법으로 변화시킨다. R_1, R_2는 각각 1 kΩ, 2 kΩ, VR은 10 kΩ이 사용된다. 실험에서 주어지는 OP 앰프 부품의 데이터시트에서 핀 배치를 확인하고 브레드보드에 그림 7.8의 회로를 구성한다.

※ 그림의 회로에는 표시하지 않았지만, OP 앰프 부품의 전원 핀 VCC+와 VCC− 에는 +15V와 −15V 양전원을 연결한다.

1. 가변 저항 VR을 조절하여 입력 전압 V_i를 설정한 상태에서 출력 전압 V_o을 측정하여 표 7.2를 완성하고, 표를 그림 7.9에 주어진 2차원 평면에 그래프로 표현하시오.

단위 [V]

V_i	-14.0	-13.0	-12.0	-11.0	-9.0	-8.0	-7.0	-6.0
V_o								
V_i	-5.0	-4.0	-3.0	-2.0	-1.0	0.0	1.0	2.0
V_o								
V_i	3.0	4.0	5.0	6.0	7.0	8.0	9.0	10.0
V_o								
V_i	11.0	12.0	13.0	14.0				
V_o								

표 7.2 반전 증폭기의 입 · 출력 전압 측정, R2 = 2 kΩ

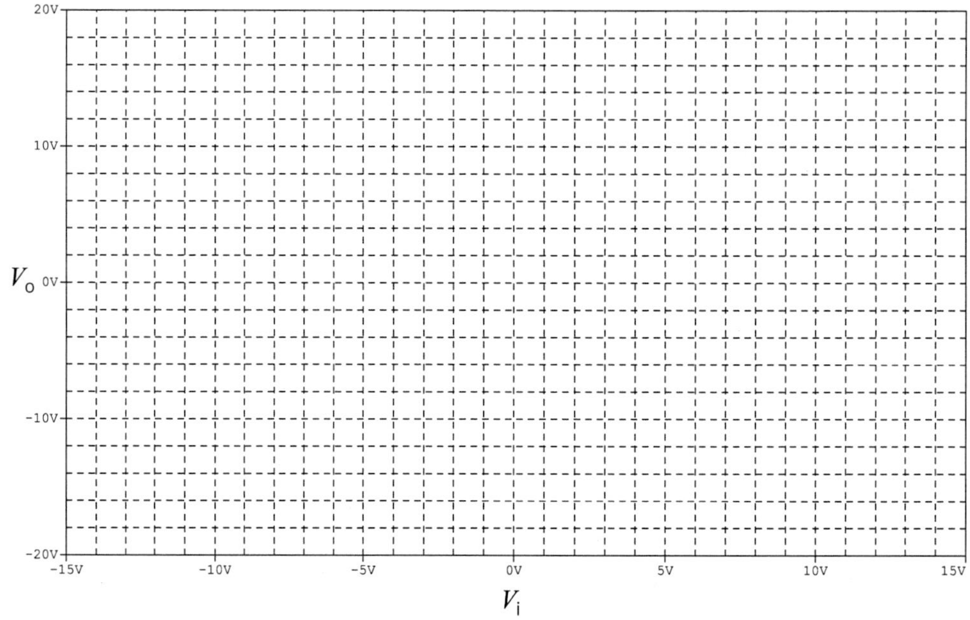

그림 7.9 반전 증폭기의 입 · 출력 전압 관계 그래프, R2 = 2 kΩ

2. 그림 7.8의 회로에서 R_2를 5 kΩ으로 바꾼 후, 가변 저항 VR을 조절하여 입력 전압 V_i를 설정한 상태에서 출력 전압 V_o을 측정하여 표 7.3를 완성하고, 표를 그림 7.10에 주어진 2차원 평면에 그래프로 표현하시오.

단위 [V]

V_i	−14.0	−13.0	−12.0	−11.0	−9.0	−8.0	−7.0	−6.0
V_o								
V_i	−5.0	−4.0	−3.0	−2.0	−1.0	0.0	1.0	2.0
V_o								
V_i	3.0	4.0	5.0	6.0	7.0	8.0	9.0	10.0
V_o								
V_i	11.0	12.0	13.0	14.0				
V_o								

표 7.3 반전 증폭기의 입 · 출력 전압 측정, R2 = 5 kΩ

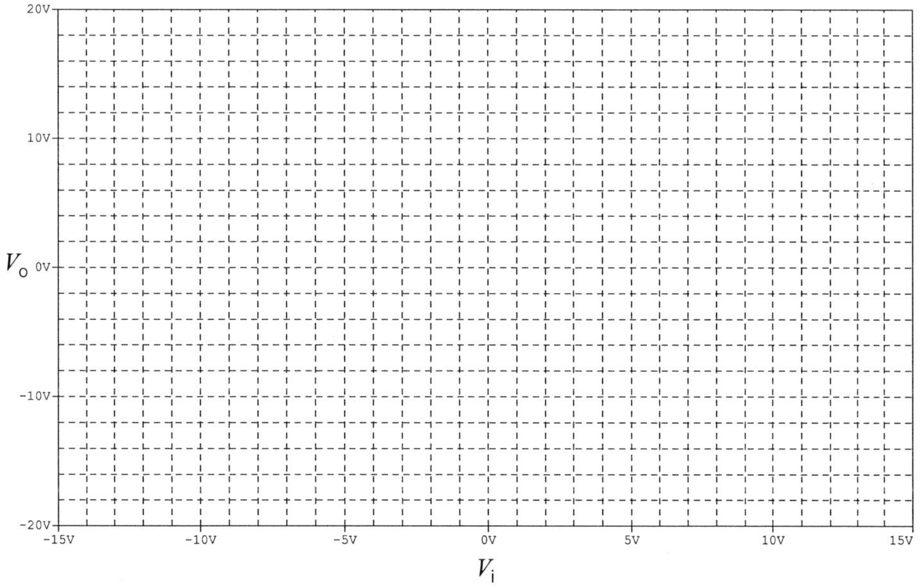

그림 7.10 반전 증폭기의 입·출력 전압 관계 그래프, R2 = 5 kΩ

3. 2에서 측정 결과로 그린 그래프를 관찰한 후, 입력 전압 V_i의 변화에 대해 출력 전압 V_o가 선형적으로 변화하는 입력 전압 V_i의 구간을 구하시오.

4. 3에서 구한 결과가 $V_{i,\min} \le V_i \le V_{i,\max}$라 하자. $V_{i,\min} - 1 \le V_i \le V_{i,\max} + 1$의 범위에서 입력 전압 V_i를 0.2 V 단위로 증가시키면서 출력 전압 V_o를 측정하고 그 결과를 그림 7.11에 그래프로 그리시오.

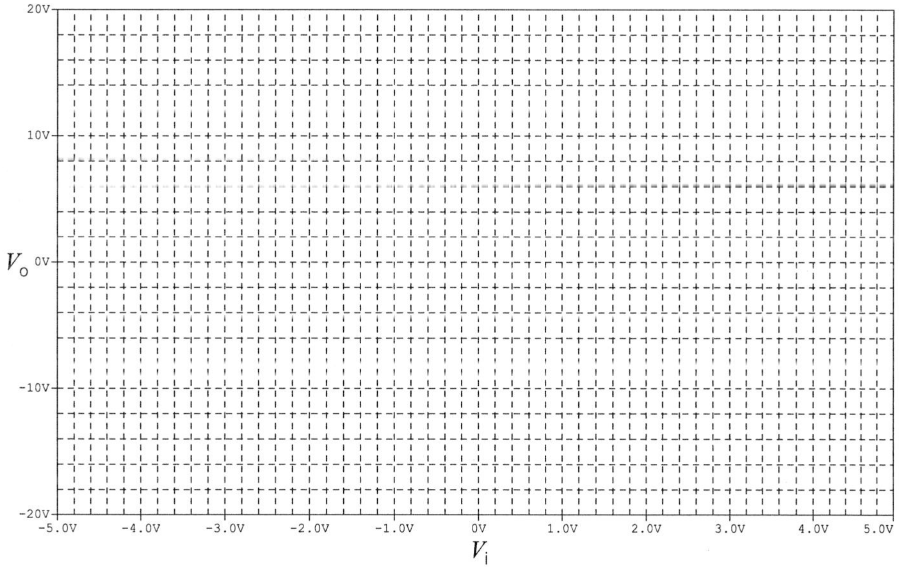

그림 7.11 반전 증폭기의 입·출력 전압 관계 그래프, R2 = 5 kΩ

5. 4에서 구한 그래프를 관찰하고 입력 V_i에 따라서 출력 V_o가 선형적으로 변하는 구간에서 출력 V_o의 기울기를 구하고, 구한 기울기가 비반전 증폭기에 사용된 저항들과 연관성이 있는지 설명하시오.

6. 4에서 구한 그래프로부터 이 실험에 사용한 OP 앰프 출력 전압의 범위를 구하고 데이터시트에서 규정된 내용과 일치하는지 확인하시오.

7. 1과 2에서 구한 그래프를 관찰하고 그림 7.8의 비반전 증폭기의 저항 R_1, R_2가 결과에 어떻게 영향을 주는지 설명하시오.

실험 3 비반전 증폭기 : 직류 전압 신호 입력

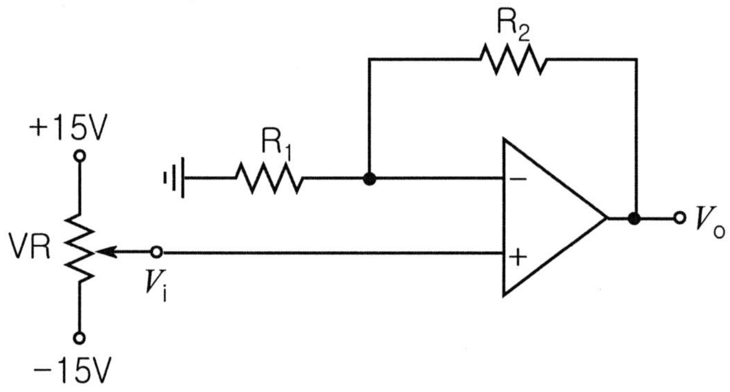

그림 7.12 비반전 증폭기

그림 7.12의 회로에서 비반전 증폭기의 입력 V_i에 인가되는 전압을 가변 저항 VR을 조정하는 방법으로 변화시킨다. R_1, R_2는 각각 1 kΩ, 2 kΩ, VR은 10 kΩ이 사용된다. 실험에서 주어지는 OP 앰프 부품의 핀 배치를 확인하고 브레드보드에 그림 7.12의 회로를 구성한다.

1. 가변 저항 VR을 조절하여 입력 전압 V_i를 설정한 상태에서 출력 전압 V_o을 측정하여 표 7.4를 완성하고, 표를 그림 7.13에 그래프로 표현하시오.

단위 [V]

V_i	−14.0	−13.0	−12.0	−11.0	−9.0	−8.0	−7.0	−6.0
V_o								
V_i	−5.0	−4.0	−3.0	−2.0	−1.0	0.0	1.0	2.0
V_o								
V_i	3.0	4.0	5.0	6.0	7.0	8.0	9.0	10.0
V_o								
V_i	11.0	12.0	13.0	14.0				
V_o								

표 7.4 비반전 증폭기의 입 · 출력 전압 측정, R2 = 2 kΩ

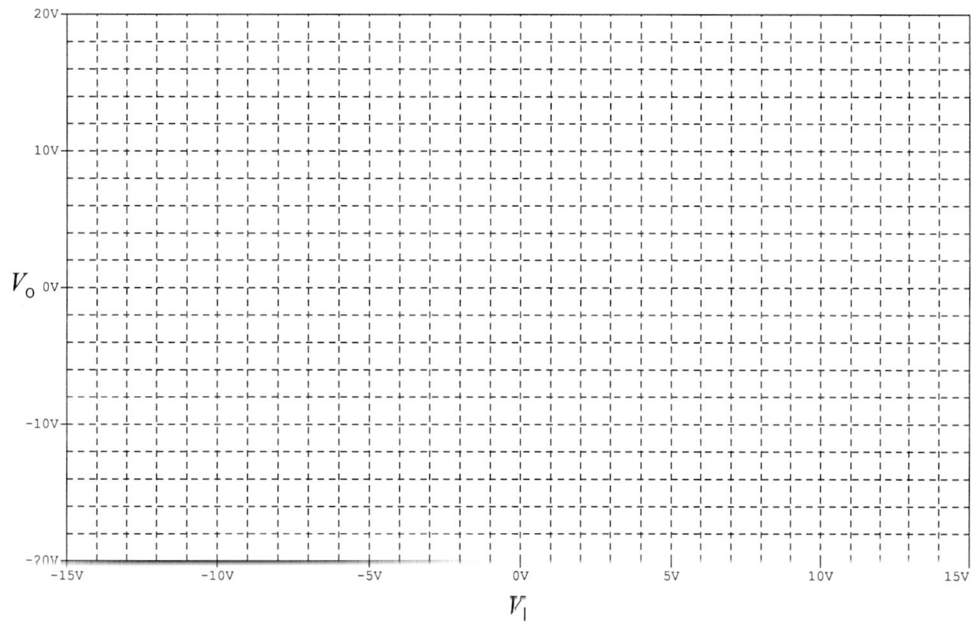

그림 7.13 비반전 증폭기의 입 · 출력 전압 관계 그래프, R2 = 2 kΩ

2. 그림 7.12의 회로에서 R_2를 5 kΩ으로 바꾼 후, 가변 저항 VR을 조절하여 입력 전압 V_i를 설정한 상태에서 출력 전압 V_o을 측정하여 표 7.5를 완성하고, 표를 그림 7.14에 그래프로 표현하시오.

단위 [V]

V_i	−14.0	−13.0	−12.0	−11.0	−9.0	−8.0	−7.0	−6.0
V_o								
V_i	−5.0	−4.0	−3.0	−2.0	−1.0	0.0	1.0	2.0
V_o								
V_i	3.0	4.0	5.0	6.0	7.0	8.0	9.0	10.0
V_o								
V_i	11.0	12.0	13.0	14.0				
V_o								

표 7.5 비반전 증폭기의 입 · 출력 전압 측정, R2 = 5 kΩ

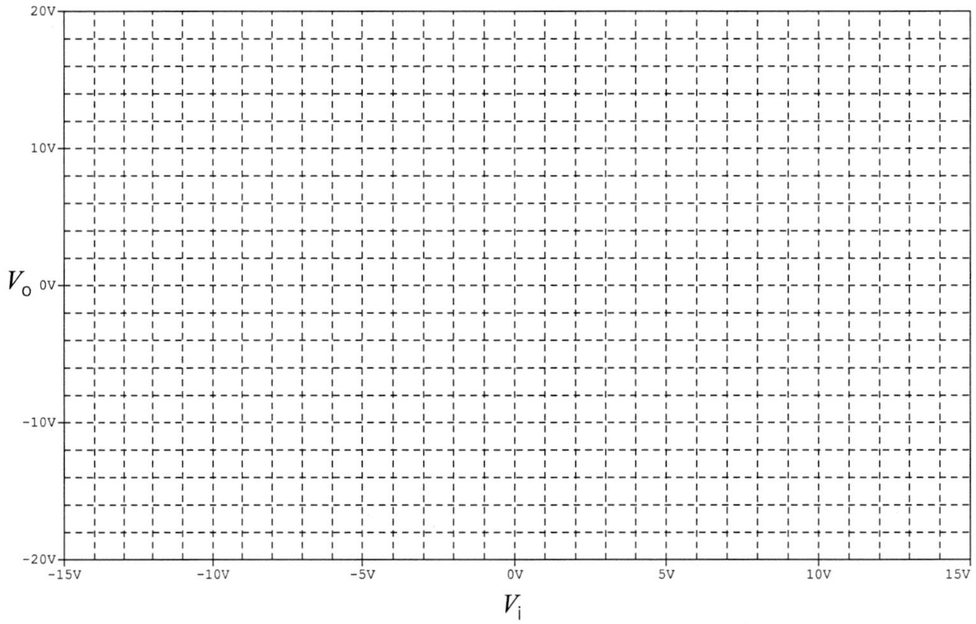

그림 7.14 비반전 증폭기의 입 · 출력 전압 관계 그래프, R2 = 5 kΩ

3. 2에서 측정 결과로 그린 그래프를 관찰한 후, 입력 전압 V_i의 변화에 대해 출력 전압 V_o가 선형적으로 변화하는 입력 전압 V_i의 구간을 구하시오.

4. 3에서 구한 결과가 $V_{i,\min} \le V_i \le V_{i,\max}$라 하자. $V_{i,\min} - 1 \le V_i \le V_{i,\max} + 1$의 범위에서 입력 전압 V_i를 0.2 V 단위로 증가시키면서 출력 전압 V_o를 측정하고 그 결과를 그림 7.15에 그래프로 그리시오.

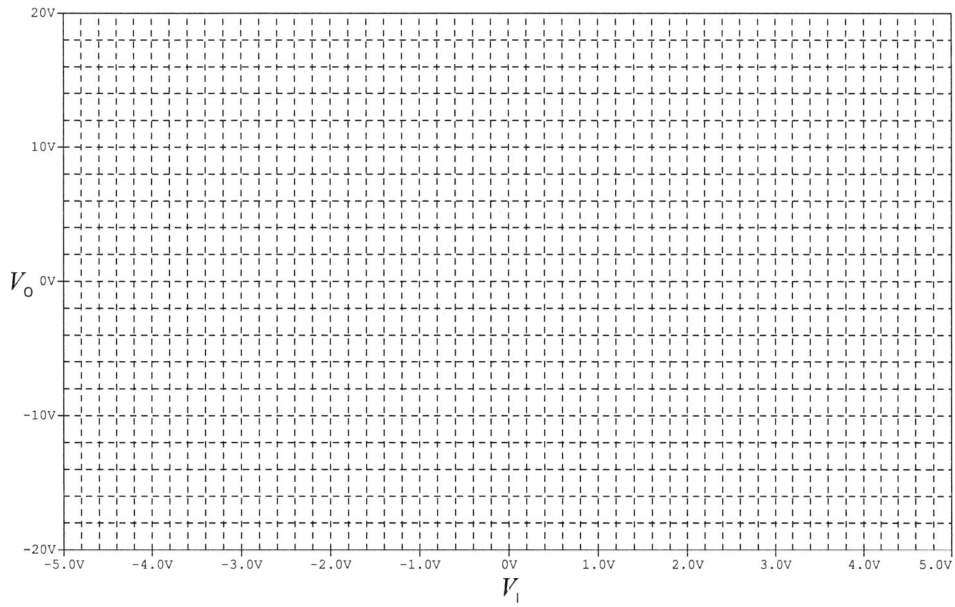

그림 7.15 비반전 증폭기의 입 · 출력 전압 관계 그래프, R2 = 5 kΩ

5. 4에서 구한 그래프를 관찰하고 입력 V_i에 따라서 출력 V_o가 선형적으로 변하는 구간에서 출력 V_o의 기울기를 구하고, 구한 기울기가 비반전 증폭기에 사용된 저항들과 연관성이 있는지 설명하시오.

6. 4에서 구한 그래프로부터 이 실험에 사용한 OP 앰프 출력 전압의 범위를 구하고 데이터시트에서 규정된 내용과 일치하는지 확인하시오.

7. 1과 2에서 구한 그래프를 관찰하고 그림 7.8의 비반전 증폭기의 저항 R_1, R_2이 결과에 어떻게 영향을 주는지 설명하시오.

실험 4 반전 증폭기 : 교류 전압 신호 입력

1. 그림 7.16의 회로는 반전 증폭기 회로의 입력에 교류 전압 신호 V_s를 인가한 것이다. 여기서 R_1, R_2는 각각 1 kΩ, 2 kΩ이다. PSPICE에서 'transient analysis'를 이용하여 V_i와 V_o의 파형을 관찰한다. 'OrCAD Capture'로 회로를 입력할 때, OP 앰프는 라이브러리 'EVAL'에서 부품 'uA741'을 선택하여 사용한다. 그리고 15 V 직류 전압원 두 개를 그림 7.7에서 설명한 것과 같은 방식으로 연결하여 양전원을 만든 후 OP 앰프의 전원 핀들과 회로의 접지에 연결한다.

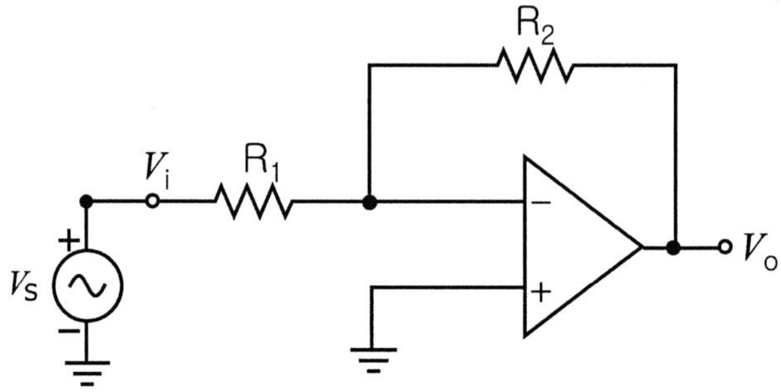

그림 7.16 반전 증폭기

V_s는 주파수가 1 kHz인 사인파인데, 진폭을 1.0 V에서 시작하여 7.0 V까지 1 V씩 변화시키면서 입·출력 파형을 비교, 관찰하고 표 7.6에 기록하시오.

V_i의 진폭 [V]	V_o의 진폭 [V]	V_i와 V_o의 위상차 [°]	전압 이득 $\frac{V_o}{V_i}$
1.0			
2.0			
3.0			
4.0			
5.0			
6.0			
7.0			

표 7.6 반전 증폭기 모의실험 결과, R_1 = 1 kΩ, R_2 = 2 kΩ

2. R_2를 5 kΩ으로 바꾼 후 1의 내용을 반복하고 그 결과를 표 7.7에 기록하시오.

V_i의 진폭 [V]	V_o의 진폭 [V]	V_i와 V_o의 위상차 [°]	전압 이득 $\frac{V_o}{V_i}$
1.0			
2.0			
3.0			
4.0			
5.0			
6.0			
7.0			

표 7.7 반전 증폭기 모의실험 결과, R_1 = 1 kΩ, R_2 = 5 kΩ

3. 2에서 모의실험을 할 때, 출력 전압 V_o의 파형이 입력 전압 V_i의 파형과 모양이 다르게 왜곡 (distortion)이 발생하는 경우가 있다. 출력에서 왜곡이 발생하기 시작하는 입력 전압 진폭의 범위를 반복적인 모의실험을 통해서 구하시오.

4. 브레드보드에 그림 7.16의 회로를 꾸미고 입력 신호 V_i와 출력 신호 V_o를 오실로스코프로 동시에 관찰한다. 여기서 R_1, R_2는 각각 1 kΩ, 5 kΩ이다. 2, 3에서 관찰한 결과를 바탕으로 출력 신호 V_o가 왜곡되지 않도록 적당한 크기의 진폭을 선정하여 함수발생기에서 주파수가 1 kHz인 사인파를 발생시킨다. 그림 7.17에 오실로스코프로 포착한 입력 신호 V_i와 출력 신호 V_o를 그리시오.

5. 입력과 출력 파형의 진폭을 이용하여 반전 증폭기의 전압 이득 $G = \dfrac{V_o}{V_i}$을 구하고 이론적인 계산값과 비교하시오.

6. 이 회로에서 입력에 인가된 신호가 왜곡되지 않고 증폭되어 출력에 나타나기 위한 입력 신호 진폭의 최대치를 실험적으로 구하시오. 이 결과를 3에서 모의실험에서 관찰한 결과와 비교하시오.

7. 만일 R_1 = 1 kΩ, R_2 = 10 kΩ인 경우, 입력에 인가된 신호가 왜곡되지 않고 증폭되어 출력에 나타나기 위한 입력 신호 진폭의 최대치를 추정하시오.

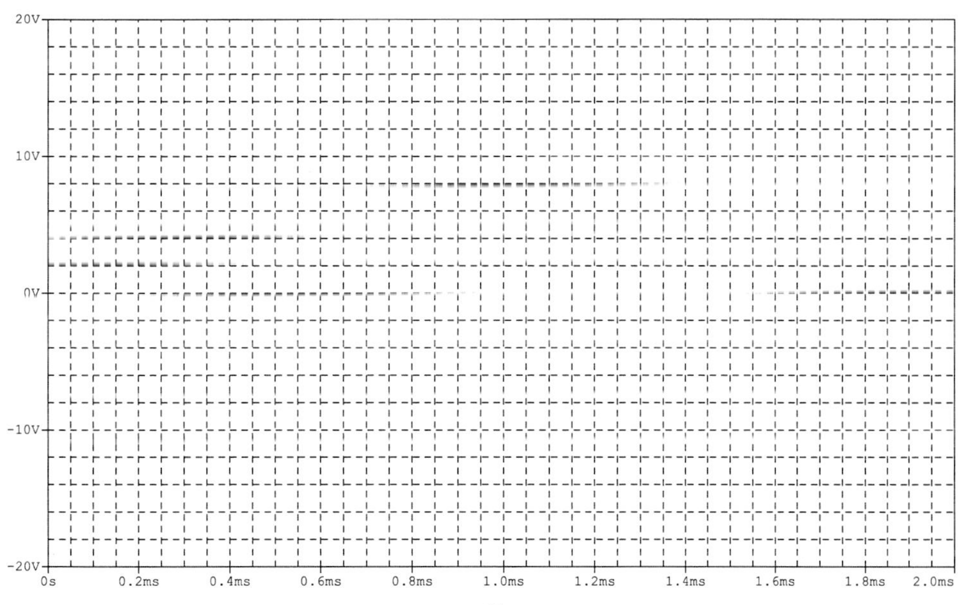

그림 7.17 반전 증폭기의 입출력 파형

실험 5 비반전 증폭기 : 교류 전압 신호 입력

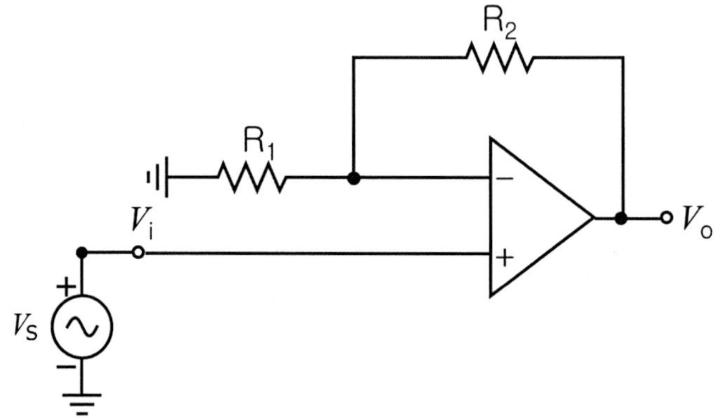

그림 7.18 비반전 증폭기

1. 그림 7.18의 회로는 비반전 증폭기 회로의 입력에 교류 전압 신호 V_s를 인가한 것이다. 여기서 R_1, R_2는 각각 1 kΩ, 2 kΩ이다. PSPICE에서 'transient analysis'를 이용하여 V_i와 V_o의 파형을 관찰한다.

V_s는 주파수가 1 kHz인 사인파인데, 진폭을 1.0 V에서 시작하여 7.0 V까지 1 V씩 변화시키면서 입·출력 파형을 비교, 관찰하고 표 7.8에 기록하시오.

V_i의 진폭 [V]	V_o의 진폭 [V]	V_i와 V_o의 위상차 [°]	전압 이득 $\frac{V_o}{V_i}$
1.0			
2.0			
3.0			
4.0			
5.0			
6.0			
7.0			

표 7.8 비반전 증폭기 모의실험 결과, R_1 = 1 kΩ, R_2 = 2 kΩ

2. R_2를 5 kΩ으로 바꾼 후 1의 내용을 반복하고 그 결과를 표 7.9에 기록하시오.

V_i의 진폭 [V]	V_o의 진폭 [V]	V_i와 V_o의 위상차 [°]	전압 이득 $\frac{V_o}{V_i}$
1.0			
2.0			
3.0			
4.0			
5.0			
6.0			
7.0			

표 7.9 비반전 증폭기 모의실험 결과, R_1 = 1 kΩ, R_2 = 5 kΩ

3. 2에서 모의실험을 할 때, 출력 전압 V_o의 파형이 입력 전압 V_i의 파형과 모양이 다르게 왜곡이 발생하는 경우가 있다. 출력에서 왜곡이 발생하기 시작하는 입력 전압 진폭의 범위를 반복적인 모의실험을 통해서 구하시오.

4. 브레드보드에 그림 7.18의 회로를 꾸미고 입력 신호 V_i와 출력 신호 V_o를 오실로스코프로 동시에 관찰한다. 여기서 R_1, R_2는 각각 1 kΩ, 5 kΩ이다. 2, 3에서 관찰한 결과를 바탕으로 출력 신호 V_o가 왜곡되지 않도록 적당한 크기의 진폭을 선정하여 함수발생기에서 주파수가 1 kHz인 사인파를 발생시킨다.

그림 7.19에 오실로스코프로 포착한 입력 신호 V_i와 출력 신호 V_o를 그리시오.

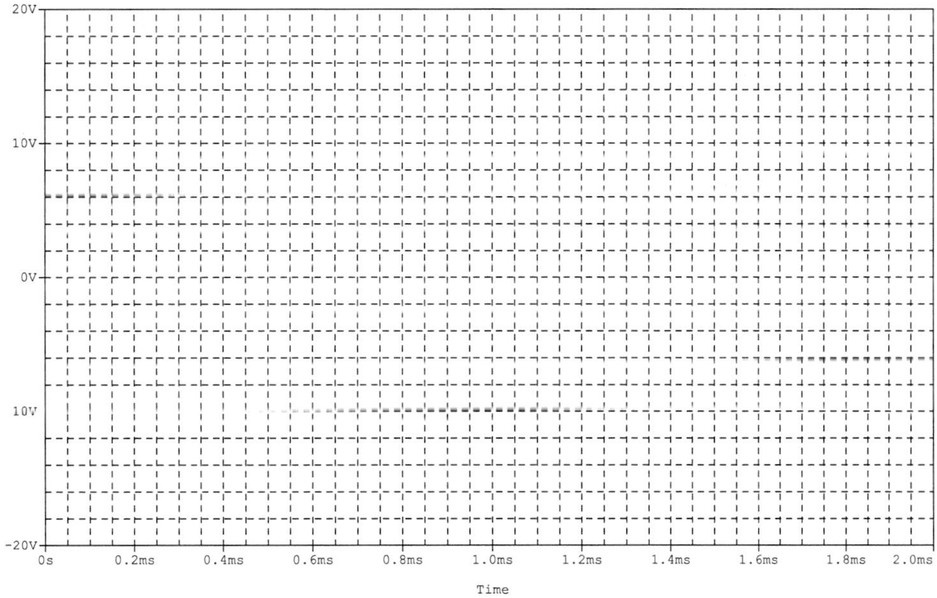

그림 7.19 비반전 증폭기의 입출력 파형

5. 입력과 출력 파형의 진폭을 이용하여 비반전 증폭기의 전압 이득 $G=\dfrac{V_o}{V_i}$을 구하고 이론적인 계산값과 비교하시오.

6. 이 회로에서 입력에 인가된 신호가 왜곡되지 않고 증폭되어 출력에 나타나기 위한 입력 신호 진폭의 최대치를 실험적으로 구하시오. 이 결과를 3에서 모의실험에서 관찰한 것과 비교하시오.

7. 만일 $R_1 = 1\ k\Omega$, $R_2 = 10\ k\Omega$인 경우, 입력에 인가된 신호가 왜곡되지 않고 증폭되어 출력에 나타나기 위한 입력 신호 진폭의 최대치를 추정하시오.

❖ 과제

1. OP 앰프 미분 회로와 적분 회로에 대해서 조사하고 이 실험의 분석에서 했던 방식과 같은 방법으로 키르히호프의 전류 법칙을 적용하여 각 회로의 출력을 식으로 표현하시오.

제8장 | OP 앰프 : 합 증폭기, 미분기, 적분기

I 실험 목표

- OP 앰프 합 증폭기 증폭기, 미분기, 적분기 회로의 구조를 배우고, 그 동작을 이론적으로 해석하고 입 · 출력 신호의 관계에 대해서 이해한다.
- 이상적인 OP 앰프 합 증폭기, 미분기, 적분기의 입 · 출력 파형을 이해한다.
- PSPICE에서 교류 전압원으로 사용되는 'VSIN' 모델에 대해 속성을 이해하고 모의실험에 적용한다.
- PSICE에서 'VPULSE' 모델을 사용하여 톱니파를 발생시키는 방법을 이해한다.
- PSPICE 모의실험에서 이상적인 미분기와 적분기에서 기대되는 반응과 유사점, 차이점에 대해서 고찰한다.
- 모의실험과 실제 구현된 회로의 실험을 통해 OP 앰프 회로에서 신호의 왜곡이 없는 동작 범위를 확인한다.

II 실험 부품 및 준비 사항

1 실험 부품

부품명	규격	수량
OP 앰프	UA741CP (내치품으로 LF356N 사용 가능)	1개
저항	1 kΩ, 1/4 watt	1개
저항	2 kΩ, 1/4 watt	2개
저항	5 kΩ, 1/4 watt	2개
저항	10 kΩ, 1/4 watt	1개
저항	50 kΩ, 1/4 watt	1개
저항	100 kΩ, 1/4 watt	1개
가변 저항	10 kΩ, 1/4 watt	2개
커패시터	0.001 μF	1개
커패시터	1μF/50V	2개

2 실험 준비 사항

- 오실로스코프, 함수발생기, 직류 전압원 공급장치, 멀티미터
- 브레드보드, 점퍼선
- PSPICE 소프트웨어가 설치된 컴퓨터

III 실험 내용

1 합 증폭기 (Summing amplifier)

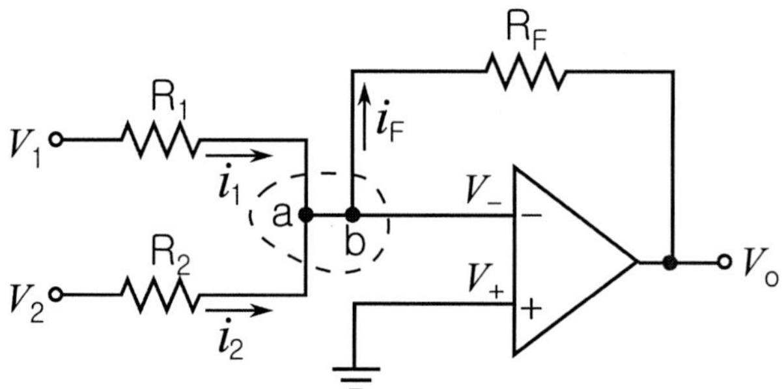

그림 8.1 OP 앰프 합 증폭기

그림 8.1에 OP 앰프 합 증폭기 회로를 나타냈다. 이 회로는 두 개의 입력 V_1과 V_2가 OP 엠프의 입력 쪽 저항 R_1과 R_2에 연결되어 있다. 그리고 출력 V_o는 저항 R_F를 통해 OP 앰프의 V_- 입력 쪽으로 귀환되고 있다. 그리고 OP 앰프의 V_+ 입력은 접지에 연결되어 있다.

이 회로의 특성을 분석하기 위해 저항 R_1, R_2, R_F에 흐르는 전류를 각각 i_1, i_2, i_F라 하자.

7장에서 이상적인 OP 앰프에 대한 가정을 보면, OP 앰프의 비반전 입력과 반전 입력 사이의 임피던스를 무한대로 가정하므로, 비반전 입력 또는 반전 입력으로 OP 앰프 내부로 흐르는 전류는 0이다.

그림 8.1 회로에서 노드 a와 b 사이에는 도선으로 연결되어 있기 때문에 서로 다른 두 개의 노드가 아니라 하나의 합쳐진 노드로 생각한다. 따라서 이 노드에서 키르히호프의 전류 법칙을 적용하면 식 (8.1)이 성립한다.

$$i_1 + i_2 = i_F \tag{8.1}$$

한편, 키르히호프의 전류 법칙은 마디에서 적용되기도 하고, 확장해서 평면에서는 그림에서 점선으로 표현한 폐 루프에, 3차원 공간에서는 폐 곡면에도 적용된다. 예를 들어 그림 8.1에서 점선으로 표현한 폐 루프에 적용하면, "폐 루프에 들어가고 나오는 전류의 총합은 0과 같다"로 표현된다.

그리고 그림 8.1의 회로는 출력 V_o에서 OP 앰프의 입력으로 저항 R_F를 통해서 귀환되고 있기 때문에, OP 앰프의 입력 단자 전압 V_+와 V_-의 전위차는 0이고, 비반전 입력은 접지에 연결되어 있기 때문에 식 (8.2)와 같은 관계가 성립한다.

$$V_+ = V_- = 0 \tag{8.2}$$

그러므로, 전류 i_1, i_2, i_F은 식 (8.3), (8.4), (8.5)와 같이 표현된다.

$$i_1 = \frac{V_1 - V_-}{R_1} = \frac{V_1}{R_1} \tag{8.3}$$

$$i_2 = \frac{V_2 - V_-}{R_2} = \frac{V_2}{R_2} \tag{8.4}$$

$$i_F = \frac{V_- - V_o}{R_F} = -\frac{V_o}{R_F} \tag{8.5}$$

그러므로, 식 (8.3), (8.4), (8.5)를 식 (8.1)에 대입하고 정리하면, 그림 8.1 회로의 출력과 입력들 사이의 관계는 식 (8.6)과 같이 정리된다.

$$V_o = -R_F\left(\frac{V_1}{R_1} + \frac{V_2}{R_2}\right) \tag{8.6}$$

식 (8.6)의 의미를 직관적으로 이해하기 위해, 예를 들어, R_1, R_2, R_F의 값을 각각 1 kΩ이라 하자. 그러면, 식 (8.6)은, $V_o = -(V_1 + V_2)$가 되므로 입력 V_1과 V_2를 합한 의미가 되고 부호는 반대가 된다.

2 미분기 (Differentiator)

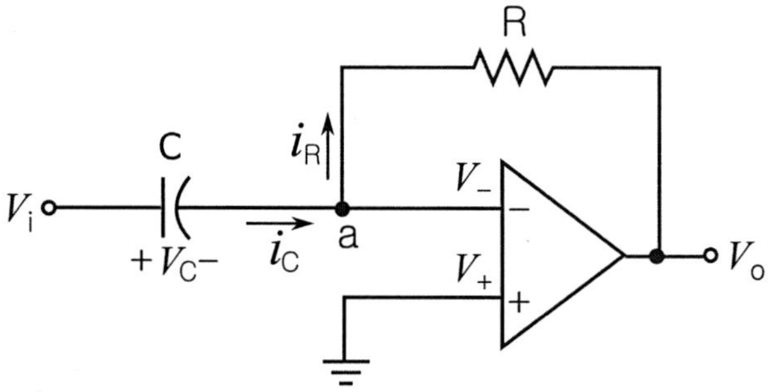

그림 8.2 OP 앰프 미분기

그림 8.2에 OP 앰프 미분기 회로를 나타냈다. 이 회로의 특성을 분석하기 위해 커패시터 C와 저항 R에 흐르는 전류를 각각 i_C와 i_R이라 하자.

이상적인 OP 앰프 특성을 갖는다고 가정하면, 입력 임피던스가 무한대이므로 OP 앰프의 반전 입력 단자로 흘러 들어가는 전류는 0이다. 따라서 노드 a에서 키르히호프의 전류 법칙을 적용하면 식 (8.7)이 성립한다.

$$i_C = i_R \tag{8.7}$$

커패시터 용량이 C인 커패시터에서 커패시터 전압 V_C와 거패시터 전류 i_C의 관계는 $i_C = C\frac{dV_C}{dt}$ 이고, 귀환되는 저항 R에서 전류 $i_R = \frac{V_- - V_o}{R}$ 이므로 식 (8.7)은 식 (8.8)과 같이 표현된다.

$$C\frac{d(V_i - V_-)}{dt} = \frac{V_- - V_o}{R} \tag{8.8}$$

그림 8.2에 주어진 회로는 저항 R을 통해서 출력 V_o에서 OP 앰프의 입력으로 귀환되고 비반전 입력이 접지와 연결되어 있으므로 $V_- = V_+ = 0$이다. 따라서 식 (8.8)은 식 (8.9)와 같이 정리된다.

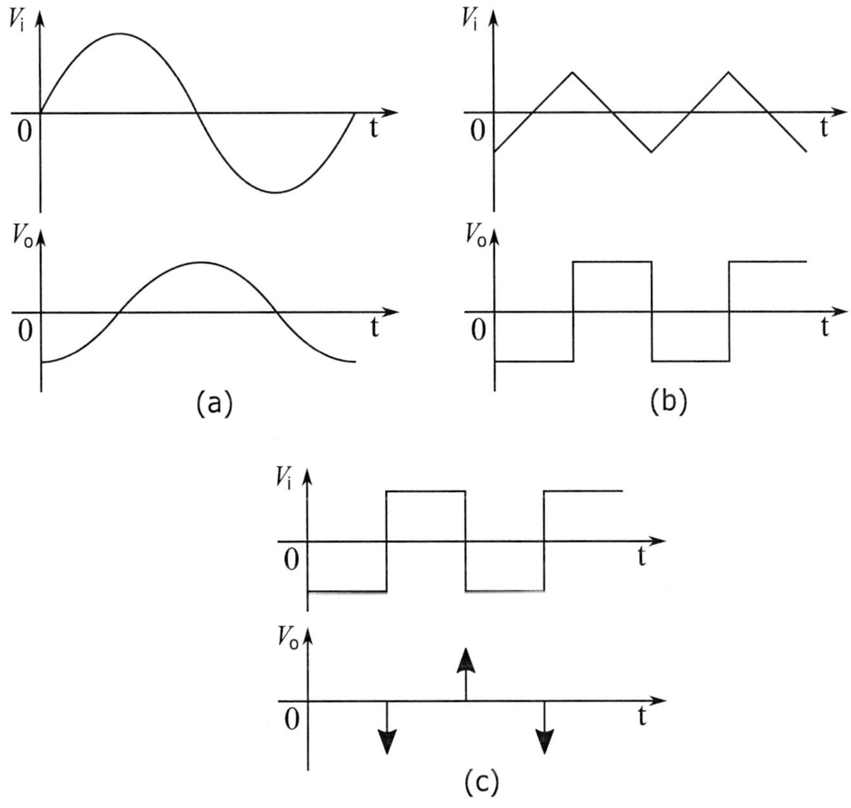

그림 8.3 이상적인 미분기 입·출력 파형

$$V_o = -RC\frac{dV_i}{dt} \tag{8.9}$$

식 (8.9)의 의미는 출력 신호 V_o는 입력 신호 V_i가 미분된 후 위상이 반전된 신호가 된다는 것을 의미한다.

그림 8.3의 (a), (b), (c)에 사인파, 톱니파, 계단파 입력 파형에 대한 이상적인 미분기의 출력 파형을 나타냈다. 앞으로 실험에서 대표적인 파형에 대한 실험 결과를 관찰하게 될 때, 이상적인 결과와 실험에서 관찰되는 결과와 비슷한 점과 차이점들을 발견하게 될 것이다.

3 적분기 (Integrator)

그림 8.4에 OP 앰프 적분기 회로를 나타냈다. OP 앰프 적분기는 그림 8.2의 미분기에서 커패시터 C와 저항 R의 위치가 서로 바뀐 모양이다.

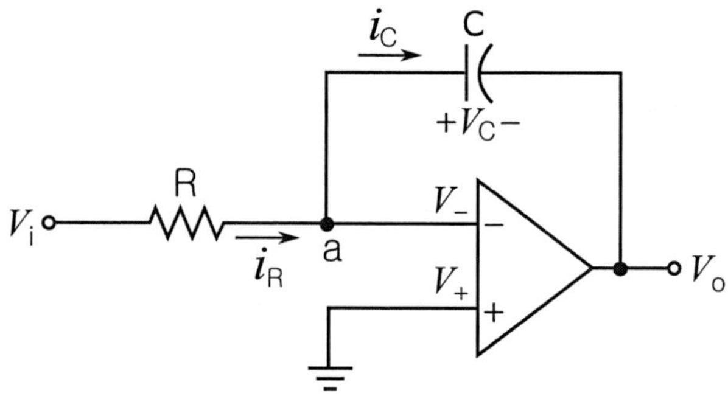

그림 8.4 OP 앰프 적분기

회로의 특성을 분석하기 위해 저항 R과 커패시터 C에 흐르는 전류를 각각 i_R와 i_C라 하자.

이상적인 OP 앰프 특성을 갖는다고 가정하면, 입력 임피던스가 무한대이므로 OP 앰프의 반전 입력 단자로 흘러 들어가는 전류는 0이다. 따라서 노드 a에서 키르히호프의 전류 법칙을 적용하면 식 (8.10)이 성립한다.

$$i_R = i_C \tag{8.10}$$

커패시터 용량이 C인 커패시터에서 커패시터 전압 V_C와 거패시터 전류 i_C의 관계는 $i_C = C\frac{dV_C}{dt}$이고, R에서 전류 $i_R = \frac{V_i - V_-}{R}$이므로 식 (8.10)은 식 (8.11)과 같이 표현된다.

$$\frac{V_i - V_-}{R} = C\frac{d(V_- - V_o)}{dt} \tag{8.11}$$

그림 8.4에 주어진 회로는 커패시터 C를 통해서 출력 V_o에서 OP 앰프의 입력으로 귀환되고 비반전 입력이 접지와 연결되어 있으므로 $V_- = V_+ = 0$이다. 따라서 식 (8.11)은 식 (8.12)와 같이 정리된다.

$$V_o = -\frac{1}{RC}\int V_i dt \tag{8.12}$$

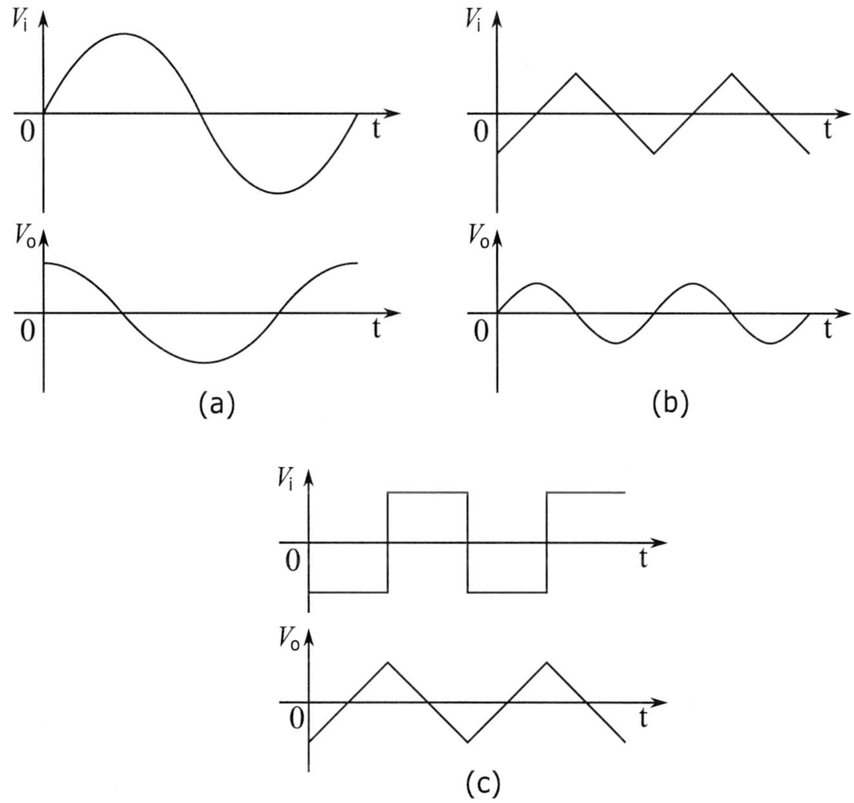

그림 8.5 이상적인 적분기 입 · 출력 파형

식 (8.12)의 의미는 출력 신호 V_o는 입력 신호 V_i가 적분된 후 위상이 반전된 신호가 된다는 것을 의미한다.

그림 8.5의 (a), (b), (c)에 사인파, 톱니파, 계단파 입력 파형에 대한 이상적인 적분기의 출력 파형을 나타냈다.

❑ OP 앰프 전원 잡음 또는 발진 현상 완화 방안

OP 앰프의 출력에서 발진 (oscillation)이나 높은 주파수의 잡음이 나타날 때, 이를 완화하기 위해 다양한 방법이 있을 수 있는데, 그중 일반적으로 적용되는 방법은 그림 8.6과 같이 OP 앰프 IC의 전원 핀 (+전원과 -전원)에 바이패스 (bypass) 커패시터 C_b를 추가로 연결한다.

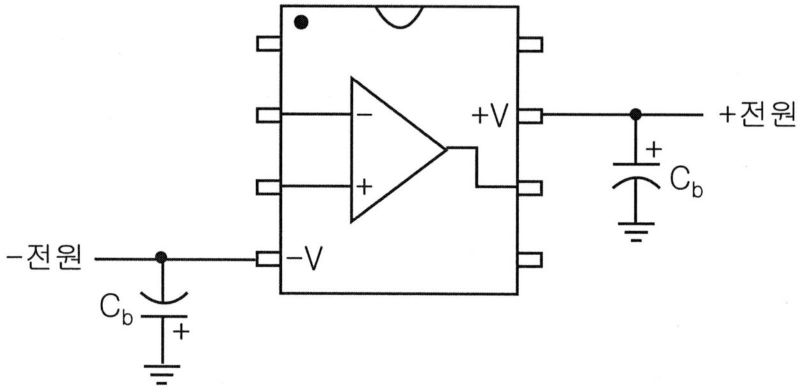

그림 8.6 전원 핀에 'bypass capacitor'를 적용한 잡음 감소

주파수가 높을수록 임피던스가 작아지는 커패시터 특성때문에 OP 앰프 내부에서 동작에 영향을 미칠 수 있는 잡음이나 높은 주파수 성분을 바이패스 커패시터 쪽으로 우회시켜서 접지로 빠져나가게 할 수 있다.

바이패스 커패시터 C_b는 가급적 OP 앰프 IC의 전원 핀 가까운 곳에 배치한다. C_b의 값은 사용하는 주파수 대역과 데이터시트를 참조하여 결정하지만, 이 책의 실험에서는 1 μF/50V 커패시터를 사용한다.

실험 1 합 증폭기 : 직류 신호

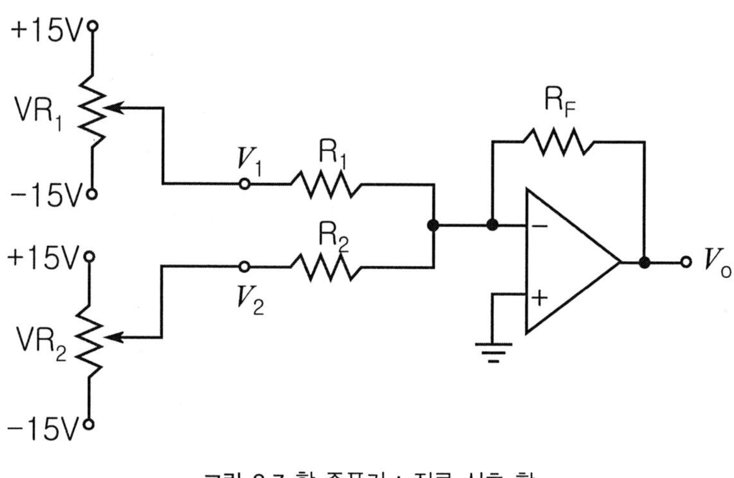

그림 8.7 합 증폭기 : 직류 신호 합

1. 그림 8.7의 회로에서 VR_1, VR_2는 10 kΩ, R_1, R_2, R_F는 각각 2 kΩ, 1 kΩ, 2 kΩ이다. 출력 V_o를 변수 V_1과 V_2의 식으로 표현하시오.

2. VR_1과 VR_2를 조절하여 V_1은 -1 V에서 +1 V까지, V_2는 -4 V에서 +4 V 까지 1 V 단위로 변화시키면서 모든 (V_1, V_2)의 조합에 대해 출력 V_o를 계산하여 표 8.1에 기록하시오.

단위 [V]

V_1 \ V_2	−4.0	−3.0	−2.0	−1.0	0.0	1.0	2.0	3.0	4.0
−1.0									
0.0									
+1.0									

표 8.1 합 증폭기 출력 계산

3. 브레드보드에 그림 8.7의 회로를 꾸미고, 2에서 V_o를 계산할 때 변수로 사용했던 (V_1, V_2)의 조합에 대해 출력 V_o를 측정하고 표 8.2에 기록하시오.

단위 [V]

V_1 \ V_2	−4.0	−3.0	−2.0	−1.0	0.0	1.0	2.0	3.0	4.0
−1.0									
0.0									
+1.0									

표 8.2 합 증폭기 출력 측정

4. 3에서 구한 측정 결과를 V_1 각 전압에 대해 (V_2, V_o) 그래프로 표현하고 점들을 선으로 연결하여 표현하시오. 여기서, 하나의 좌표 평면 위에 $V_1 = -1.0$인 경우, $V_1 = 0.0$, $V_1 = 1.0$에 대한 그래프를 그림 8.8에 그려서 세 경우가 동시에 비교될 수 있는 형태로 표현하시오.

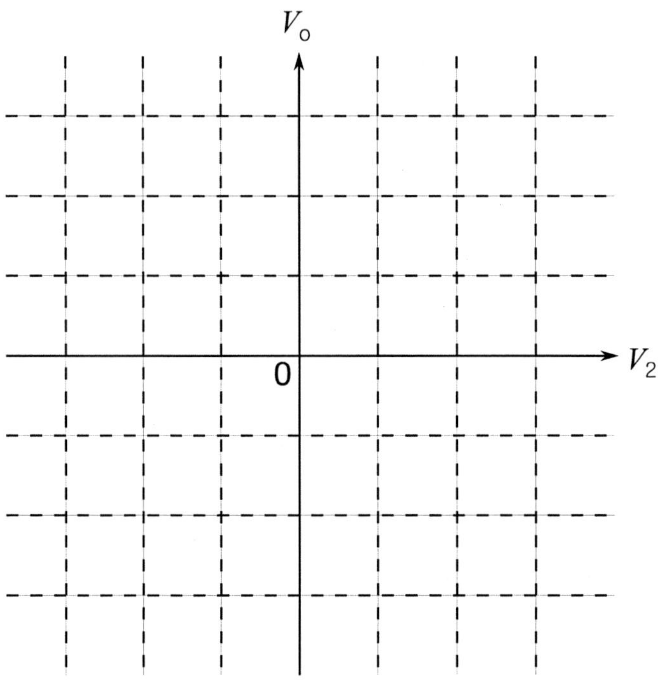

그림 8.8 각 V_1 전압에 대한 (V_2, V_o) 그래프

실험 2 합 증폭기 : 직류+교류신호

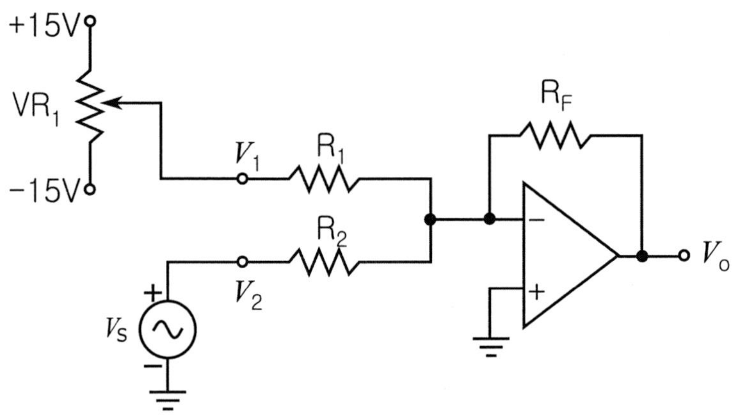

그림 8.9 합 증폭기 : 직류 신호 + 교류 신호

그림 8.9의 회로에서 VR_1는 10 kΩ, R_1, R_2, R_F는 각각 5 kΩ, 1 kΩ, 5 kΩ이다. 전압 V_1은 가변 저항 VR_1을 조정하여 설정하고, V_2는 교류 전압 신호 V_s를 사용한다.

1. 'OrCAD Capture'로 회로를 입력할 때, 15 V 직류 전압원 두 개를 이용하여 그림 7.7의 '양전원 공급하는 법'에 보인 것과 같이 양전원을 만든 후 OP 앰프의 전원 핀들과 회로의 접지에 연결한다. PSPICE에서 'transient analysis'를 이용하여 V_1, V_2, V_o의 파형을 관찰한다.

V_s는 진폭이 0.5 V이고 주파수가 1 kHz인 사인파라고 가정한다. 출력 V_o에 나타나는 파형이 V_2에 입력되는 사인파와 모양이 같아서 왜곡이 발생하지 않는 전압 V_1의 범위를 PSPICE를 이용하여 구하시오. PSPICE에서, 전압 V_1을 설정하기 위해, 회로에서 가변 저항 VR_1 대신 직류 전압원을 연결하여 그 전압값을 변경하는 방식을 활용한다. 출력 V_o에서 왜곡이 없는 전압 V_1의 범위를 반복적으로 모의실험을 수행하면서 찾고 그 결과를 표 8.3에 기록하시오.

OP 앰프의 전원에 인가된 전압	VCC+	[V]
	VCC−	[V]
출력 전압의 범위(1)		[V]
V_2의 진폭		[V]
출력 전압 V_o에 왜곡이 없는 입력 전압 V_1의 범위	최대	[V]
	최소	[V]

(1) 출력 전압의 범위는 사용하는 OP 앰프의 데이터시트에서 검색하여 기록한다.

표 8.3 PSPICE 모의실험 결과

2. 브레드보드에 그림 8.9의 회로를 구성한다. 또한 그림 8.6과 같이 OP 앰프의 전원 핀에 바이패스 커패시터를 연결한다. 오실로스코프로 파형을 관찰할 때 각 채널의 커플링 (coupling) 속성을 'DC'로 설정한다. V_s는 진폭이 0.5 V, 주파수 1 kHz인 사인파가 발생되도록 함수발생기를 조정한다. V_1의 값을 −5 V에서 +5 V까지 1 V 단계로 변화시키면서 V_o의 파형을 관찰하고 그중에서 $V_1 = -5, -2, 0, 2, 5$ V인 경우에 대해 그림 8.10에 그리시오.

3. 1에서 PSPICE로 모의실험을 하면서 출력 V_o에서 왜곡이 발생되지 않는 입력 V_1의 범위를 찾을 때 했던 것과 동일한 방법으로, V_1의 전압을 왜곡이 발생되는 부근에서 미세 조정하면서 오실로스코프를 관찰하는 방법으로 출력 V_o에서 왜곡이 없는 V_1의 범위를 찾으시오.

출력 전압 V_o에 왜곡이 없는 입력 전압 V_1의 범위	최대	[V]
	최소	[V]

표 8.4 입력 전압 V_1의 범위

4. 1에서 PSPICE로 모의실험을 통해서 얻은 결과와 2, 3의 실제 회로에서 실험 과정에서 얻은 결과를 비교하고 분석하시오.

5. 이 실험을 통해서 얻은 결과를 토대로, $V_1 = 3$ V로 설정되어 있을 때, 출력 V_o에서 왜곡이 발생되지 않는 입력 신호 V_2는 얼마나 진폭이 큰 신호까지 사용할 수 있을지 추정하시오.

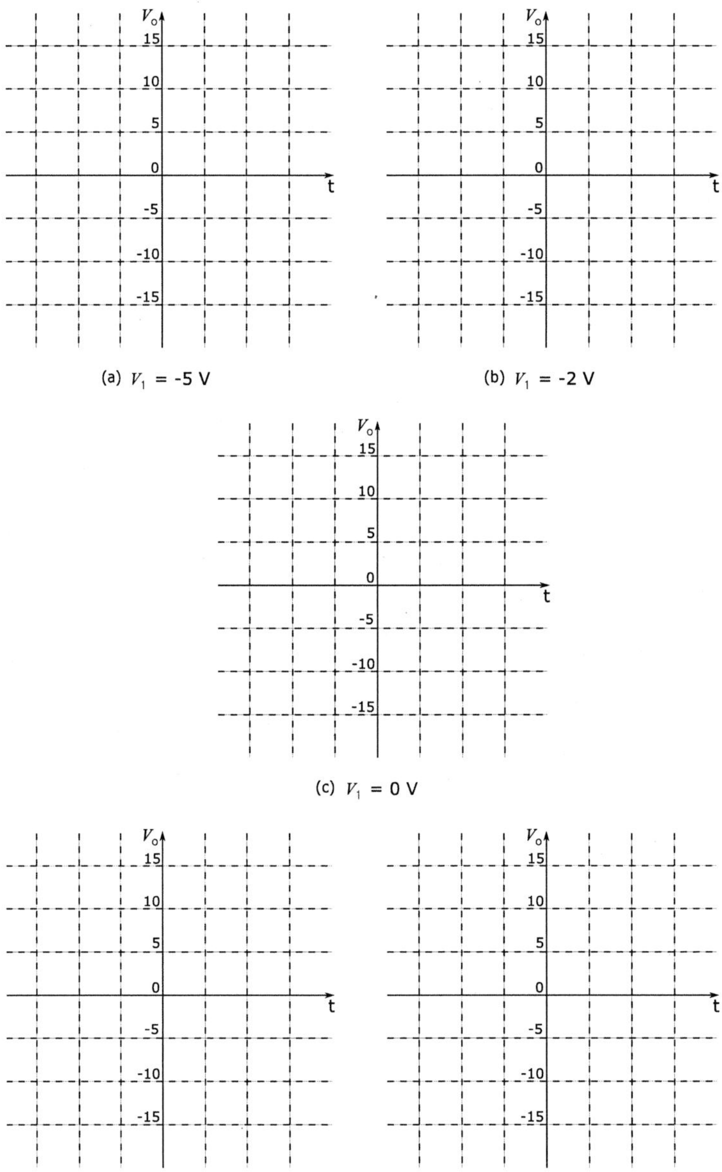

(a) V_1 = -5 V

(b) V_1 = -2 V

(c) V_1 = 0 V

(d) V_1 = 2 V

(e) V_1 = 5 V

그림 8.10 합 증폭기 출력 파형 : 직류 + 교류 입력

실험 3 미분기

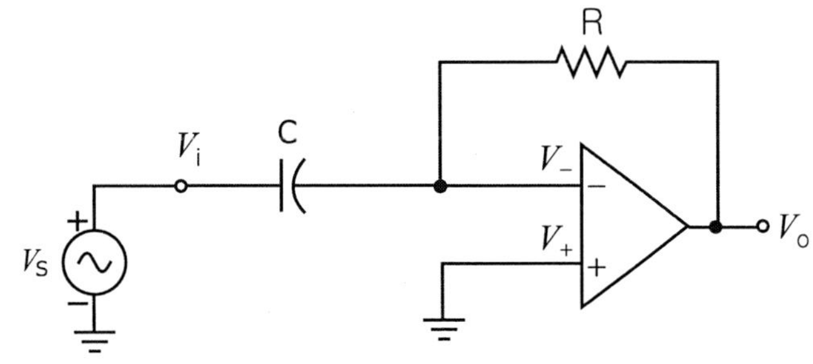

그림 8.11 미분기

1. 그림 8.11 회로에서 C = 0.001 μF, R = 10 kΩ 이고, 신호 V_i는 펄스폭 0.5 ms, 주기 1 ms, 최대 전압 +5 V, 최소 전압 -5 V인 주기적인 펄스 파형이다.

'OrCAD Capture'로 회로를 입력할 때, 앞의 실험에서 설명한 방식으로 양전원을 만든 후 OP 앰프의 전원 핀들과 회로의 접지에 연결한다. PSPICE에서 모의실험할 때 사용하기 위해, 신호 V_i는 'VPULSE' 모델을 선택하고 위에서 설명된 내용과 같이 속성 파라미터들을 설정한다.

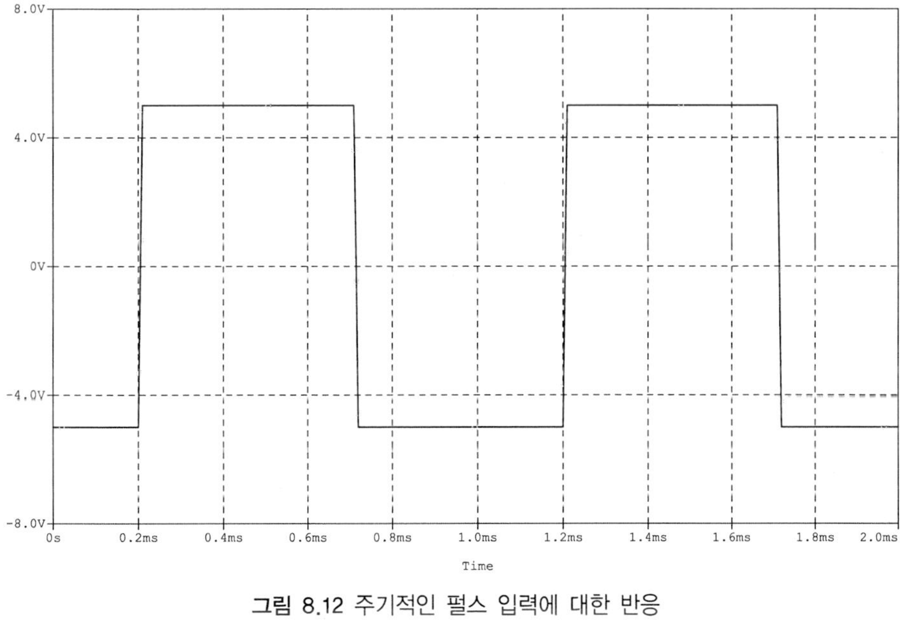

그림 8.12 주기적인 펄스 입력에 대한 반응

PSPICE에서 'transient analysis'를 수행하여 V_i와 V_o의 파형을 관찰하고 그림 8.12에 V_i의 파형이 표시된 그래프 위에 V_o의 파형을 그리시오.

2. 1에서 주기적인 펄스 입력 V_i에 대해 구한 출력 V_o의 파형을 이상적인 OP 앰프 미분기의 출력 파형 (그림 8.3)과 비교할 때 유사한 점과 차이점을 설명하시오.

3. 입력 V_i에서 신호의 최대 전압, 최소 전압은 각각 +5 V와 −5 V로 유지한다. 주기가 1 kHz인 사인파에 대해 PSPICE 'transient analysis'를 수행하여 V_i와 V_o의 파형을 관찰하고 그 결과를 그림 8.13에 V_i의 파형이 표시된 그래프 위에 V_o의 파형을 그리시오.

이번 모의실험에서는 사인파를 사용할 때, 이전에 사용했던 'SOURCE' 라이브러리에 있는 'VSTIM' 모델을 사용하지 말고, 'SOURCE' 라이브러리의 'VSIN' 모델을 사용한다. 'VSIN' 모델을 'OrCAD Capture'로 회로도 상에 배치하면, 다음과 같은 사인파의 속성을 지정할 수 있게 된다.

- VOFF : 사인파의 옵셋 (offset)의 위치를 말하는데, 사인파에 포함된 직류 성분의 크기를 의미한다.
- VAMPL : 사인파의 진폭 (amplitude).
- FREQ : 사인파의 주파수 (frequency).
- AC : AC 크기, 기본값은 1로 설정되어 있음.

'VSIN' 모델은 PSPICE에서 모의실험을 할 때, 'transient analysis'만 아니라 'AC sweep analysis'에서도 사용할 수 있는 사인파 발생 모델이다. 파형을 직접 관찰하는 'transient analysis'에서는 파형에 대해 속성 파라미터 'VOFF', 'VAMPL', 'FREQ'를 지정해주고, 주파수 특성을 관찰하는 'AC sweep analysis'에서는 속성 파라미터 'AC'를 지정하여 사용한다.

4. 3에서 사인파 입력 V_i에 대해 구한 출력 V_o의 파형을 이상적인 OP 앰프 미분기의 출력 파형 (그림 8.3)과 비교하여 설명하시오.

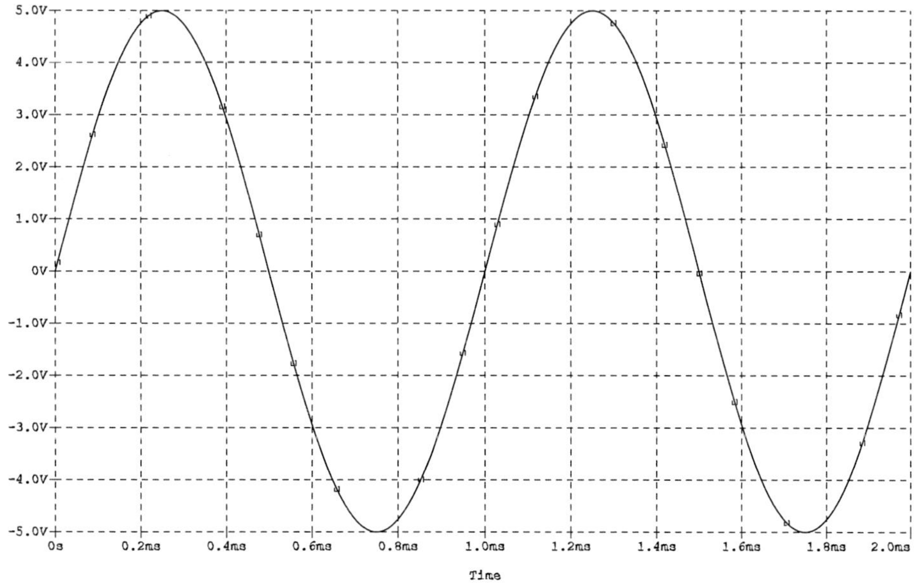

그림 8.13 사인파에 대한 반응

5. 입력 V_i의 신호의 최대 전압, 최소 전압은 각각 +5 V와 −5 V로 유지한다. 주기가 1 kHz인 톱니파에 대해 PSPICE 'transient analysis'를 수행하여 V_i와 V_o의 파형을 관찰하고 그 결과를 그림 8.14에 V_i의 파형이 표시된 그래프 위에 V_o의 파형을 그리시오.

PSPICE를 이용한 모의실험에서 주기적인 톱니파 (sawtooth)를 사용하기 위해서는 'OrCAD Capture'에서 'VPULSE' 모델을 사용한다. 'VPULSE' 모델은 그림 3.11에 나타낸 것과 같은 속성 파라미터를 지정할 수 있는데, 이 중에서 TD = 0, PW = 0으로 지정하고 TR + TF = PER의 관계가 되도록 TR과 TF를 지정해주면 주기적인 톱니파가 된다.

6. 5에서 주기적인 톱니파 V_i에 대해 구한 출력 V_o의 파형을 이상적인 OP 앰프 미분기의 출력 파형 (그림 8.3)과 비교할 때 유사한 점과 차이점을 설명하시오.

7. 1에서 6까지의 PSPICE를 이용한 OP 앰프 미분기 회로에 대한 모의실험을 수행하고 입력 파형의 모양에 따른 출력의 특징들을 설명하시오.

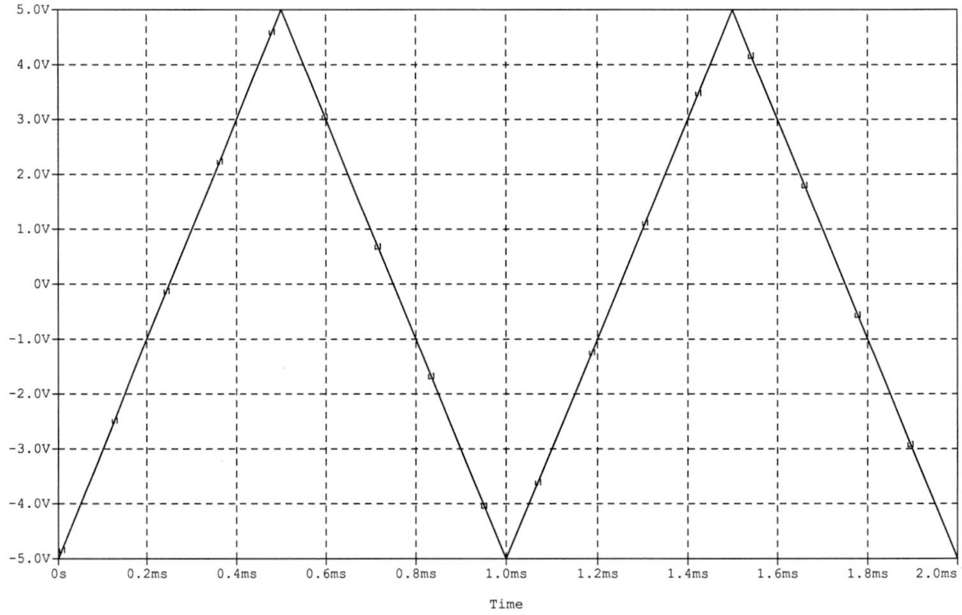

그림 8.14 톱니파에 대한 반응

8. 그림 8.11의 회로를 브레드보드에 구현한다. 회로에서 C = 0.001 μF, R = 10 kΩ 이다. V_i에 함수발생기의 출력을 연결하여 신호를 인가한다. 함수발생기에서 다양한 모양의 신호를 발생시키면서 실험을 수행할 예정인데, 신호의 최대 전압 +5 V, 최소 전압 -5 V, 주기 1 ms (주파수 1 kHz)인 신호를 발생시킨다.

이 회로에 대해 함수발생기에서 사인파, 펄스파, 톱니파를 발생시키고 각각의 파형에 대해 입력 V_i, 출력 V_o의 파형 동시에 측정하여 그림 8.15에 그리시오.

9. 8에서 실험에 의해 구한 결과를 관찰하고 앞에서 수행했던 PSPICE 모의실험 결과와 비교하면서 OP 앰프 미분기의 특성을 설명하시오.

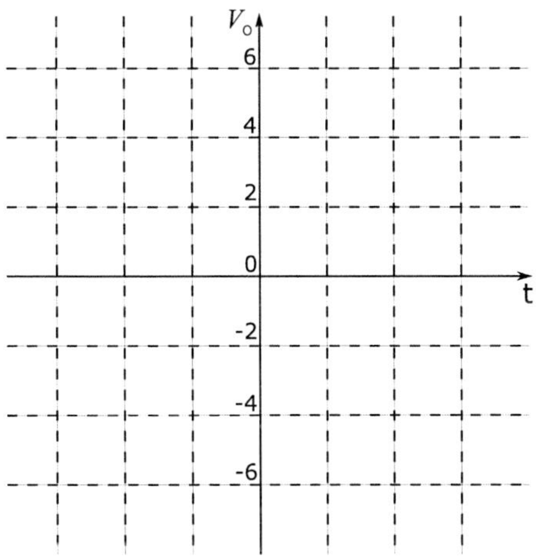

(a) V_1 : 사인

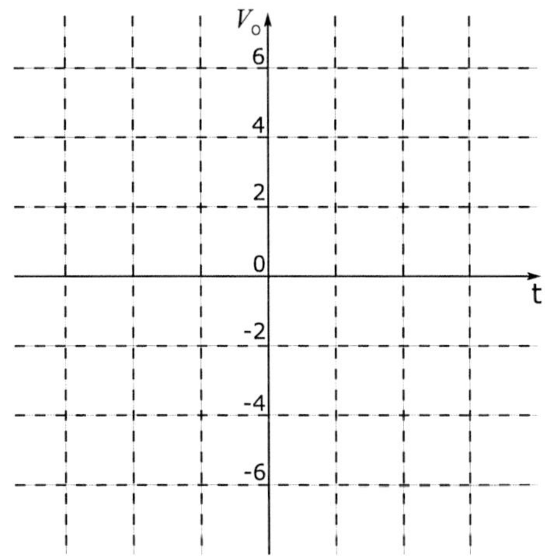

(b) V_1 :펄스

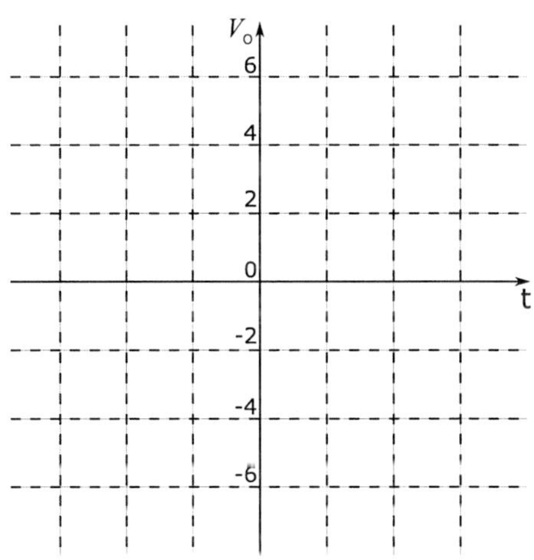

(c) V_1 :톱니

그림 8.15 OP 앰프 미분기 실험 결과 파형

실험 4 적분기

1. 그림 8.16 회로에서 C = 0.001 μF이고, 신호 V_i는 펄스폭 0.5 ms, 주기 1 ms, 최대 전압 +0.5 V, 최소 전압 -0.5 V인 주기적인 펄스 파형이다.

'OrCAD Capture'로 회로를 입력할 때, PSPICE에서 모의실험할 때 사용하기 위해, 신호 V_i는 'VPULSE' 모델을 선택하여 위에서 설명한 내용과 같이 속성 파라미터를 설정한다.

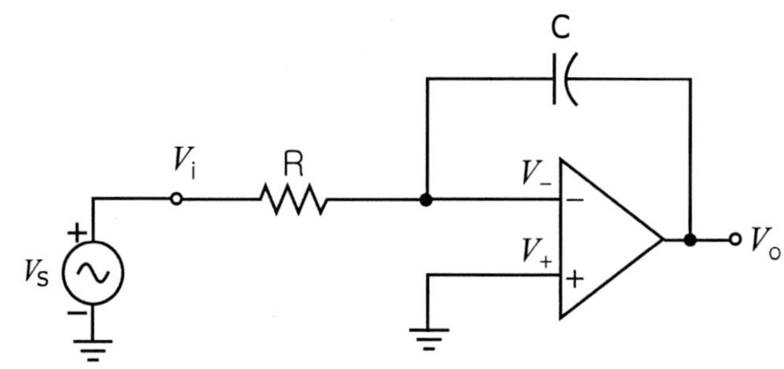

그림 8.16 적분기

저항 R의 값 100 kΩ, 50 kΩ, 10 kΩ의 각 경우에 대해, 저항값을 설정하고 PSPICE로 모의실험을 수행한 결과를 관찰한다. 입력 V_i와 출력 V_o의 파형을 그림 8.17에 그릴 때, 저항 R의 세 가지 경우에 대해 모의실험으로 얻은 결과를 하나의 좌표 평면 위에 겹쳐서 그리고 결과 파형 옆에 실험한 저항값을 기록하시오. 모의실험 시작 시간과 종료 시간을 다양하게 조작하면서 과도 과정이 사라진 후 정상 상태의 파형을 관찰한다.

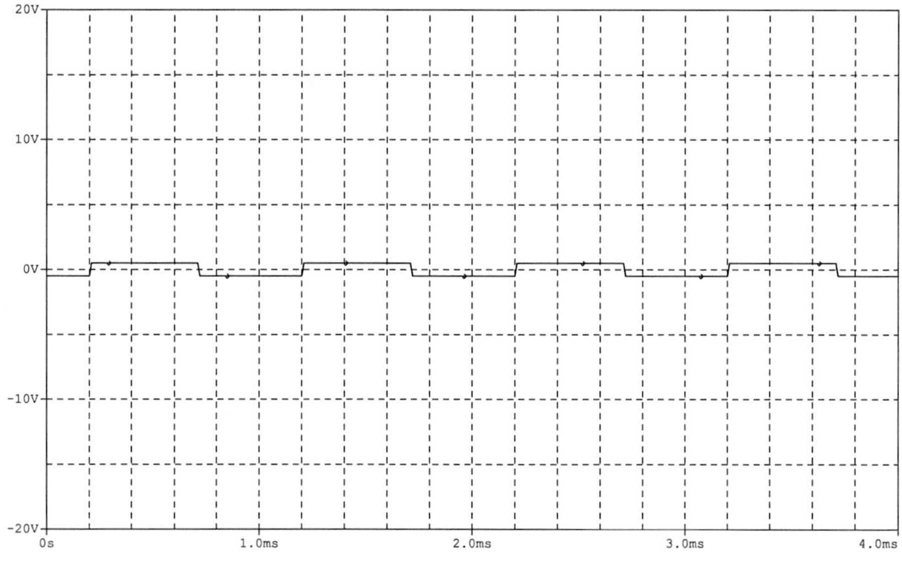

그림 8.17 주기적인 펄스파에 대한 적분기의 반응

2. 1에서 수행한 모의실험 결과를 볼 때, 저항 R의 변화에 따라 출력의 변화에 나타나는 변화를 설명하시오.

3. 1에서 수행한 모의실험 결과를 이상적인 OP 앰프 적분기의 결과 (그림 8.5)와 비교해서 유사점과 차이점을 설명하시오.

4. 저항 R을 100 kΩ, 50 kΩ, 10 kΩ 중 하나로 선정한 후, 입력 신호 V_i의 최대 전압과 최소 전압 (최대 전압과 최소 전압은 서로 극성이 반대이고 크기는 같게 설정)의 크기를 변화시키면서 선택된 저항값에 대해 OP 앰프 적분기의 출력 V_o에서 왜곡이 발생하지 않는 입력 신호 V_i의 범위에 대해서 관찰하고 설명하시오.

5. R = 10 kΩ일 때, 입력 V_i의 신호의 최대 전압, 최소 전압은 각각 +0.5 V와 -0.5 V로 유지한다. 주기가 1 kHz인 사인파와 톱니파에 대해 PSPICE 'transient analysis'를 수행하여 V_i와 V_o의 정상 상태 응답 파형을 관찰하고 그 결과를 그림 8.18과 그림 8.19에 V_i의 파형이 표시된 그래프 위에 V_o의 파형을 그리시오.

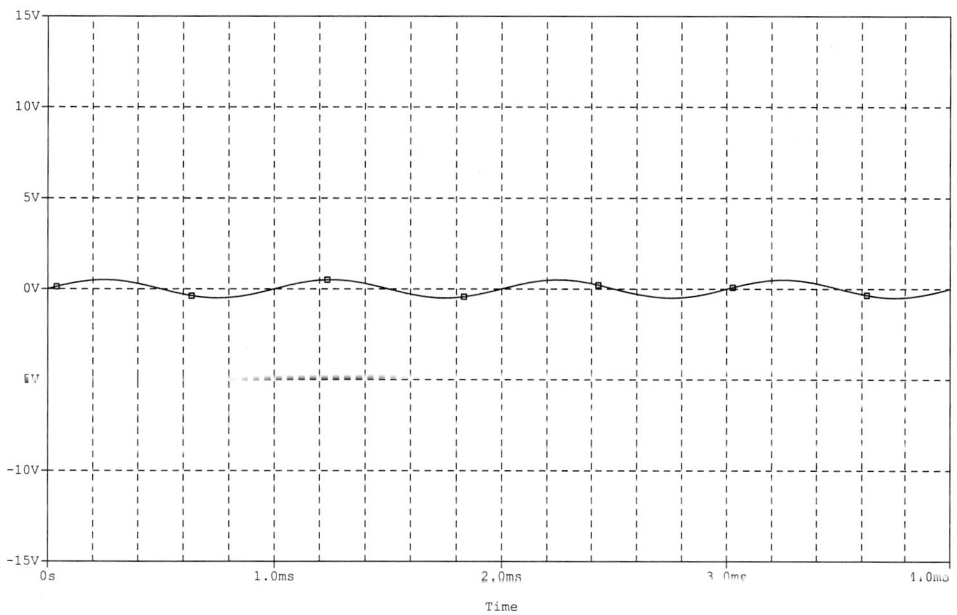

그림 8.18 주기적인 사인파에 대한 적분기의 반응

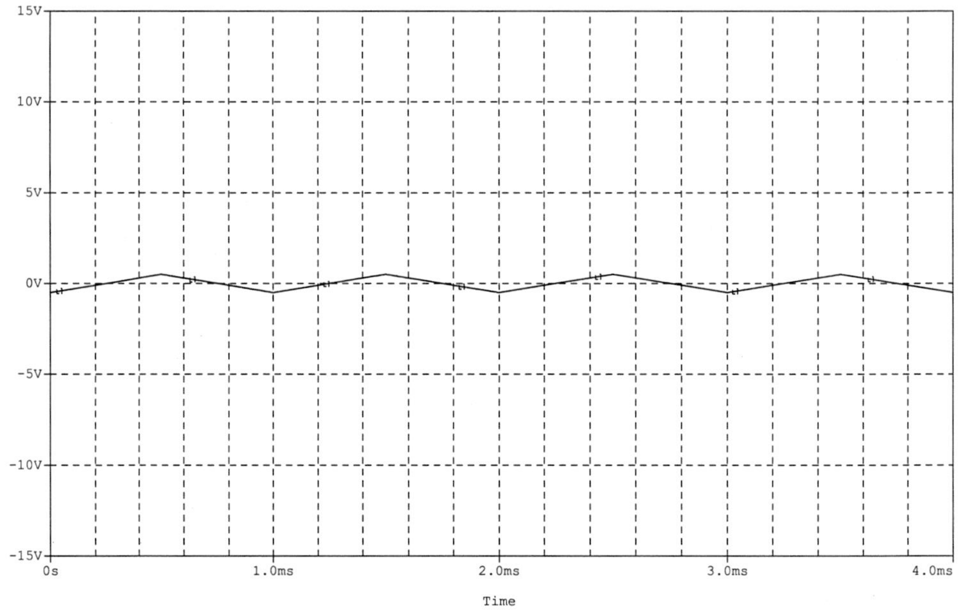

그림 8.19 주기적인 톱니파에 대한 적분기의 반응

6. R의 값을 다양하게 바꾸고 모의실험을 수행한 결과 파형을 관찰하고, 저항 R의 변화에 따라 출력의 변화에 나타나는 변화를 설명하시오.

7. 5와 6에서 수행한 모의실험 결과를 이상적인 OP 앰프 적분기의 결과 (그림 8.5)와 비교해서 유사점과 차이점을 설명하시오.

8. 저항 R을 100 kΩ, 50 kΩ, 10 kΩ 중 하나로 선정한 후, 입력 신호 V_i의 최대 전압과 최소 전압 (최대 전압과 최소 전압은 서로 극성이 반대이고 크기는 같도로 설정)의 크기를 변화시키면서 선택된 저항값에 대해 OP 앰프 적분기의 출력 V_o에서 왜곡이 발생하지 않은 입력 신호 V_i의 범위에 대해서 관찰하고 설명하시오.

9. 1에서 8까지의 PSPICE를 이용한 OP 앰프 적분기 회로에 대한 모의실험을 수행하고 입력 파형의 모양에 따른 출력의 특징들을 설명하시오.

10. 그림 8.16의 회로를 브레드보드에 구현한다. 회로에서 C = 0.001 μF, R = 10 kΩ이다. V_i에 함수발생기의 출력을 연결하여 신호를 인가한다. 함수발생기에서 신호는 최대 전압 +0.5 V, 최소 전압 -0.5 V, 주기 1 ms (주파수 1 kHz)를 유지하면서 사인파, 펄스파, 톱니파를 발생시키고 각각의 파형에 대해 입력 V_i, 출력 V_o의 파형을 동시에 측정하여 그림 8.20에 그리시오.

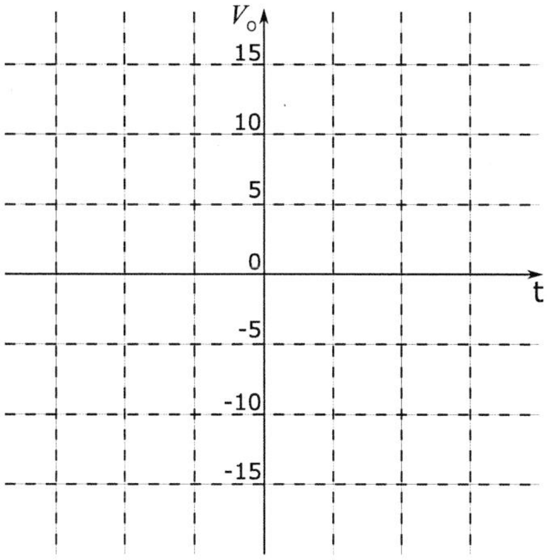

(a) V_1 : 사인

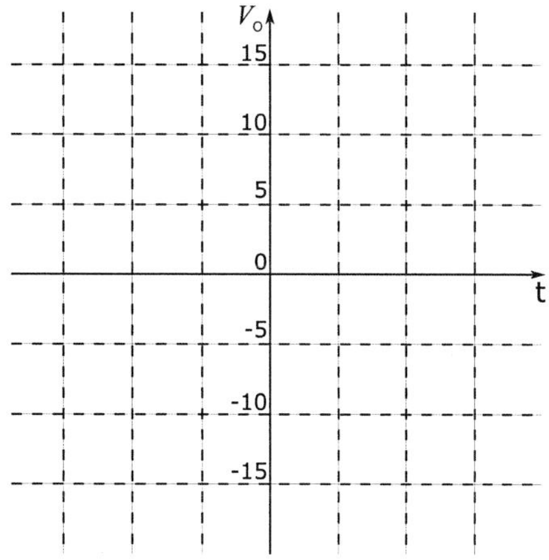

(b) V_1 :펄스

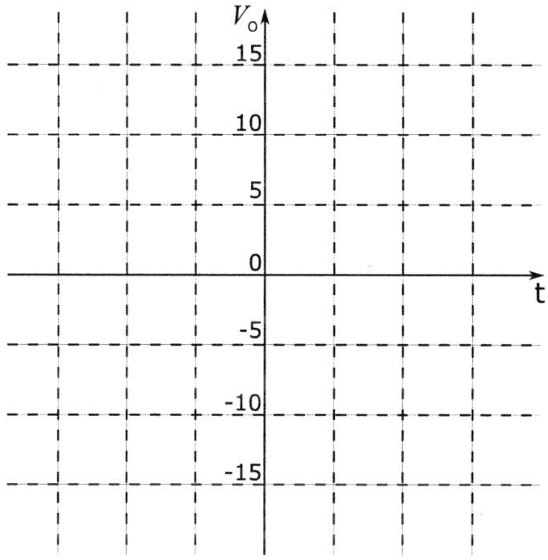

(c) V_1 :톱니

그림 8.20 OP 앰프 적분기 실험 결과 파형

11. 10에서 실험에 의해 구한 결과를 관찰하고 앞에서 수행했던 PSPICE 모의실험 결과와 비교하면서 OP 앰프 적분기의 특성을 설명하시오.

❖ 과제

1. 'common-mode' 신호와 'differential-mode' 신호에 대해 설명하시오.
2. OP 앰프 차동 (differential) 증폭기에 대해서 조사하고 입 · 출력 관계식을 구하시오.

제9장 | OP 앰프 : 차동 증폭기

I 실험 목표

- 평형 전송과 불평형 전송의 개념을 사례를 통해서 이해한다.
- 공통 모드 신호와 차동 모드 신호의 개념을 이해하고, 이들 신호 방식이 사용되는 분야에 대해서 배운다.
- OP 앰프 차동 증폭기 구조에 대해서 배우고 회로를 분석하여 입 · 출력 관계식을 유도한다.
- 차동 증폭기로 동작하기 위한 OP 앰프 주변 저항들의 조건에 대해서 이해한다.
- 간단한 저항값과 신호들을 이용하여 차동 증폭기의 각 위치에서 나타나는 신호의 파형을 그려보고 파형에 나타나는 특징들을 이해한다.
- PSPICE 모의실험을 통해서 저항값들을 다양하게 변화시키고, 차동 증폭기 회로의 각 지점에 나타나는 파형을 관찰하면서 차동 증폭기의 기능을 확인하다.
- 브리지 구조의 저항들로 표현되는 센서 등가 모델을 차동 증폭기의 입력으로 선정하고, 브리지 저항 회로에서 발생되는 작은 전압 신호를 크기가 큰 신호로 증폭하는 응용 분야에 차동 증폭기가 활용되는 것을 경험한다.

II 실험 부품 및 준비 사항

1 실험 부품

부품명	규격	수량
OP 앰프	UA741CP (대치품으로 LF356N 사용 가능)	1개
저항	500 Ω, 1/4 watt, 1% 오차	1개
저항	1 kΩ, 1/4 watt, 1% 오차	2개
저항	10 kΩ, 1/4 watt, 1% 오차	6개
저항	100 kΩ, 1/4 watt, 1% 오차	1개
가변 저항	1 kΩ, 1/4 watt	2개
커패시터	1uF/50V	2개

2 실험 준비 사항

- 오실로스코프, 함수발생기, 직류 전압원 공급장치, 멀티미터
- 브레드보드, 점퍼선
- PSPICE 소프트웨어가 설치된 컴퓨터

III 실험 내용

전자 저울에서 무게를 전기적인 신호로 변환하는 기능을 위해 스트레인 게이지 (strain gauge) 센서가 사용된다. 스트레인 게이지에서 발생되는 신호는 크기가 수 mV 정도로 아주 작기 때문에, 마이크로컨트롤러 (microcontroller)에서 AD (analog-to-digital) 변환을 하여 디지털 방식으로 처리하기 위해서는 스트레인 게이지 센서 신호를 직접 사용할 수 없고, 마이크로컨트롤러가 동작하는 전원 전압 범위 (2.7, 3.0, 3.3, 5.0 V 등)와 비슷한 전압 신호로 크게 만들어야 하기 때문에, 증폭기의 이득을 아주 높아야 한다. 그런데 증폭기의 이득이 높으면 신호를 증폭할 때 잡음도 함께 증폭되므로, 앞에서 배운 일반적인 구조의 증폭기를 사용하면 잡음이 문제가 된다.

한편, 신호를 한 지점에서 다른 지점으로 전송 (또는 전달)해야 하는 경우, 평형 (balanced) 전송 방식과 불평형 (unbalanced) 전송 방식 중 적절한 방식을 선택하여 적용한다. 불평형 방식은 두 시스템의 접지를 서로 연결하여 기준 전압을 일치시킨 상태에서 신호를 하나의 선을 통해서 전송하는 방식이고, 평형 방식은 하나의 신호를 전송하는데 두 가닥의 선을 통해서 전송하는 방식이다. 불평형 방식은 잡음에 영향을 많이 받기 때문에 데이터 전송율이 낮고 가까운 거리에 주로 사용되고, 평형 방식은 잡음에 강해서 고속의 데이터 전송이나 불평형 방식에 비해서 거리가 상당히 먼 경우에도 사용된다.

이 장의 실험에서는 그러한 곳에 응용될 수 있는, 입력되는 두 신호의 차이를 증폭하는 기능의 차동 증폭기 (differential amplifier)의 구조를 배우고, 입 · 출력 관계에 대해서 분석하고, PSPICE 모의실험과 실제 회로에서 실험을 통해서 그 특성을 이해하고 확인한다.

1 차동 증폭기 분석

그림 9.1에 OP 앰프 차동 증폭기의 구조를 나타냈다. 결론적으로, 두 개의 신호 V_1과 V_2가 회로에 입력되면 출력 V_o에는 두 신호의 차 $V_1 \sim V_2$ 성분이 증폭되어 나타난다.

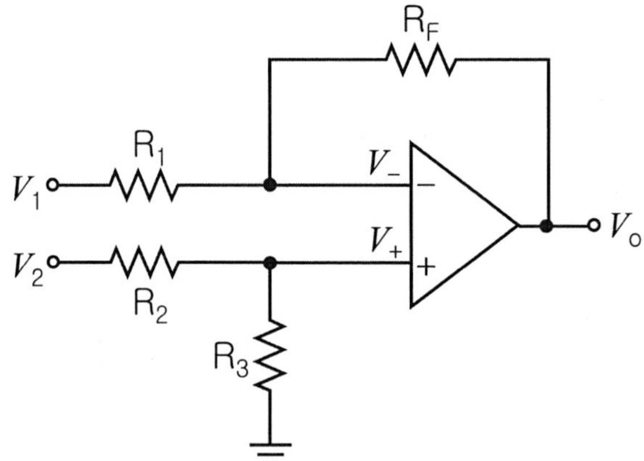

그림 9.1 OP 앰프 차동 증폭기

이제, 차동 증폭기의 동작을 분석하기 위해 그림 9.1의 회로를 중첩의 정리를 이용하여 해석해보자.

i) 입력 전압 V_1 성분 만에 의해 출력 V_o에 나타나는 전압을 $V_{o,1}$이라 하자. 그러면 그림 9.1의 회로는 그림 9.2와 같이 표현될 수 있다.

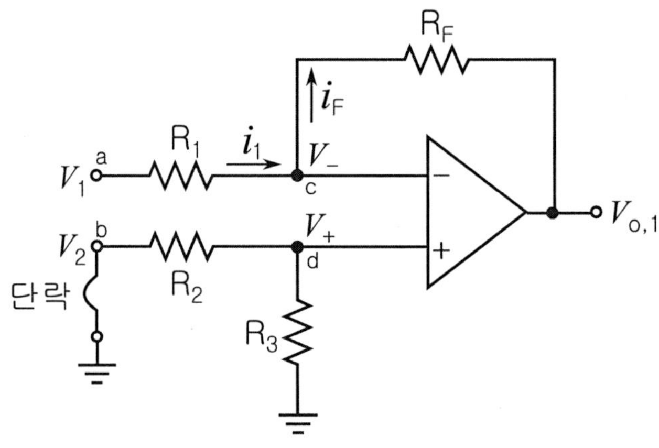

그림 9.2 V_1 입력에 대한 출력 $V_{o,1}$을 구하기 위한 회로

입력 전압 V_1만에 의해 회로에 미치는 반응을 구하기 위해, V_2 성분을 영으로 만드는 방법으로 그림 9.2에서 노드 b를 접지와 단락시키면 $V_2=0$이 된다.

$V_2=0$ 이면, OP 앰프의 입력 임피던스가 무한대라는 가정하에, 노드 b의 전압이 영이 되고 저항 R_3의 아래쪽이 접지에 연결되어 있으므로, 저항 R_2와 R_3가 만나는 노드 d의 전위는 $V_+=0$이 된다. 그리고 출력 전압 $V_{o,1}$이 저항 R_F를 통해서 OP 앰프의 입력으로 귀환되는 구조이므로 노드 c와 노드 d에 사이에는 전위차가 영이 된다. 따라서 식 (9.1)과 같은 관계가 성립한다.

$$V_- = V_+ = 0 \tag{9.1}$$

또한, 노드 c에서 키르히호프의 전류 법칙을 적용하면, 식 (9.2)가 성립한다.

$$i_1 = i_F \tag{9.2}$$

여기서, i_1과 i_F는 각각 식 (9.3)과 (9.4)와 같다.

$$i_i = \frac{V_1 - V_-}{R_1} = \frac{V_1}{R_1} \tag{9.3}$$

$$i_F = \frac{V_- - V_{o,1}}{R_F} = -\frac{V_{o,1}}{R_F} \tag{9.4}$$

그러므로, 키르히호프의 법칙을 적용해 세운 식 (9.2)는 식 (9.5)와 같이 정리된다.

$$V_{o,1} = -\frac{R_F}{R_1} V_1 \tag{9.5}$$

ii) 입력 전압 V_2 성분 만에 의해 출력 V_o에 나타나는 전압을 $V_{o,2}$이라 하자. 그러면 그림 9.1의 회로는 그림 9.3과 같이 표현될 수 있다.

입력 전압 V_2만에 의해 회로에 미치는 반응을 구하기 위해, V_1 성분을 영으로 만드는 방법으로 그림 9.3에서 노드 a를 접지와 단락시키므로 $V_1=0$이 된다.

OP 앰프의 입력 임피던스가 무한대라는 가정하에, 노드 d에서 OP 앰프의 비반전 입력으로 흐르는 전류는 영이고, 입력 전압 V_2가 직렬 연결된 저항 R_2와 R_3에 분배되는 구조이므로, 전압 분배 법칙을 적용하면, V_+는 식 (9.6)과 같이 얻을 수 있다.

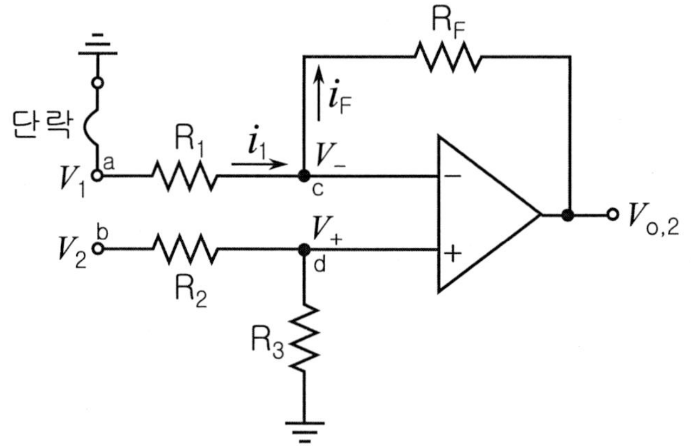

그림 9.3 V_2 입력에 대한 출력 $V_{o,2}$를 구하기 위한 회로

$$V_+ = \frac{R_3}{R_2 + R_3} V_2 \tag{9.6}$$

그리고 출력 전압 $V_{o,2}$가 저항 R_F를 통해서 OP 앰프의 입력으로 귀환되는 구조이므로 노드 c와 노드 d에 사이에는 전위차가 영이 된다. 따라서 식 (9.7)과 같은 관계가 성립한다.

$$V_- = V_+ = \frac{R_3}{R_2 + R_3} V_2 \tag{9.7}$$

한편, 노드 c에서 키르히호프의 전류 법칙을 적용하면, 식 (9.8)이 성립한다.

$$i_1 = i_F \tag{9.8}$$

여기서, i_1과 i_F는 각각 식 (9.9)와 (9.10)과 같다.

$$i_i = \frac{V_1 - V_-}{R_1} = -\frac{V_-}{R_1} \tag{9.9}$$

$$i_F = \frac{V_- - V_{o,2}}{R_F} \tag{9.10}$$

식 (9.8), (9.9), (9.10)을 정리하면,

$$V_{o,2} = (1 + \frac{R_F}{R_1}) V_- \tag{9.11}$$

그런데, V_-가 식 (9.7)과 같이 표현되므로,

$$V_{o,2} = (1+\frac{R_F}{R_1})\frac{R_3}{R_2+R_3}V_2 \tag{9.12}$$

iii) 중첩의 정리에 의하면, 출력 V_o는 신호 V_1, V_2 각각에 의해 출력에 나타나는 반응 $V_{o,1}$, $V_{o,2}$를 합한 것과 같으므로,

$$\begin{aligned} V_o &= V_{o,1} + V_{o,2} \\ &= -\frac{R_F}{R_1}V_1 + (1+\frac{R_F}{R_1})\frac{R_3}{R_2+R_3}V_2 \end{aligned} \tag{9.13}$$

그림 9.1의 회로에서 저항 R_1, R_2, R_3, R_F 사이에 식 (9.14)의 관계가 성립한다고 가정하자.

$$\frac{R_1}{R_F} = \frac{R_2}{R_3} \tag{9.14}$$

그리고 식 (9.13)에 (9.14)의 가정을 적용하면, 그림 9.1 회로의 출력 V_o는 식 (9.15)와 같이 정리된다.

$$V_o = \frac{R_F}{R_1}(V_2 - V_1) = -\frac{R_F}{R_1}(V_1 - V_2) \tag{9.15}$$

식 (9.15)에서 출력 V_o는 두 입력 신호 V_2와 V_1의 차에 비례하고, 크기는 차에 $\frac{R_F}{R_1}$배가 된다는 것을 의미하므로, 그림 9.1 회로를 식 (9.14)에 주어진 가정하에서 차동 증폭기라 부르는 것이다.

2 차동 증폭기 입 · 출력 신호

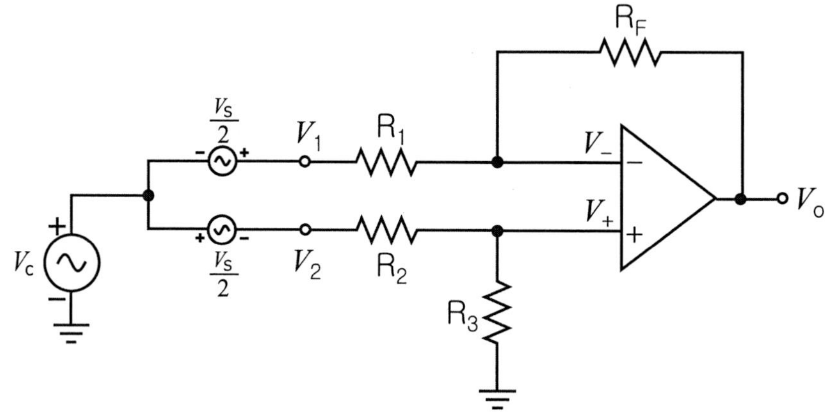

그림 9.4 공통 모드 신호, 차동 모드 신호, 차동 증폭기

공통 모드 (common-mode) 신호 V_c가 차동 모드 (differential-mode) 신호 V_s에 비해 상당히 크고 그림 8.4의 회로와 같이 연결되어 있을 때, V_1과 V_2는 각각 식 (9.16)과 (9.17)로 표현된다.

$$V_1 = V_c + \frac{1}{2}V_s \tag{9.16}$$

$$V_2 = V_c - \frac{1}{2}V_s \tag{9.17}$$

여기서 공통 모드 신호는 $V_c = \dfrac{V_1 + V_2}{2}$로서 두 신호 V_1과 V_2의 평균을 의미하고, 차동모드 신호는 $V_s = V_1 - V_2$로서 두 신호 V_1과 V_2의 차를 의미한다.

일반적으로 크기가 작은 신호가 평형 방식으로 신호가 두 선을 통해 전달될 때, 원치 않는 신호나 잡음이 공통 모드 신호로서 두 선에 나타나고, 신호는 각각의 선에서 공통 모드 신호에 식 (9.16)과 (9.17)에 표현된 것처럼 크기가 같고 위상이 서로 반대인 형태로 실려서 나타난다.

예를 들어, 그림 9.4의 증폭기 회로에 $V_c = A_c \sin\omega_1 t$ 와 $V_s = A_s \sin\omega_2 t$ 와 같은 신호가 인가되는 상황을 생각해보자. 여기서 $A_c = 1$, $\omega_1 = 1$, $A_s = 0.1$, $\omega_2 = 10$이다. 그림 9.5에 공통 모드 신호 V_c와 차동 모드 신호 V_s를 나타냈다. 그림 8.5에서 공통 모드 신호를 원하지 않은 잡음, 그리고 차동 모드 신호를 증폭시킨 후 사용할 신호라 생각한다. 그림에 표현된 바와 같이 신호는 작고 잡음은 신호에 비해서 상당히 크다.

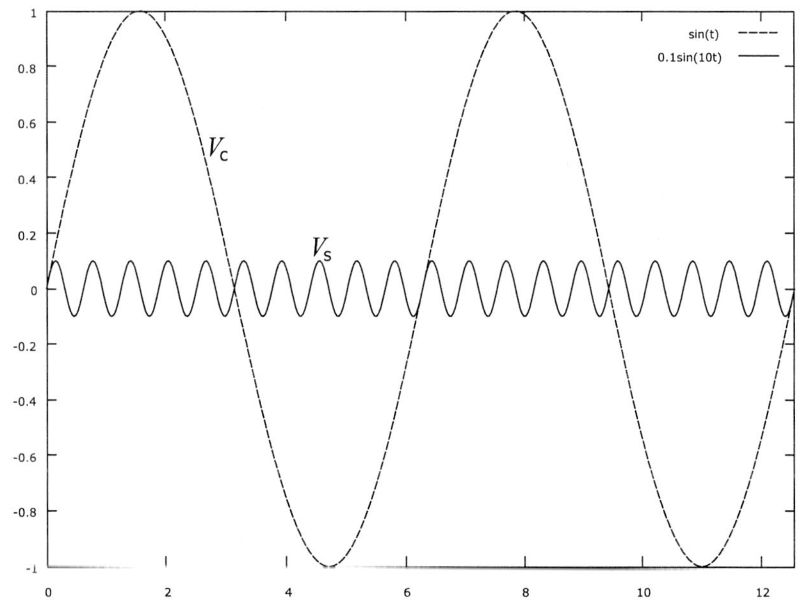

그림 9.5 공통 모드 신호와 차동 모드 신호

이러한 상황에서 그림 9.4의 회로에서 증폭기에 입력되는 신호 V_1, V_2는 식 (9.18), (9.19)와 같이 표현된다.

$$V_1 = \sin t + 0.05\sin 10t \tag{9.18}$$

$$V_2 = \sin t - 0.05\sin 10t \tag{9.19}$$

그림 9.4의 OP 앰프 증폭기에서 $R_1 = R_2$, $R_F = R_3$이고 $R_F = 10R_1$이라 하자. 그러면, 저항 R_1, R_2, R_3, R_F 사이에 식 (9.14)의 관계가 성립하므로, 차동 증폭기이 가정과 같기 때문에, 출력 V_o는 식 (9.15)에 의해, 식 (9.18)과 같이 표현된다.

$$\begin{aligned} V_o &= 10(V_2 - V_1) \\ &= -\sin 10t \end{aligned} \tag{9.20}$$

그림 9.6에 차동 증폭기의 두 입력 V_1, V_2, 그리고 출력 V_o 파형을 나타냈다. 차동 증폭기의 입력에 나타나는 파형 V_1과 V_2는 크기가 큰 잡음 (주파수 1 rad/s)에 작은 신호 (주파수 10 rad/s)가 서로 위상이 반대인 형태로 실려 있지만, 출력에는 잡음으로 간주되는 공통 모드 신호는 사라지고 신호와 주파수 (10 rad/s)가 동일한 성분이 10배 증폭되어 나타나고 있다.

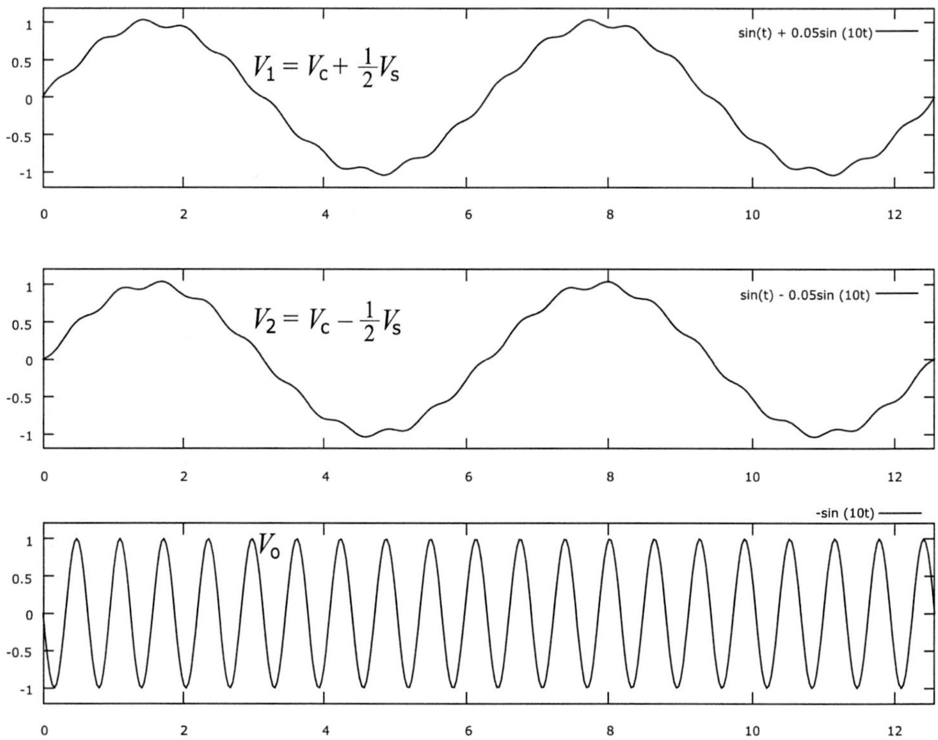

그림 9.6 차동 증폭기 : 입 · 출력 신호

실험 1 차동 증폭기 : PSPICE를 이용한 분석

그림 9.4에 나타낸 회로를 'OrCAD Capture'를 이용하여 입력한다. 여기에서 R_1, R_2는 1 kΩ이다. (※ OP앰프의 전원 핀들에 양전원을 만들어 연결하는 것 확인해야 함)

PSPICE 모의실험에서 공통 모드 신호와 차동 모드 신호를 표현하기 위해, 교류 전압원 V_c와 V_s를 사인파를 발생시키는 'VSIN' 모델을 선택하여 속성 파라미터들을 다음과 같이 지정한다.

- V_c 속성 : 진폭 5 V, 주파수 100 Hz , 옵셋 전압 0 V
- V_s 속성 : 진폭 0.2 V, 주파수 10 kHz, 옵셋 전압 0 V

1. $R_3 = 10$으로 정한 상태에서, $R_F = 6$ kΩ, 7 kΩ, 8 kΩ, 9 kΩ, 9.5 kΩ, 10 kΩ, 0.5 kΩ, 11 kΩ, 12 kΩ, 13 kΩ, 14 kΩ으로 변경하면서 반복적으로 PSPICE 'transient analysis'를 수행하여 V_c, V_s, V_1, V_2, V_o를 자세히 관찰하고 분석한다. 그중 R_F가 10 kΩ, 12 kΩ인 경우 출력 파형 V_o를 그림 9.7과 그림 9.8에 그리시오. 참고로, 두 그림에서 차동 증폭기의 한 입력으로 들어가는 신호 V_1을 미리 표시해 두었다.

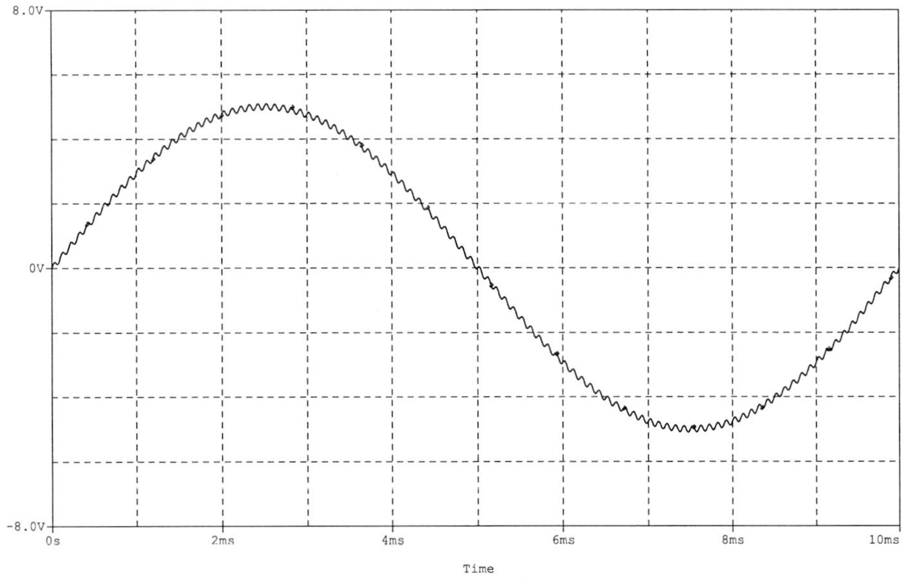

그림 9.7 R_F = 10 kΩ인 경우 차동 증폭기의 입 · 출력

2. 1에서 PSPICE를 이용한 모의실험을 통해서 볼 때, 차동 증폭기의 출력 V_o에 나타나는 공통 모드 신호 성분의 진폭을 표 9.1에 기록하시오.

3. 1, 2의 과정을 통해서, 차동 증폭기의 출력 V_o에 차동 모드 신호 성분만 나타나는 경우에 대해서 설명하시오.

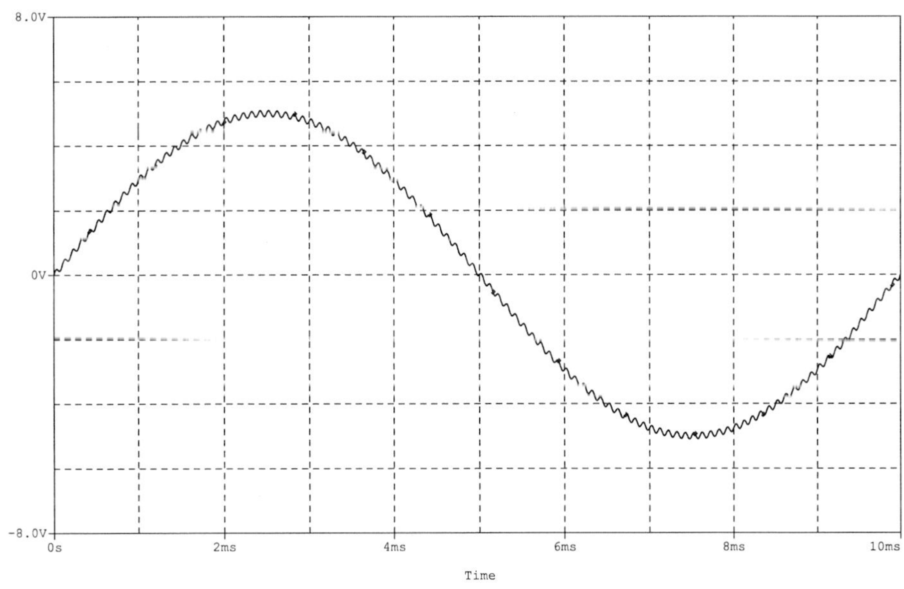

그림 9.8 R_F = 12 kΩ인 경우 차동 증폭기의 입 · 출력

단위 : [kΩ], [V]

R_F	6	7	8	9	9.5	10
공통 모드 성분						
R_F	10.5	11	12	13	14	
공통 모드 성분						

표 9.1 차동 증폭기 출력 : 공통 모드 성분

4. 1. $R_F = R_3 = 2$ kΩ부터 20 kΩ까지 2 kΩ씩 증가시키면서 반복적으로 PSPICE로 모의실험을 수행하면서 V_c, V_s, V_1, V_2, V_o를 자세히 관찰하고 분석하여 표 9.2에 그 결과를 기록하시오. 또한 $R_F = R_3 = 10$ kΩ인 경우에 V_1, V_s, V_o의 파형을 그림 9.9에 그리시오. 그림에서 참조를 위해 V_1의 파형은 이미 주어졌다.

단위 : [kΩ], [V], [Hz]

$R_F = R_3$		2	4	6	8	10
V_o	주파수					
	진폭					
$R_F = R_3$		12	14	16	18	20
V_o	주파수					
	진폭					

표 9.2 차동 증폭기 출력 : $R_F = R_3$인 경우

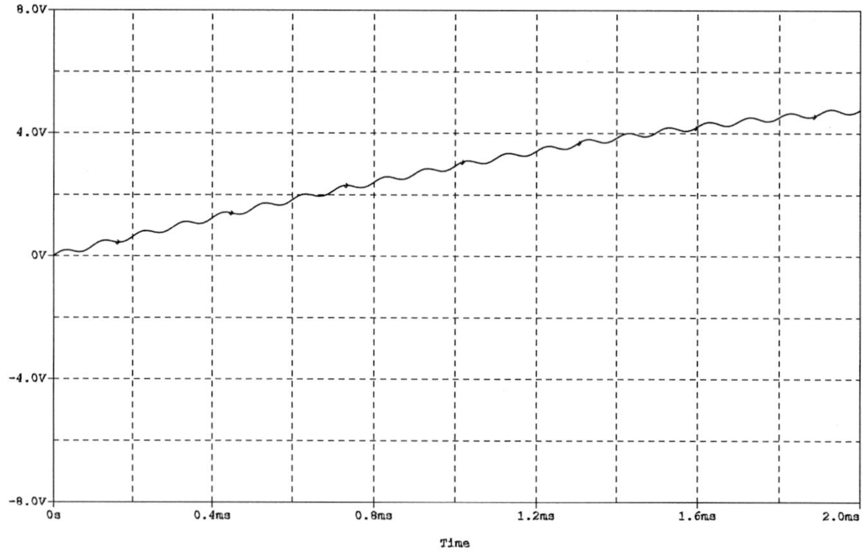

그림 9.9 차동 증폭기의 파형 : V_1, V_s, V_o

5. 1에서 4까지의 과정을 통해서 차동 증폭기의 구조와 주요 부품의 값에 따른 입 · 출력 신호의 특징에 대해서 설명하시오.

※ 실험에서 양전원을 사용해야 하고, 잡음을 감소시키기 위해 OP 앰프 IC의 전원 핀들과 접지 사이에 바이패스용 커패시터 (1 μF/50V)를 사용할 것을 권장함.

실험 2 차동 증폭기 : 브리지 (bridge) 저항 회로 신호 입력

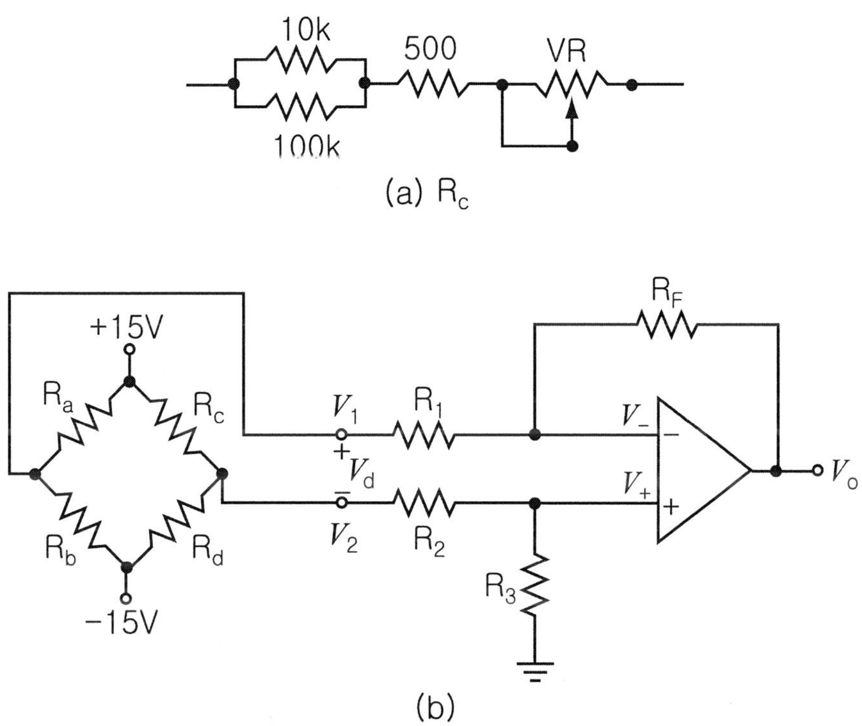

그림 9.10 차동 증폭기, 센서 등가 회로 (브리지 저항)

일반적으로 많은 센서들이 브리지 구조로 연결된 저항 형태의 등가 회로로 표현된다. 그림 9.10 (b)에서 차동 증폭기의 입력에는 센서 대신 브리지 구조의 저항 회로가 연결되어 있다. 브리지 저항 회로에서 저항 R_c는 실험에 맞는 저항값을 사용하기 위해 이 실험에서는 그림 9.10 (a)와 같은 합성 저항을 사용한다. 그림 9.10 (b)에서 R_a, R_b, R_d는 10 kΩ, R_1, R_2는 1 kΩ, R_3, R_F는 10 kΩ이다. 그림 9.10 (a)에서 가변 저항 VR은 1kΩ이다.

1. 그림 9.10 (a)의 회로를 브레드보드에 구현하고, 가변 저항 VR을 좌우로 조정하면서 전체 합성 저항 R_c값을 측정하여, 합성 저항값이 변화하는 범위를 표 9.3에 기록하시오.

단위 [kΩ]

	최소값	최대값
계산값		
측정값		

표 9.3 측정된 합성 저항 R_c의 범위

2. 그림 9.10 (b)의 회로를 브레드보드에 꾸미고 전압 V_1, V_2, V_o를 측정한다. 가변 저항 VR을 조정하여 V_2의 최소값과 최대값을 측정한 후, V_2의 범위를 $V_{2,0}$부터 $V_{2,9}$까지 10단계로 나눈다. 가변 저항을 조절하면서 V_2를 각 단계값으로 설정하고, 각 단계마다 V_1, V_2, V_d, V_o를 측정하여 표 9.4에 기록하시오.

	$V_{2,0}$	$V_{2,1}$	$V_{2,2}$	$V_{2,3}$	$V_{2,4}$	$V_{2,5}$	$V_{2,6}$	$V_{2,7}$	$V_{2,8}$	$V_{2,9}$
V_2										
V_1										
V_d										
V_o										

표 9.4 브리지 센서, 차동 증폭기 측정, 단위 [V]

3. 표 9.4에 기록된 측정된 결과를 이용하여 차동 증폭기의 입 · 출력 전압 특성 그래프 $(V_d,\ V_o)$를 그림 9.11에 그리시오.

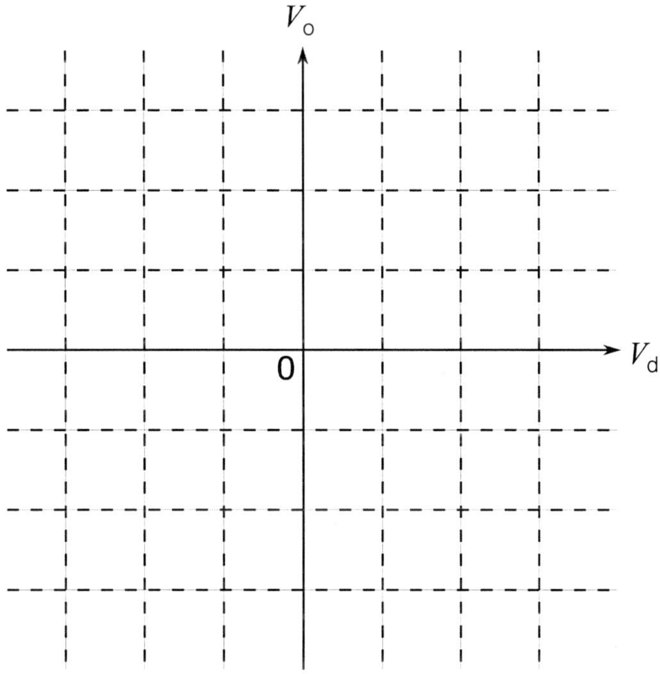

그림 9.11 차동 증폭기 입 · 출력 전압 특성

❖ 과제

1. OP 앰프 필터에 대해서 조사하고, 간단한 OP 앰프 필터에 대해 임피던스로 표현된 입 · 출력 관계식을 구하시오.

제10장 | OP 앰프 필터 : 저대역 필터와 고대역 필터

I 실험 목표

- OP 앰프 필터 회로의 구조와 OP 앰프 회로를 분석하는 방법에 대해 이해한다.
- Laplace 변환과 임피던스를 이용하여 회로를 해석하는 방법에 대해 배운다.
- OP 앰프 필터 회로에 대해 Laplace 변환을 이용하여 해석하고 전달함수를 구하는 방법을 다룬다.
- Laplace 변환으로 구한 전달함수를 이용하여 OP 앰프 필터의 주파수 특성 (주파수 변화에 따른 크기와 위상 변화)을 이해한다.
- OP 앰프 필터 회로에 대해 PSPICE로 'AC sweep analysis'를 수행하고 그 주파수 특성을 분석한다.
- 실제 OP 앰프 회로에 대해서 출력 신호의 크기와 위상 측정을 반복하는 방법으로 이론적인 분석과 PSPICE로 예측한 주파수 특성을 비교 확인한다.
- 실험에서 사용되는 OP 앰프를 이용한 필터 회로의 특성을, 이론적으로 분석한 특성과 비교하여 공통점과 차이점을 발견한다.
- OP 앰프를 이상적인 모델로 가정하고 해석한 결과와 실험적으로 일치하는 주파수 범위를 확인한다.

II 실험 부품 및 준비 사항

1 실험 부품

부품명	규격	수량
OP 앰프	TLP082CP	1개
저항	1 kΩ, 1/4 watt	2개
저항	10 kΩ, 1/4 watt	2개
커패시터	0.1 μF	2개
커패시터	1 μF/50V	3개

2 실험 준비 사항

- 오실로스코프, 함수발생기, 직류 전압원 공급장치, 멀티미터
- 브레드보드, 점퍼선
- PSPICE 소프트웨어가 설치된 컴퓨터

Ⅲ 실험 내용

1 OP 앰프 저대역 필터 (LPF : low pass filter) 분석

i) 미분 방정식을 이용한 해석

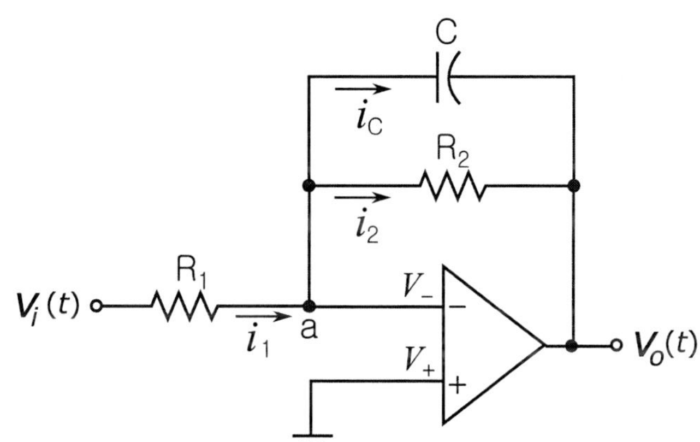

그림 10.1 OP 앰프 저대역 필터

그림 10.1에 OP 앰프 저대역 필터 회로를 나타냈다. 이 회로의 특성을 여러 가지 방법으로 분석할 수 있다. 먼저, 앞에서 OP 앰프 회로를 분석할 때 사용했던 방법을 이용하여, 회로의 변수들을 시간에 따라 변하는 형식으로 표현하고 노드 a에서 키르히호프의 전류 법칙을 적용하면 식 (10.1)이 성립한다.

$$i_1(t) = i_2(t) + i_C(t) \tag{10.1}$$

여기서, $V_+ = 0$이고, 출력에서 입력으로 귀환되는 구조이므로, $V_- = V_+ = 0$이다. 따라서, $i_1(t)$, $i_2(t)$, $i_C(t)$는 식 (10.2), (10.3), (10.4)와 같이 표현된다.

$$i_1(t) = \frac{v_i(t) - V_-}{R_1} = \frac{v_i(t)}{R_1} \tag{10.2}$$

$$i_2(t) = \frac{V_- - v_o(t)}{R_2} = -\frac{v_o(t)}{R_2} \tag{10.3}$$

$$i_C(t) = C\frac{d(V_- - v_o(t))}{dt} = -C\frac{dv_o(t)}{dt} \tag{10.4}$$

그러므로, 식 (10.1)은 식 (10.5)와 같이 정리된다.

$$\frac{dv_o(t)}{dt} + \frac{1}{R_2C}v_o(t) = -\frac{1}{R_1C}v_i(t) \tag{10.5}$$

이제 식 (10.5)와 같이 표현되는 미분 방정식을 입력 $v_i(t)$를 고려하여 풀면 해를 얻게 된다.

ii) Laplace 변환과 임피던스를 이용한 해석

미분 방정식은 Laplace 변환을 이용하여 그 해를 구할 수도 있다. $v_o(t)$와 $v_i(t)$의 Laplace 변환이 각각 $V_o(s)$와 $V_i(s)$라 할 때, 초기 조건과 입력이 주어지면 식 (10.5)의 각 항에 대해 Laplace 변환을 적용하고, 단순한 연산에 의해 $V_o(s)$가 $V_i(s)$의 항으로 표현되도록 정리한 후, $V_o(s)$를 역변환하여 $v_o(t)$를 구하는 방식이다.

이와 같은 방법으로 Laplace 변환을 이용하여 구한 $v_o(t)$는 미분 방정식 (10.5)를 만족하는 완전해 (complete solution)이다. 그런데 완전해 $v_o(t)$에는 4장에서 배운 것처럼 과도 응답과 정상 상태 응답 성분으로 구성되어 있는데, 초기 조건에 의해 영향을 받는 과도 응답은 시간이 경과함에 따라 작아지고, 충분히 시간이 경과하면 정상 상태 응답 성분만 남게 된다.

5장에서 사인파가 회로에 입력될 때 정상 상태 응답을 미분 방정식을 사용하지 않고 구하기 위해, 신호를 페이저로 표현하고 부품을 임피던스로 표현한 후, 각종 회로 해석 법칙을 적용하여 구하고자 하는 변수에 대한 페이저의 크기와 위상을 이용하여 정상 상태 응답을 구하여 회로를 분석하고 특성을 이해하였다.

만일 초기 조건을 영으로 설정하면 Laplace 변환에 의해 구한 해도 정상 상태 응답과 같게 되므로, 5장의 페이저와 임피던스를 이용하여 회로를 쉽게 해석했던 방법과 같이, 신호를 Laplace 변환으로 표현하고 회로의 부품을 Laplace 변환의 변수로 표현되는 임피던스로 바꾼 후, 각종 법칙을 적용하여 식을 세우고 정리하면 쉽게 정상 상태 응답을 구할 수 있게 된다.

따라서, 이 장에서는 OP 앰프 회로에 대해, 시간 영역의 함수로 직접 해석하지 않고, Laplace 변환과 임피던스를 이용하여 해석해 본다.

함수 $f(t)$에 대한 Lapace 변환 $L[f(t)]$은 식 (10.6)과 같이 정의된다.

$$F(s) = L[f(t)] = \int_{0}^{\infty} f(t)e^{-st}dt \tag{10.6}$$

전압 $v(t)$, 전류 $i(t)$에 대한 Lapalce 변환을 $V(s)$, $I(s)$라 하자. 앞에서 설명한 것처럼 회로에서 초기 조건을 영으로 두면, 인덕터 L, 커패시터 C, 저항 R에 대한 Laplace 변환 영역에서 임피던스는 그림 10.2와 같이 각각 $s\text{L}$, $\frac{1}{s\text{C}}$, R로 표현된다. 회로망 해석과 관련된 참고문헌을 참조해 보면, 그림 10.2와 같이 표현되는 과정에 대해 설명을 찾아볼 수 있지만, 여기에서는 설명하지 않고 사용한다.

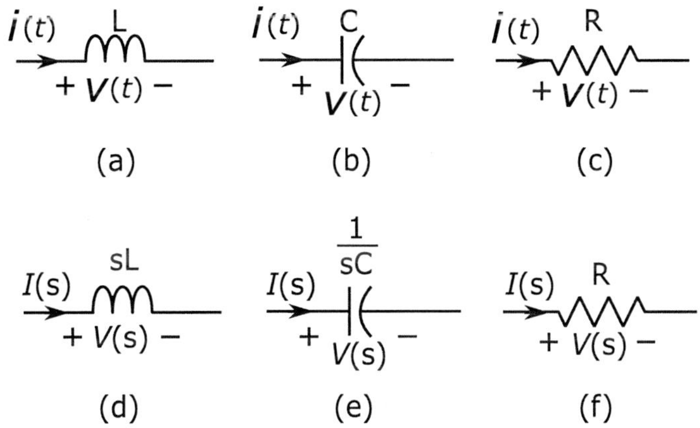

그림 10.2 Laplace 변화에서 임피던스 표현

그러면, 그림 10.1에 주어진 회로를 Laplace 변환을 이용해서 풀기 위해, Laplace 변환 영역의 변수와 임피던스로 그림 10.3과 같이 다시 그릴 수 있다. 그림에서 $V_i(s)$, $V_o(s)$, $I_1(s)$, $I_2(s)$, $I_C(s)$는 각각 $v_i(t)$, $v_o(t)$, $i_1(t)$, $i_2(t)$, $i_C(t)$의 Laplalce 변환이다.

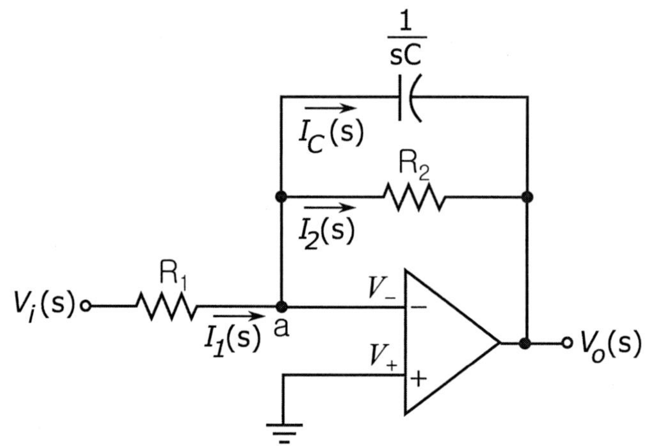

그림 10.3 Laplace 변환과 임피던스로 표현된 회로

그림 10.3 회로의 마디 a에서 키르히호프의 전류 법칙을 적용하면, 식 (10.7)이 성립하고 (10.8)과 같이 표현된다.

$$I_1(s) = I_2(s) + I_C(s) \tag{10.7}$$

$$\frac{V_i(s)}{R_1} = -\frac{V_o(s)}{R_2} - \frac{V_o(s)}{\frac{1}{sC}} \tag{10.8}$$

이 식을 정리하면, 그림 10.3에서 출력 $V_o(s)$와 입력 $V_i(s)$의 관계는 식 (10.9)와 같이 정리된다.

$$V_o(s) = -\frac{R_2}{R_1} \cdot \frac{1}{sR_2C+1} V_i(s) \tag{10.9}$$

그러므로, 회로 10.1에서 $v_i(t)$가 주어지면, $v_i(t)$에 대한 Laplace 변환을 구하고, 식 (10.9)에 대입하여 $V_o(s)$를 계산한 후, $V_o(s)$에 대한 Laplace 역변환 $v_o(t)$를 구하면, 회로의 정상 상태 응답을 구할 수 있게 된다. 이 과정에서 미분 방정식을 세우고 풀지 않기 때문에 Laplace 변환과 임피던스를 이용하면 비교적 쉽게 원하는 해를 구할 수 있게 된다.

iii) 전달함수

한편, 식 (10.9)로부터, 전압 이득을 나타내는 전달함수 $H(s)$는 식 (10.10)과 같이 표현된다.

$$H(s) = \frac{V_o(s)}{V_i(s)} = -\frac{R_2}{R_1} \cdot \frac{1}{sR_2C+1} \tag{10.10}$$

그림 10.1 회로에 대한 전달함수 (10.10)은 회로의 특성을 분석할 때 다양한 방법으로 활용될 수 있다.

만일, 그림 10.1 회로에서 입력 신호 $v_i(t)$가 사인파일 경우, $s = j\omega$를 대입하여 $H(s)|_{s=j\omega}$구하면, 식 (10.11)은 페이저와 임피던스를 활용하여 교류 회로에 대해 구한 전달함수와 같게 된다.

$$H(j\omega) = H(s)|_{s=j\omega} = \left.\frac{V_o(s)}{V_i(s)}\right|_{s=j\omega} = -\frac{R_2}{R_1} \cdot \frac{1}{j\omega R_2C+1} \tag{10.11}$$

식 (10.11)에 표현된 전압 이득 전달함수 $H(j\omega)$의 크기 $H(\omega)$와 위상 $\theta(\omega)$는 각각 식 (10.12)와 (10.13)과 같이 표현된다.

$$H(\omega) = |H(j\omega)| = \left|\frac{V_o(j\omega)}{V_i(j\omega)}\right| = \frac{R_2}{R_1} \cdot \frac{1}{\sqrt{1+(\omega R_2C)^2}} \tag{10.12}$$

$$\theta(\omega) = 180° - \tan^{-1}\frac{\omega R_2C}{1} \tag{10.13}$$

그림 10.4에 주파수 ω의 변화에 따라 전달함수의 크기 $H(\omega)$와 위상 $\theta(\omega)$의 변화를 그래프로 나타냈다.

그림 10.4 (a)의 전압 이득의 크기 그래프에서는 $\omega = 0$인 경우 $H(0) = \frac{R_2}{R_1}$로 최대값이고 주파수가 증가할수록 감소하면서 0에 접근하는 특성을 보인다. 반면, 그림 10.4 (b)의 위상 그래프에서는 $\omega = 0$인 경우 $\theta(0) = 180°$의 위상을 보이고 주파수가 증가할수록 지연이 90°에 접근하는 것을 알 수 있다.

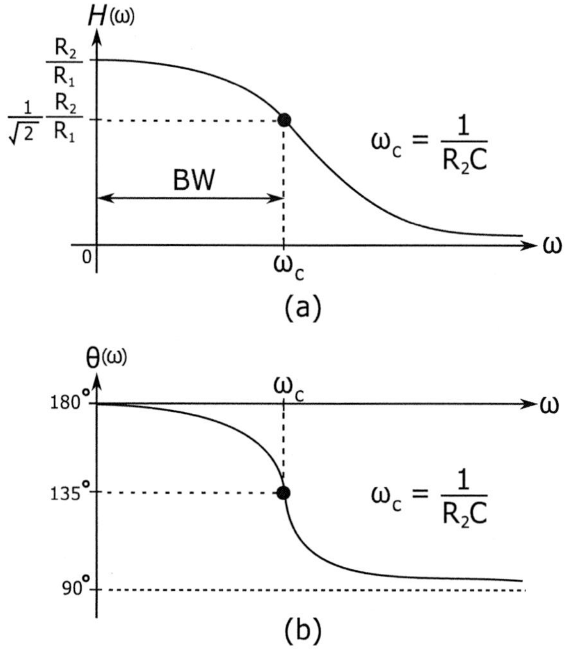

그림 10.4 OP 앰프 저대역 필터의 주파수 응답

그리고 $\omega_c = \dfrac{1}{R_2C}$에서 전달함수의 크기 H는 최대값의 $\dfrac{1}{\sqrt{2}}$이 된다. 이 주파수를 5장에서 설명한 바와 같이 차단 주파수 (cutoff frequency)라 정의한다.

$$H(\omega_c) = \frac{1}{\sqrt{2}}H(0) \tag{10.14}$$

한편, 식 (10.14)은 데시벨 (decibel : dB)의 정의에 따라 -3 dB로 계산되고, 최대값보다 3 dB만큼 낮은 특성을 보이므로 '3dB 주파수'라 부르기도 한다. 차단 주파수에서 위상 지연은 135°로 나타난다.

그리고 전달함수의 크기가 최대인 주파수 0에서 크기가 최대값의 $\dfrac{1}{\sqrt{2}}$인 차단 주파수 ω_c까지의 폭을 대역폭 BW (band width)로 정의한다.

지금까지 분석한 결과를 정리하면, 그림 10.1에 주어진 OP 앰프 저대역 필터는 낮은 주파수의 입력 신호에 대해서 출력은 크기가 약 $\dfrac{R_2}{R_1}$배 정도 증폭이 되고, 위상은 180°로 반전되어 나타나고, 입력되는 신호의 주파수가 증가할수록 진폭은 감소되고 위상은 90°에 다가가는 특징을 보인다.

2 OP 앰프 고대역 필터 (HPF : high pass filter) 분석

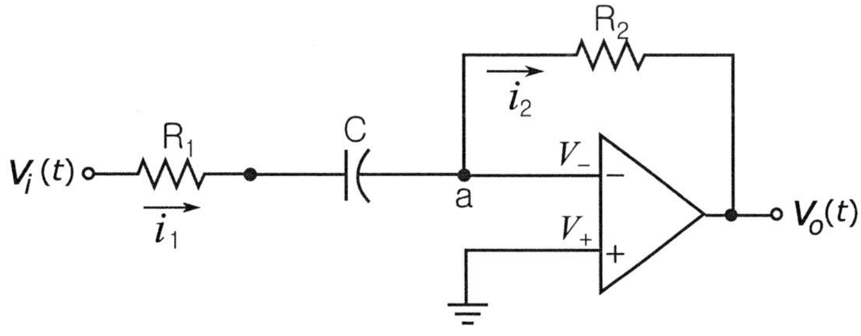

그림 10.5 OP 앰프 고대역 필터

그림 10.5의 회로에 대해서 주파수 특성을 분석해 보자. 이 회로를 시간 영역에서 각종 법칙에 따라 식을 세우고, 미분 방정식을 풀어서 출력과 입력 관계를 구해도 된다. 그러나, 주파수 특성을 간단한 방법으로 알아보기 위해, 앞에서 설명했던 것과 같이 Laplace 변환과 임피던스를 이용하여 해석하기로 한다.

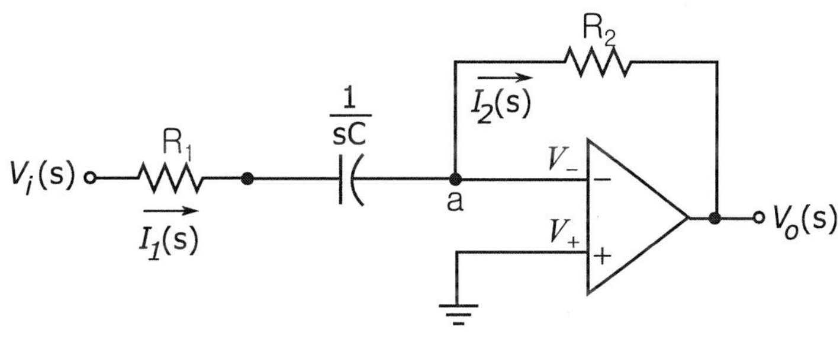

그림 10.6 Laplace 변환과 임피던스로 표현된 회로

그림 10.6은 그림 10.5 회로에서 각 시간 영역 변수들을 Laplace 변환으로 바꾸고 회로의 저항과 커패시터를 임피던스로 표현한 것이다. 그림에서 $V_i(s)$, $V_o(s)$, $I_1(s)$, $I_2(s)$는 각각 $v_i(t)$, $v_o(t)$, $i_1(t)$, $i_2(t)$의 Laplalce 변환이다. 노드 a에서 키르히호프의 전류 법칙을 적용하면, 식 (10.14)가 성립하고, 식 (10.15)와 같이 표현된다.

$$I_1(s) = I_2(s) \tag{10.14}$$

$$\frac{V_i(s) - V_-}{R_1 + \dfrac{1}{sC}} = \frac{V_- - V_o(s)}{R_2} \tag{10.15}$$

OP 앰프의 출력에서 입력으로 귀환되는 구조이므로 $V_- = V_+$이고 $V_+ = 0$이므로, 식 (10.15)는 식 (10.16)과 같은 입·출력 신호 간의 관계로 정리된다.

$$V_o(s) = -\frac{sR_2C}{sR_1C+1}V_i(s) \tag{10.16}$$

그러므로, 전압 이득을 나타내는 전달함수 $H(s)$는 식 (10.17)과 같이 표현된다.

$$H(s) = \frac{V_o(s)}{V_i(s)} = -\frac{sR_2C}{sR_1C+1}V_i(s) \tag{10.17}$$

만일, 그림 10.5 회로에서 입력 신호 $v_i(t)$가 사인파일 경우, 식 (10.17)에 $s=j\omega$를 대입하여 $H(s)|_{s=j\omega}$구하면, 식 (10.18)과 같이 표현되어 주파수에 따른 크기와 위상을 판단할 수 있게 된다.

$$H(s)|_{s=j\omega} = \left.\frac{V_o(s)}{V_i(s)}\right|_{s=j\omega} = -\frac{j\omega R_2C}{j\omega R_1C+1} \tag{10.18}$$

따라서, 전달함수 $H(j\omega)$의 크기 $H(\omega)$와 위상 $\theta(\omega)$는 각각 식 (10.19)와 (10.20)과 같이 표현된다.

$$H(\omega) = |H(j\omega)| = \left|\frac{V_o(j\omega)}{V_i(j\omega)}\right| = \frac{R_2}{R_1}\cdot\frac{\omega}{\sqrt{\omega^2+(\frac{1}{R_1C})^2}} \tag{10.19}$$

$$\theta(\omega) = -90^\circ - \tan^{-1}\omega R_1C \tag{10.20}$$

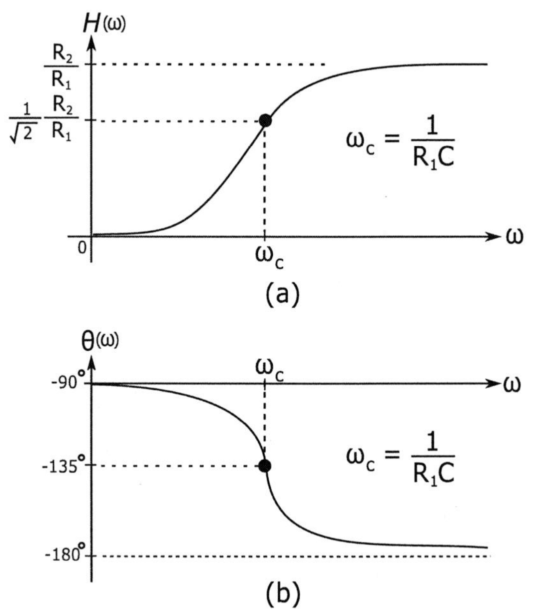

그림 10.7 OP 앰프 고대역 필터의 주파수 응답

그림 10.7에 주파수 ω의 변화에 따라 전달함수의 크기 $H(\omega)$와 위상 $\theta(\omega)$의 변화를 그래프로 나타냈다.

그림 10.7 (a)의 전압 이득 크기 그래프에서는 $\omega = 0$에서 $H(0) = 0$이고 주파수가 높아질수록 크기가 점차로 증가하여 $\lim_{\omega \to \infty} H(\omega) = \frac{R_2}{R_1}$에 수렴한다. 다르게 표현하면, 높은 주파수에서 최대값 $\frac{R_2}{R_1}$에 가까운 값을 갖지만, 주파수가 낮아질수록 감소하면서 0에 접근하는 특성을 보인다.

한편, 그림 10.7 (b)의 위상 그래프에서는 $\omega = 0$인 경우 $\theta(0) = -90^{\circ}$의 위상을 보이고 주파수가 높아질수록 위상 지연이 $-180°$에 접근하는 것을 볼 수 있다.

그림 10.7 (a)에서 크기가 최대값 $\frac{R_2}{R_1}$의 $\frac{1}{\sqrt{2}}$이 되는 주파수를 차단 주파수 ω_c로 정의하므로, 식 (10.19)에서 $\omega = \omega_c$를 대입하면, 식 (10.21)이 된다.

$$H(\omega_c) = \frac{R_2}{R_1} \cdot \frac{\omega_c}{\sqrt{\omega_c^2 + (\frac{1}{R_1 C})^2}} = \frac{R_2}{R_1} \cdot \frac{1}{\sqrt{2}} \tag{10.21}$$

그러므로, 식 (10.21)을 만족하는 ω_c는 식 (10.122)와 같이 구해진다.

$$\omega_c = \frac{1}{R_1 C} \tag{10.22}$$

지금까지 분석한 결과를 정리하면, 그림 10.5에 주어진 OP 앰프 고대역 필터는 차단 주파수보다 높은 주파수의 입력 신호에 대해서 출력은 크기가 약 $\frac{R_2}{R_1}$배 정도 증폭되고, 위상은 $-180°$로 나타나고, 입력되는 신호의 주파수가 차단 주파수 이하로 낮아질수록 진폭은 감소되고 위상은 $-90°$에 다가가는 특징을 보인다.

※ 이번 실험에서 다양한 내부 구조의 OP 앰프를 경험하기 위해, OP 앰프가 두 개 들어있는 TL082CP를 사용하므로 실험 보드에 회로를 꾸밀 때 핀 번호를 확인하고 올바르게 연결해야 함. PSPICE로 실험할 때에는 기존의 사용하던 OP 앰프의 번호를 사용해도 좋음.

실험 1 OP 앰프 저대역 회로 특성 분석 실험

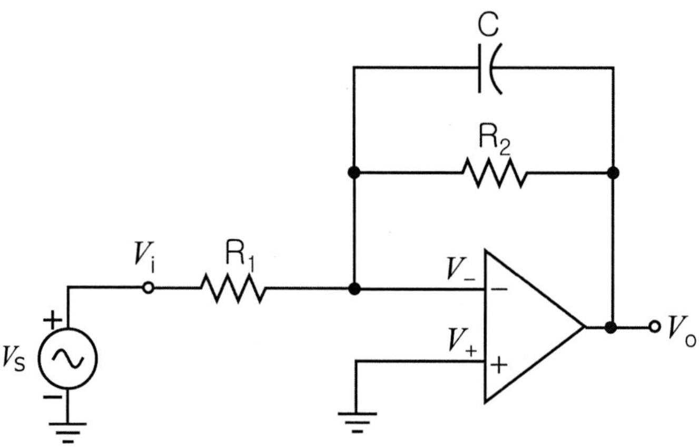

그림 10.8 OP 앰프 저대역 필터

1. 그림 10.8에 나타낸 회로에서 R_1, R_2는 각각 1 kΩ, 10 kΩ이고 C는 0.1 μF이다. 앞에서 설명한 내용을 참조하여 차단 주파수 또는 3 dB 주파수를 계산하시오.

2. PSPICE로 모의실험을 수행하기 위해, 'OrCAD Capture' 프로그램을 이용하여 그림 10.8의 회로를 입력한다. 회로에서 교류 전압원 V_s는 PSPICE 라이브러리 'SOURCE'에서 'VAC'라는 이름의 부품을 선택하여 사용한다. 'Property Editor'를 사용하여 교류 전압원 'VAC' 모델의 'ACMAG'와 'DC' 속성 파라미터를 각각 '1Vac'와 '0Vac'로 지정한다. 참고로 교류 전압원 'VAC' 모델에 대한 설명은 5장 [실험 1]에서 확인할 수 있다.

3. 2에서 입력한 그림 10.8의 회로에 대해 PSPICE 모의실험에서 "AC sweep analysis"를 수행한다. 출력 V_o의 주파수 특성을 판단할 수 있도록 1에서 계산한 차단 주파수를 고려하여 교류 전압원 V_s의 주파수 범위를 적절히 선택한다. PSPICE로 모의실험을 수행한 결과로 나타나는 그래프에서 3 dB 주파수를 결정하고 1에서 계산한 이론치와 비교하시오.

4. 위에서 PSPICE로 모의실험한 결과를 실제 회로에서 검증하기 위해, 그림 10.8의 회로를 브레드보드에 구현한다. 교류 전압원 V_s은 함수발생기를 사용하는데, 진폭이 1 V인 사인파가 출력되도록 그 파형을 오실로스코프로 관찰하면서 함수발생기를 조절한다.

오실로스코프에 교류 전압원 V_s와 단자 출력 V_o의 파형이 동시에 나타나면서 파형이 안정되게 보이도록 오실로스코프를 조작한다. 입력되는 신호가 사인파이므로 비교적 쉽게 파형을 안정시킬 수 있는데, 트리거 소스가 교류 전압원 V_s가 연결되어 있는 채널로, 트리거 모드가 자동으로, 트리거 레벨이 교류 전압원 V_s의 최대치와 최소치 사이에 위치하도록 설정되었는지 확인한다.

5. 3에서 PSPICE 모의실험에서 얻은 것과 비슷한 그래프를 그리기 위해 함수발생기의 주파수를 적절한 값으로 설정하면서 오실로스코프에 나타난 V_o의 파형의 진폭과 V_i에 대한 시간 지연을 측정하여 표 10.1을 완성한다. 측정을 반복하는 동안 신호의 주파수를 변경할 때마다 V_i이 항상 동일한 진폭을 갖는지 확인한다.

※ V_o의 시간 지연은 V_i에 대한 시간 지연을 의미함.						
V_i의 주파수	10 Hz	30 Hz	100 Hz	300 Hz	1 kHz	3 kHz
V_o의 진폭						
V_o의 시간 지연						
V_i의 주파수	10 kHz	30 kHz	100 kHz	300 kHz	1 MHz	3 MHz
V_o의 진폭						
V_o의 시간 지연						
V_i의 주파수	10 MHz					
V_o의 진폭						
V_o의 시간 지연						

표 10.1 OP 앰프 저대역 필터의 주파수 응답 측정

6. 표 10.1의 측정 결과를 이용하여 교류 전압원 $V_i(=V_s)$의 주파수 변화에 따라 출력에 나타나는 신호 V_o의 진폭 (크기)을 그래프로 그리시오.

7. 6에서 그린 그래프에서 차단 주파수를 결정할 수 없는 경우, 진폭이 최대치의 $\frac{1}{\sqrt{2}}$이라고 추정되는 주파수 근처에서 신호의 주파수를 더 상세하게 나누어 차단 주파수를 실험적으로 판단할 수 있도록 실험을 추가로 진행하여 진폭과 위상을 측정한 후 측정 결과에 기초해서 차단 주파수를 결정하시오.

8. 표 10.1의 측정 결과를 이용하여 교류 전압원 V_i의 주파수 변화에 따라 출력에 나타나는 신호 V_o의 시간 지연을 위상 지연 (위상차)으로 바꾸어 계산하고, 주파수 변화에 따른 위상 지연 그래프를 그리시오.

9. 6에서 구한 진폭 그래프를 가로축은 log scale, 세로축은 dB 단위로 그림 10.9에 다시 그리시오.

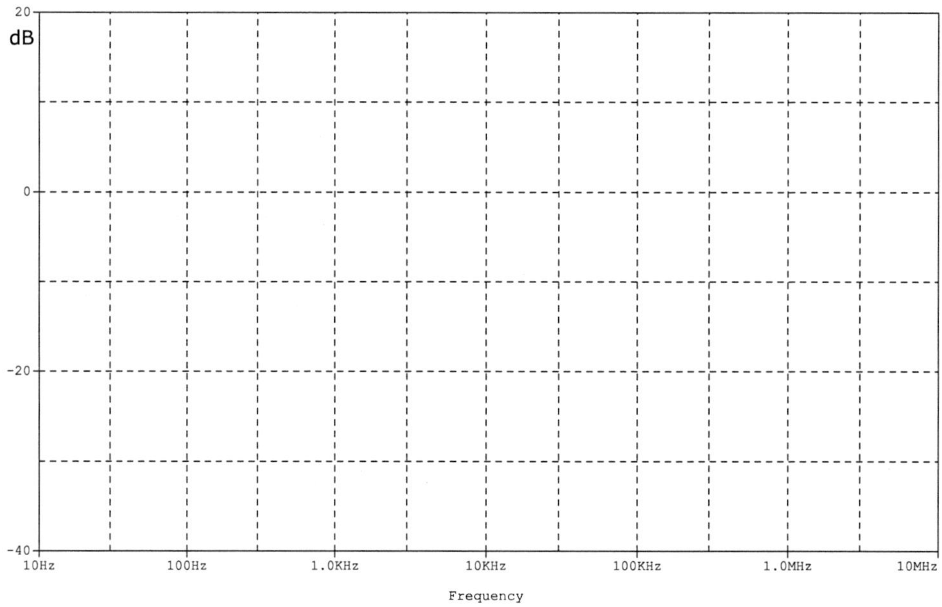

그림 10.9 주파수 응답, 크기

10. 8에서 구한 위상 지연 그래프를 가로축은 log scale, 세로축은 ° (degree) 단위로 그림 10.10에 다시 그리시오. 여기서 세로축의 'd' 표시는 ° 를 의미한다.

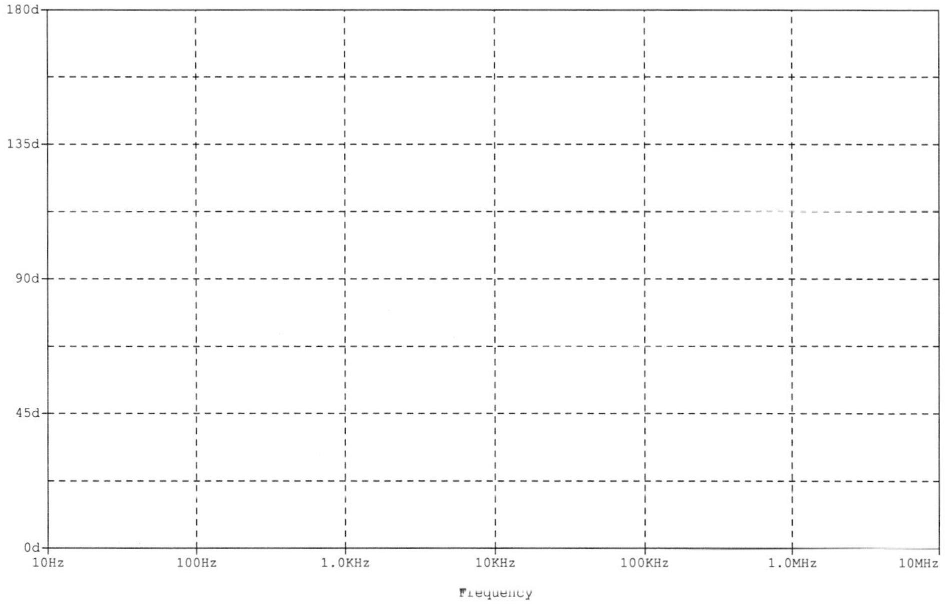

그림 10.10 주파수 응답, 위상 지연

11. 10에서 구한 위상 지연에 대해서 그림 10.4 (b)에 표현한 위상 지연과 비교해서 공통점과 차이점을 설명하시오. 그리고 얼마나 높은 주파수 범위까지 이상적인 OP 앰프를 가정하고 분석한 그림 10.4 (b)의 결과와 비슷한 특성을 보이는지 설명하시오.

12. 1에서 11까지의 결과를 관찰하고 분석하여 그림 10.8 회로의 동작을 설명하시오.

실험 2 OP 앰프 고대역 회로 특성 분석 실험

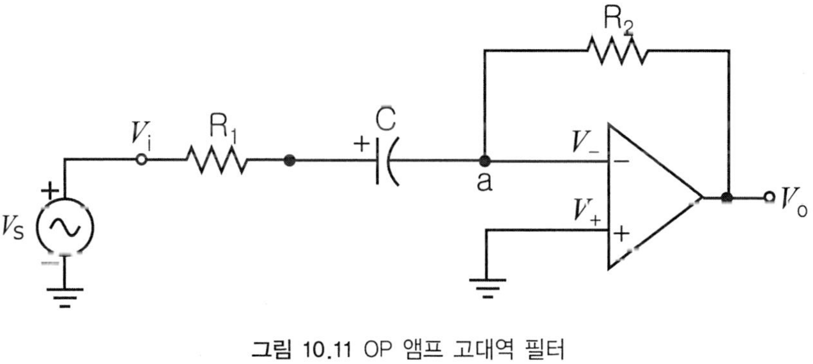

그림 10.11 OP 앰프 고대역 필터

1. 그림 10.11에 나타낸 회로에서 R_1, R_2는 각각 1 kΩ, 10 kΩ이고 C는 1 μF/50V이다. 앞에서 설명한 내용을 참조하여 차단 주파수 또는 3 dB 주파수를 계산하시오.

2. PSPICE로 모의실험을 수행하기 위해, 'OrCAD Capture' 프로그램을 이용하여 그림 10.11의 회로를 입력한다. 회로에서 교류 전압원 V_s는 'VAC' 모델을 사용하고 'ACMAG'와 'DC' 속성 파라미터를 각각 '1Vac'와 '0Vac'로 지정한다.

3. 2에서 입력한 그림 10.11의 회로에 대해 PSPICE 모의실험에서 'AC sweep analysis'를 수행한다. 출력 V_o의 주파수 특성을 판단할 수 있도록 'AC sweep analysis'의 주파수 범위를 10 kHz까지 지정한다. PSPICE로 모의실험을 수행한 결과로 나타나는 그래프에서 3 dB 주파수를 결정하고 1에서 계산한 이론치와 비교하시오.

4. 위에서 PSPICE로 모의실험한 결과를 실제 회로에서 검증하기 위해, 그림 10.11의 회로를 브레드보드에 구현한다. 교류 전압원 V_s은 함수발생기를 사용하는데, 진폭이 1 V인 사인파가 출력되도록 그 파형을 오실로스코프로 관찰하면서 함수발생기를 조절한다.

5. 3에서 PSPICE 모의실험에서 얻은 것과 비슷한 그래프를 그리기 위해 함수발생기의 주파수를 적절히 설정하면서 오실로스코프에 나타난 V_o의 파형의 진폭과 V_i에 대한 시간 지연을 측정하여 표 10.2를 완성한다. 측정을 반복하는 동안, 신호의 주파수를 변경할 때마다 V_i이 항상 동일한 진폭을 유지하는지 확인한다.

※ V_o의 시간 지연은 V_i에 대한 시간 지연을 의미함.						
V_i의 주파수	10 Hz	30 Hz	100 Hz	300 Hz	1 kHz	3 kHz
V_o의 진폭						
V_o의 시간 지연						
V_i의 주파수	10 kHz					
V_o의 진폭						
V_o의 시간 지연						

표 10.2 OP 앰프 고대역 필터의 주파수 응답 측정

6. 표 10.2의 측정 결과를 이용하여 교류 전압원 $V_i(= V_s)$의 주파수 변화에 따라 출력에 나타나는 신호 V_o의 진폭 (크기)을 그래프로 그리시오.

7. 6에서 그린 그래프에서 차단 주파수를 결정할 수 없는 경우, 진폭이 최대치의 $\frac{1}{\sqrt{2}}$이라고 추정되는 주파수 근처에서 신호의 주파수를 더 상세하게 나누어 차단 주파수를 실험적으로 판단할 수 있도록 실험을 추가로 진행하여 진폭과 위상을 측정한 후 측정 결과에 기초해서 차단 주파수를 결정하시오.

8. 표 10.2의 측정 결과를 이용하여 교류 전압원 V_i의 주파수 변화에 따라 출력에 나타나는 신호 V_o의 시간 지연을 위상 지연 (위상차)으로 바꾸어 계산하고, 주파수 변화에 따른 위상 지연 그래프를 그리시오.

9. 6에서 구한 진폭 그래프를 가로축은 log scale, 세로축은 dB 단위로 그림 10.12에 다시 그리시오.

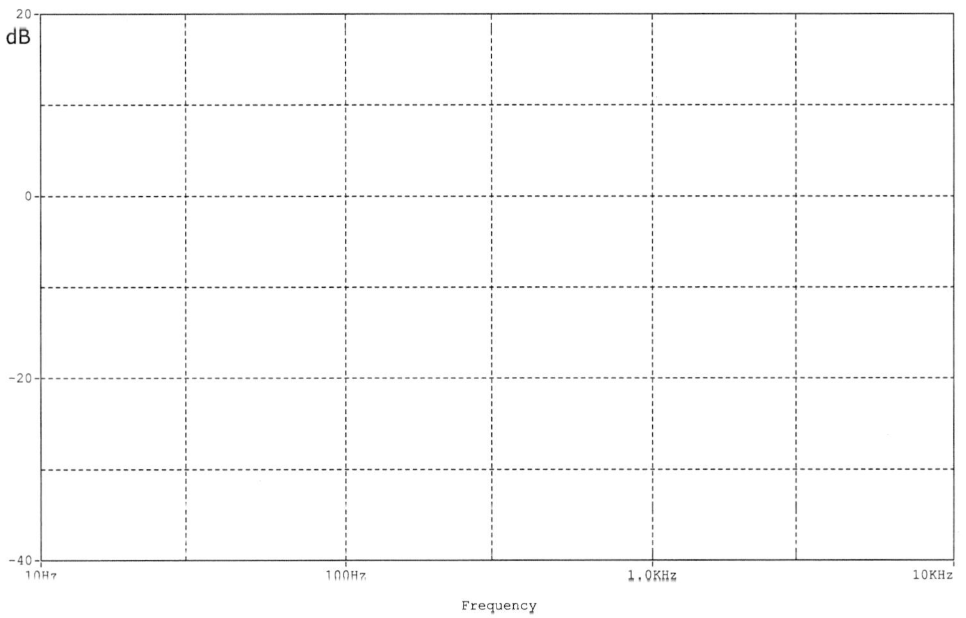

그림 10.12 OP 앰프 고대역 필터 주파수 응답 : 크기

10. 8에서 구한 위상 지연 그래프를 가로축은 log scale, 세로축은 ° (degree) 단위로 그림 10.13에 다시 그리시오. 그림 10.13에서 세로축의 'd' 표시는 ° 를 의미한다.

11. 10에서 구한 위상 지연에 대해서 그림 10.4 (b)에 표현한 위상 지연과 비교하여 설명하시오.

12. 1에서 11까지의 결과를 관찰하고 분석하여 그림 10.11에 나타낸 회로의 동작을 설명하시오.

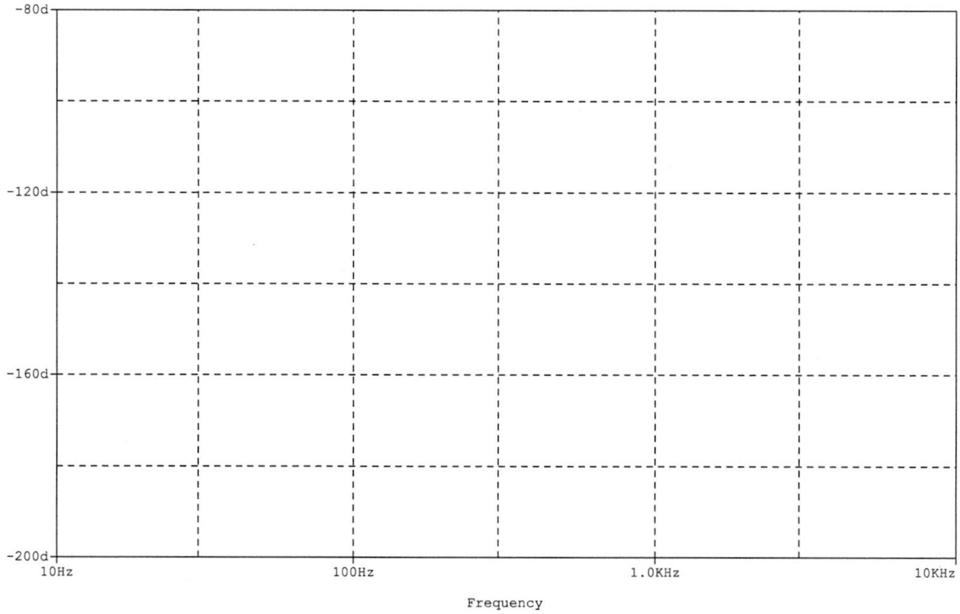

그림 10.13 OP 앰프 고대역 필터 주파수 응답 : 위상 지연

13. 2에서 입력한 그림 10.11의 회로에 대해 PSPICE 모의실험에서 'AC sweep analysis'를 다시 수행한다. 이번에는 앞에서 분석한 경우보다 더 높은 주파수 대역까지 출력 V_o의 주파수 특성을 판단할 수 있도록 'AC sweep analysis'의 주파수 범위를 10 MHz까지 지정한다. PSPICE로 모의실험을 수행하여 출력 V_o의 크기와 위상을 관찰하고 그림 10.4의 이론적인 결과와 비교하여 특징을 설명하시오..

14. 위에서 구한 주파수 특성 곡선이 그림 10.4의 OP 앰프 고대역 필터의 특성 곡선과 다르게 나타나는 부분이 존재하는 이유에 대해서 조사하고 설명하시오. 또한 얼마나 높은 주파수 범위까지 이상적인 OP 앰프를 가정하고 분석하는 것이 타당한지 설명하시오.

실험 3 직결합 (cascaded) OP 앰프 저대역 필터

1. 그림 10.14에 나타낸 회로에서 첫 번째 단 OP 앰프 회로에서 R_1, R_2는 1 kΩ, 10 kΩ이고 C_1은 0.1 μF이다. 두 번째 단 OP 앰프 회로에서도 첫 번째 단과 동일하게 R_3, R_4는 1 kΩ, 10 kΩ이고 C_2는 0.1μF이다. PSPICE로 모의실험을 수행하기 위해, 'OrCAD Capture' 프로그램을 이용하여 그림 10.14의 회로를 입력한다. 회로에서 교류 전압원 V_s는 'VAC' 모델을 사용하고 'ACMAG'와 'DC' 속성 파라미터를 각각 '1Vac'와 '0Vac'로 지정한다.

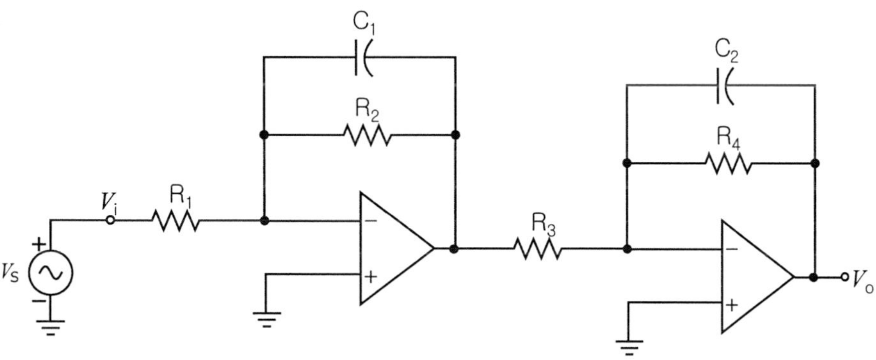

그림 10.14 직결합 OP 앰프 저대역 필터

2. 1에서 입력한 그림 10.14의 회로에 대해 PSPICE 모의실험에서 'AC sweep analysis'를 수행한다. 출력 V_o의 주파수 특성 (주파수 변화에 따른 크기와 위상의 변화)을 판단할 수 있도록 'AC sweep analysis'의 주파수 범위를 모의실험을 반복하면서 적절한 범위로 지정한다.

3. 2에서 PSPICE 모의실험을 통해서 얻은 크기와 위상 그래프를 [실험 1]의 OP 앰프 저대역 필터의 실험에서 얻은 결과와 비교한다. 크기 그래프에서 주파수가 증가함에 따라 크기가 감소하는데, 크기가 감소하는 비율, 위상에서 주파수의 증가에 따라 위상이 변하는 비율 등 주요 특징을 비교하여 설명하시오.

4. 위에서 PSPICE로 모의실험한 결과를 실제 회로에서 검증하기 위해, 그림 10.14의 회로를 브레드보드에 구현한다. 교류 전압원 V_s은 함수발생기를 사용하는데, 1, 2에서 수행한 모의실험과 달리 직결합 OP 앰프의 전압 이득이 커서 OP 앰프에 인가된 전원의 전압 범위를 벗어나는 신호가 발생되는 경우 출력에서 왜곡이 발생하므로, 모의실험에서 사용한 입력 신호보다 크기를 줄여서 진폭이 0.1 V인 사인파가 출력되도록 그 파형을 오실로스코프로 관찰하면서 함수발생기를 조절한다.

5. 3에서 PSPICE 모의실험에서 얻은 것과 비슷한 그래프를 그리기 위해 함수발생기의 주파수를 적절히 설정하면서 오실로스코프에 나타난 V_o 파형의 진폭과 V_i에 대한 시간 지연을 측정하여 표 10.3를 완성한다. 측정을 반복하는 동안, 신호의 주파수를 변경할 때마다 V_i이 항상 동일한 진폭을 유지하는지 확인한다.

※ V_o의 시간 지연은 V_i에 대한 시간 지연을 의미함.						
V_i의 주파수	10 Hz	30 Hz	100 Hz	300 Hz	1 kHz	3 kHz
V_o의 진폭						
V_o의 시간 지연						
V_i의 주파수	10 kHz					
V_o의 진폭						
V_o의 시간 지연						

표 10.3 직결합 OP 앰프 저대역 필터의 주파수 응답 측정

6. 표 10.3의 측정 결과를 이용하여 교류 전압원 $V_i(=V_s)$의 주파수 변화에 따라 출력에 나타나는 신호 V_o의 진폭 (크기)을 그래프로 그리시오.

7. 6에서 그린 그래프에서 차단 주파수를 결정할 수 없는 경우, 진폭이 최대치의 $\frac{1}{\sqrt{2}}$이라고 추정되는 주파수 근처에서 신호의 주파수를 더 상세하게 나누어 차단 주파수를 실험적으로 판단할 수 있도록 실험을 추가로 진행하여 진폭과 위상을 측정한 후 측정 결과에 기초해서 차단 주파수를 결정하시오.

8. 표 10.3의 측정 결과를 이용하여 교류 전압원 V_i의 주파수 변화에 따라 출력에 나타나는 신호 V_o의 시간 지연을 위상 지연 (위상차)으로 바꾸어 계산하고, 주파수 변화에 따른 위상 지연 그래프를 그리시오.

9. 6에서 구한 진폭 그래프를 가로축은 log scale, 세로축은 dB 단위로 그림 10.15에 다시 그리시오.

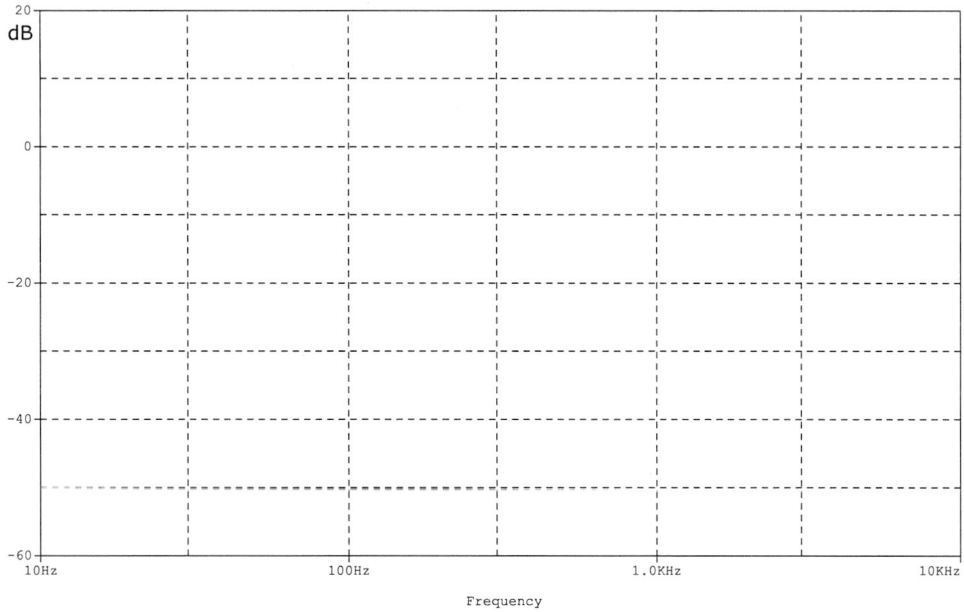

그림 10.15 직결합 OP 앰프 저대역 필터의 주파수 응답 : 크기

10. 8에서 구한 위상 지연 그래프를 가로축은 log scale, 세로축은 ° (degree) 단위로 그림 10.16에 다시 그리시오. 그림 10.16에서 세로축의 'd' 표시는 ° 를 의미한다.

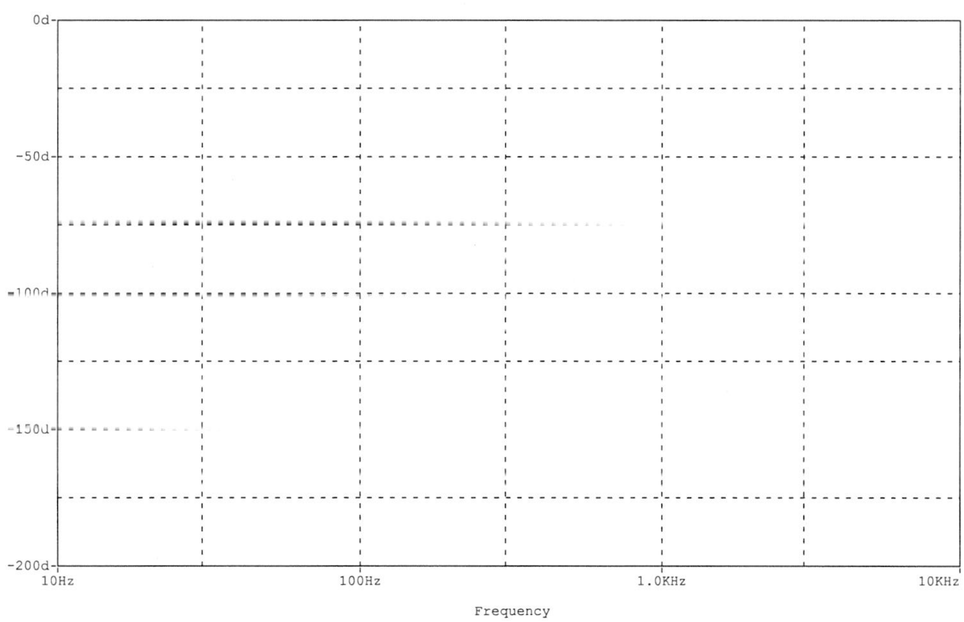

그림 10.16 직결합 OP 앰프 저대역 필터의 주파수 응답 : 위상 지연

11. 10에서 구한 위상 지연에 대해서 그림 10.4 (b)에 표현한 위상 지연과 비교하여 설명하시오.

12. 1에서 11까지의 결과를 관찰하고 분석하여 그림 10.14에 나타낸 회로의 동작을 설명하시오.

❖ 과제

1. OP 앰프 대역 통과 필터 (band pass filter)에 대해서 조사하고 간단한 OP 앰프 대역 통과 필터에 대해 임피던스로 표현된 입·출력 관계식을 구하시오.

제11장 | OP 앰프 필터 : 대역 통과 필터와 대역 차단 필터

I 실험 목표

- OP 앰프 대역 통과 필터 회로의 구조에 대해서 배운다.
- OP 앰프 대역 차단 필터의 개념적인 모델에 대해서 배운다.
- Laplace 변환과 임피던스를 이용하여 OP 앰프 대역 통과 필터 회로를 해석하고, 전달함수를 이용하여 OP 앰프 대역 통과 필터의 주파수 특성 (주파수 변화에 따른 크기와 위상 변화)을 이해한다.
- 대역 통과 필터에서 차단 주파수, 중심 주파수, 대역폭에 대해서 정의하고 수식 분석, 모의실험, 실제 회로 실험에서 측정으로 특성을 확인한다.
- 대역 통과 필터에서 차단 주파수, 중심 주파수, 대역폭을 결정하는 회로의 요소들에 대해서 이해한다.
- OP 앰프 대역 통과 필터 회로의 구조가 결정되고, 필터의 중심 주파수와 대역폭과 같은 조건들이 주어진 상태에서, 그 조건을 만족하는 회로의 부품 값들을 결정하는 설계 과정을 모의실험을 반복적으로 수행하는 방법으로 익힌다.
- OP 앰프 대역 차단 필터의 개념적인 모델을 구현하기 위해, OP 앰프 저대역 필터, OP 앰프 고대역 필터를 병합한 회로에 대해 모의실험과 실제 회로 실험에서 측정으로 주파수 특성을 확인한다.

II 실험 부품 및 준비 사항

1 실험 부품

부품명	규격	수량
OP 앰프	TLP082CP	2개
저항	1 kΩ, 1/4 watt	7개
저항	10 kΩ, 1/4 watt	1개
커패시터	0.001 μF	1개
커패시터	0.1 μF	1개
커패시터	1 μF/50V	5개

2 실험 준비 사항

- 오실로스코프, 함수발생기, 직류 전압원 공급장치, 멀티미터
- 브레드보드, 점퍼선
- PSPICE 소프트웨어가 설치된 컴퓨터

III 실험 내용

1 OP 앰프 대역 통과 필터 (BPF : band pass filter)

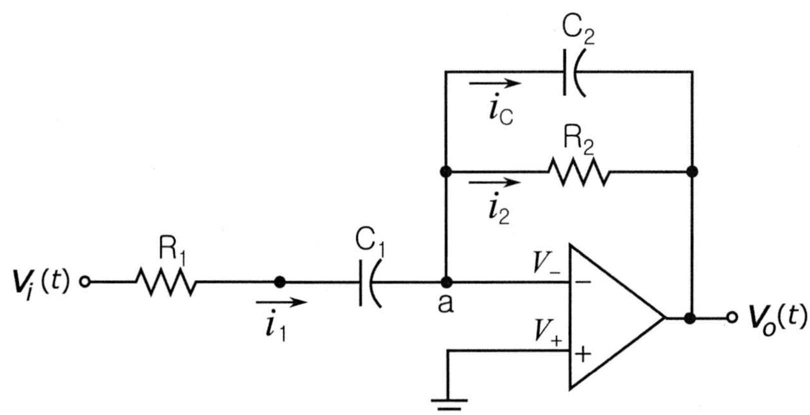

그림 11.1 OP 앰프 대역 통과 필터

그림 11.1의 회로에 대해 주파수 특성을 분석하기 위해 10장에서 설명했던 것과 같이 Laplace 변환과 임피던스를 이용하여 해석하기로 한다. 그림 11.2은 그림 11.1 회로에서 각 시간 영역 변수들을 Laplace 변환으로 바꾸고 회로의 저항과 커패시터를 임피던스로 표현한 것이다.

그림 11.2의 회로에서 $V_i(s)$, $V_o(s)$, $I_1(s)$, $I_2(s)$, $I_C(s)$는 각각 $v_i(t)$, $v_o(t)$, $i_1(t)$, $i_2(t)$, $i_C(t)$의 Laplalce 변환이다. 노드 a에서 키프히호프의 전류 법칙을 적용하면, 식 (11.1)이 성립하고, 식 (11.2)와 같이 표현된다.

$$I_1(s) = I_2(s) + I_C(s) \tag{11.1}$$

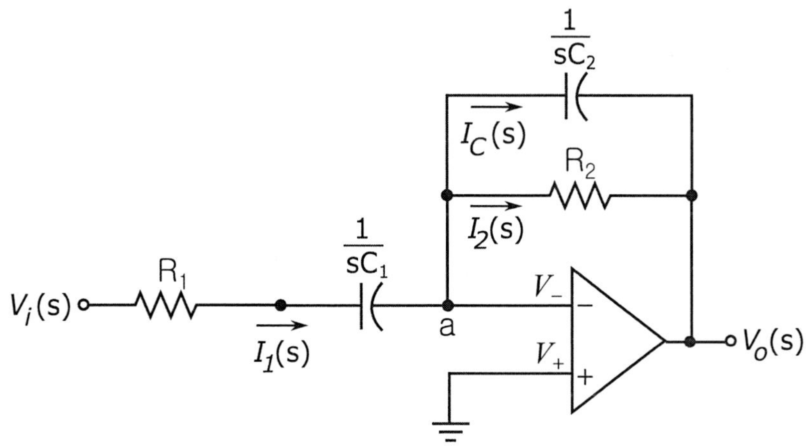

그림 11.2 Laplace 변환과 임피던스로 표현된 회로

$$\frac{V_i(s) - V_-}{R_1 + \frac{1}{sC_1}} = (V_- - V_o(s))(\frac{1}{R_2} + sC_2) \tag{11.2}$$

OP 앰프의 출력에서 입력으로 귀환되는 구조이므로 $V_- = V_+$이고 $V_+ = 0$이고, 식 (11.2)는 식 (11.3)과 같은 입 · 출력 신호 간의 관계로 정리된다.

$$V_o(s) = -\frac{\frac{1}{R_1C_2}s}{(s + \frac{1}{R_1C_1})(s + \frac{1}{R_2C_2})} V_i(s) \tag{11.3}$$

그러므로, 전압 이득을 나타내는 전달함수 $H(s)$는 식 (11.4)과 같이 표현된다.

$$H(s) = \frac{V_o(s)}{V_i(s)} = -\frac{\frac{1}{R_1C_2}s}{(s + \frac{1}{R_1C_1})(s + \frac{1}{R_2C_2})} \tag{11.4}$$

만일, 그림 11.1 회로에서 입력 신호 $v_i(t)$가 사인파일 경우, 식 (11.4)에 $s = j\omega$를 대입하여 $H(s)|_{s=j\omega}$구하면, 식 (11.5)과 같이 표현되어 주파수에 따른 크기와 위상을 판단할 수 있게 된다.

$$H(j\omega) = H(s)|_{s=j\omega} = \left.\frac{V_o(s)}{V_i(s)}\right|_{s=j\omega} = -\frac{\frac{1}{R_1C_2}j\omega}{(j\omega + \frac{1}{R_1C_1})(j\omega + \frac{1}{R_2C_2})} \tag{11.5}$$

따라서, 전달함수 $H(j\omega)$의 크기 $H(\omega)$와 위상 $\theta(\omega)$는 각각 식 (11.6)과 (11.7)과 같이 표현된다.

$$H(\omega) = |H(j\omega)| = \left|\frac{V_o(j\omega)}{V_i(j\omega)}\right| = \frac{1}{\mathrm{R_1C_2}} \cdot \frac{\omega}{\sqrt{\omega^2 + (\frac{1}{\mathrm{R_1C_1}})^2}\sqrt{\omega^2 + (\frac{1}{\mathrm{R_2C_2}})^2}} \tag{11.6}$$

$$\theta(\omega) = -90^\circ - \tan^{-1}\omega\mathrm{R_1C_1} - \tan^{-1}\omega\mathrm{R_2C_2} \tag{11.7}$$

그림 11.3에 주파수 ω의 변화에 따라 전달함수의 크기 $H(\omega)$와 위상 $\theta(\omega)$의 변화를 그래프로 나타냈다.

그림 11.3 (a) 전압 이득 크기 그래프에서는 $\omega = \omega_c$에서 최대값 $H(\omega_c) = H_{\max}$을 갖는다. 그리고 $\omega < \omega_c$인 영역에서 주파수가 감소할수록 크기가 점차로 감소하여 $\lim_{\omega \to 0} H(\omega) = 0$에 다가가고, $\omega > \omega_c$인 영역에서도 주파수가 증가할수록 크기가 점차로 감소하여 $\lim_{\omega \to \infty} H(\omega) = 0$에 다가간다. 다르게 표현하면, 중심 주파수 (center frequency) ω_c에서 최대값을 갖고, 중심 주파수에서 멀어질수록 크기가 감소하는 특성을 보인다.

그림 11.3 (a)에서 크기가 최대값 $H_{\max}$의 $\frac{1}{\sqrt{2}}$이 되는 주파수를 차단 주파수로 정의하는데, 대역 통과 필터에서는 중심 주파수로부터 멀어지면서 크기가 최대값의 $\frac{1}{\sqrt{2}}$ 되는 주파수가 ω_1과 ω_2 두 개 존재한다. 이 주파수를 대역 통과 필터의 차단 주파수라 부르고, 식 (11.8)과 같이 두 차단 주파수의 차이를 대역폭 (band width) BW라 정의한다.

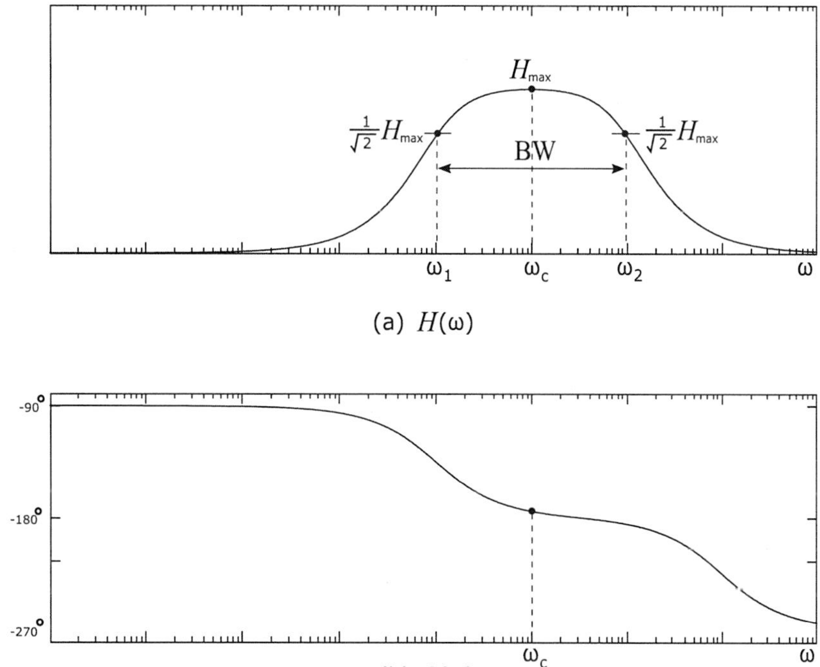

(a) $H(\omega)$

(b) $\theta(\omega)$

그림 11.3 OP 앰프 대역 통과 필터의 주파수 응답

$$\mathrm{BW} = \omega_2 - \omega_1 \tag{11.8}$$

OP 앰프 대역 통과 필터를 신호의 크기 관점에서 보면, 중심 주파수 ω_c를 포함해서 대역폭 BW 이내의 주파수를 갖는 신호는 필터를 통과할 때 신호가 증폭되어 출력에 나타나지만, 대역폭 밖의 주파수를 갖는 신호는 크기가 억제되므로 감소되어 나타나는 특성을 갖는다.

한편, 그림 11.3 (b)의 위상 그래프에서는 $\omega = 0$인 경우 $\theta(0) = -90^\circ$의 위상을 보이고 주파수가 증가할수록 지연이 -270°에 집근하는 것을 볼 수 있다.

2 OP 앰프 대역 차단 필터 (BPF : band stop filter)

OP 앰프를 이용한 대역 차단 필터는 특정 주파수 대역의 신호를 억제하여 크기를 감소시키고, 그 주파수 대역 밖의 신호들에 대해서는 억제하지 않고 통과시켜 출력에 나타나게 한다. 이러한 기능을 수행하기 위해 이해하기 쉽고 전형적인 대역 차단 필터의 개념을 그림 11.4에 나타냈다.

그림 11.4에 나타낸 대역 차단 필터는 입력 신호 $v_i(t)$가 병렬로 배치된 저대역 필터(LPF : low pass filter)와 고대역 필터 (HPF: high pass filter)에 입력되고 각 필터의 출력을 합하여 증폭시키는 구조를 갖는다. 그림 11.4 (a)에서 저대역 필터는 전달함수가 $H_1(\omega)$으로 표현되고 차단 주파수는 ω_1이고, 고대역 필터는 전달함수가 $H_2(\omega)$로 표현되고 차단 주파수는 ω_2인 특성을 갖고, 여기서 $\omega_1 < \omega_2$이다. 그러면, 그림 11.4 (a) 나타낸 대역 차단 필터의 전달함수 $H(\omega)$는, 두 필터의 전달함수 $H_1(\omega)$와 $H_2(\omega)$의 합성으로 표현되어, 그림 11.4 (b)의 전달함수 특성 곡선 $H(\omega)$와 같은 모양을 갖게 되므로, 입력되는 신호 $v_i(t)$에서 두 주파수 ω_1과 ω_2 사이에 있는 성분들은 억제되고, 그 주파수 대역 밖의 성분들은 억제되지 않고 출력 신호 $v_o(t)$로 나타나게 된다.

차단 대역의 시작과 끝 주파수 ω_1와 ω_2는 각각 저대역 필터와 고대역 필터의 차단 주파수이므로, 이 주파수를 결정하는 방법은 10장에서 저대역 필터와 고대역 필터에서 차단 주파수를 결정하는 요소를 참조한다.

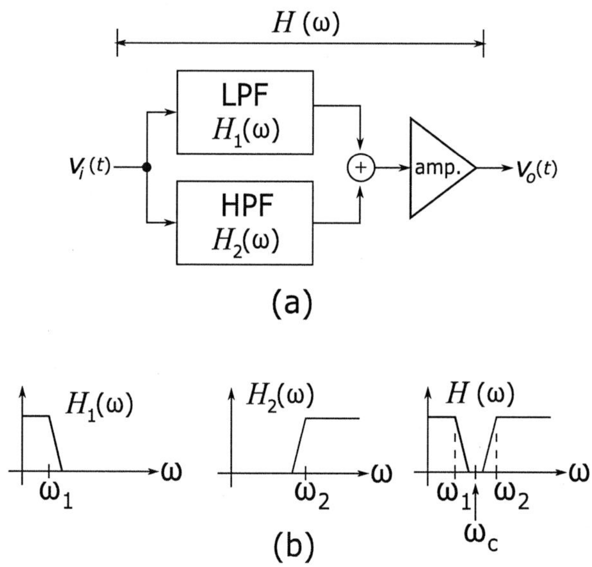

그림 11.4 대역 차단 필터 개념

실험 1 OP 앰프 대역 통과 필터 (BPF) 회로 특성 분석 및 측정

1. 그림 11.5에 나타낸 회로에서 R_1, R_2는 1 kΩ, 10 kΩ이고 C_1, C_2는 1 μF, 0.001 μF이다. 앞에서 설명한 내용을 참조하여 차단 주파수 또는 3 dB 주파수와 대역폭을 계산하시오.

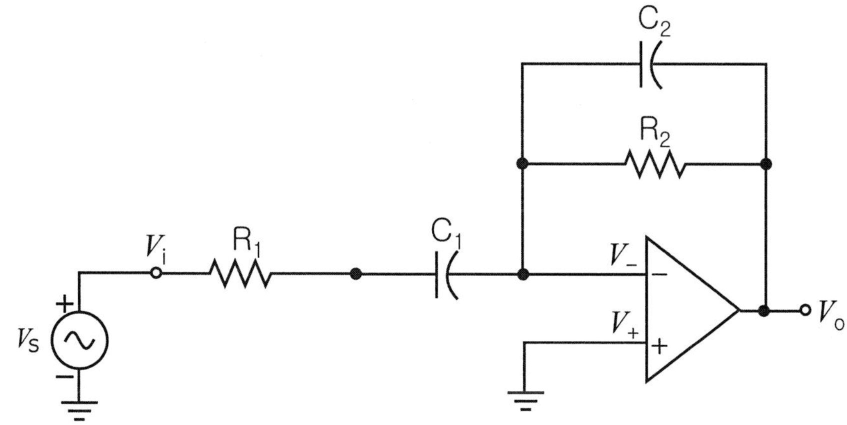

그림 11.5 OP 앰프 대역 통과 필터

2. PSPICE로 모의실험을 수행하기 위해, 'OrCAD Capture' 프로그램을 이용하여 그림 11.5의 회로를 입력한다. 회로에서 교류 전압원 V_s는 PSPICE 라이브러리 'SOURCE'에서 'VAC'라는 이름의 부품을 선택하여 사용한다. 교류 전압원 'VAC' 모델의 'ACMAG'와 'DC' 속성 파라미터를 각각 '1Vac'와 '0Vac'로 지정한다.

3. 2에서 입력한 그림 11.5의 회로에 대해 PSPICE 모의실험에서 'AC sweep analysis'를 수행한다. 출력 V_o의 주파수 특성을 판단할 수 있도록 1에서 계산한 차단 주파수를 고려하여 교류 전압원 V_s의 주파수 범위를 적절히 선택한다. PSPICE로 모의실험을 수행한 결과로 나타나는 그래프에서 3 dB 주파수와 대역폭을 결정하고 1에서 계산한 이론치와 비교하시오.

4. 위에서 PSPICE로 모의실험한 결과를 실제 회로에서 검증하기 위해, 그림 11.5의 회로를 브레드보드에 구현한다. 교류 전압원 V_s은 함수발생기를 사용하는데, 진폭이 1 V인 사인파가 출력되도록 그 파형을 오실로스코프로 관찰하면서 함수발생기를 조절한다.

5. 3에서 PSPICE 모의실험에서 얻은 것과 비슷한 그래프를 그리기 위해 함수발생기의 주파수를 적당히 설정하면서 오실로스코프에 나타난 V_o 파형의 진폭과 V_i에 대한 시간 지연을 측정하여 표 11.1을 완성한다. 측정을 반복하는 동안 신호의 주파수를 변경할 때마다 V_i이 항상 동일한 진폭을 갖는지 확인한다.

※ V_o의 시간 지연은 V_i에 대한 시간 지연을 의미함.						
V_i의 주파수	10 Hz	30 Hz	100 Hz	300 Hz	1 kHz	3 kHz
V_o의 진폭						
V_o의 시간 지연						
V_i의 주파수	10 kHz	30 kHz	100 kHz	300 kHz	1 MHz	3 MHz
V_o의 진폭						
V_o의 시간 지연						
V_i의 주파수	10 MHz					
V_o의 진폭						
V_o의 시간 지연						

표 11.1 OP 앰프 대역 통과 필터의 주파수 응답 측정

6. 표 11.1의 측정 결과를 이용하여 교류 전압원 $V_i(= V_s)$의 주파수 변화에 따라 출력에 나타나는 신호 V_o의 진폭 (크기)을 그래프로 그리시오.

7. 6에서 그린 그래프에서 차단 주파수를 결정할 수 없는 경우, 진폭이 최대치의 $\frac{1}{\sqrt{2}}$이라고 추정되는 주파수 근처에서 신호의 주파수를 더 상세하게 나누어 차단 주파수를 실험적으로 판단할 수 있도록 실험을 추가로 진행하여 진폭과 위상을 측정한 후 측정 결과에 기초해서 차단 주파수를 결정하시오.

8. 표 11.1의 측정 결과를 이용하여 교류 전압원 V_i의 주파수 변화에 따라 출력에 나타나는 신호 V_o의 시간 지연을 위상 지연 (위상차)으로 바꾸어 계산하고, 주파수 변화에 따른 위상 지연 그래프를 그리시오.

9. 6에서 구한 진폭 그래프를 가로축은 log scale, 세로축은 dB 단위로 그림 11.6에 다시 그리시오. 또한 차단 주파수와 대역폭을 표시하시오.

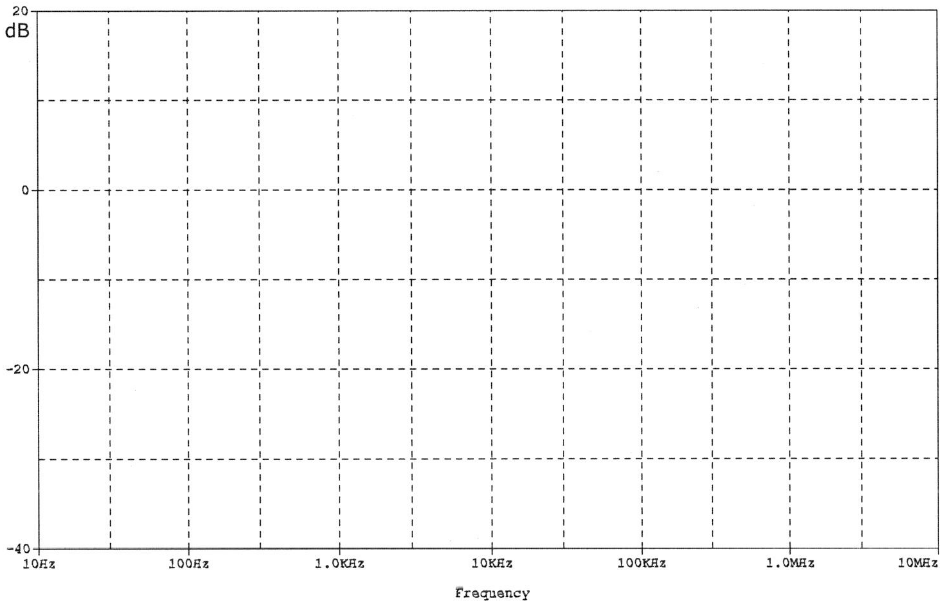

그림 11.6 주파수 응답 : 크기

10. 8에서 구한 위상 지연 그래프를 가로축은 log scale, 세로축은 ° (degree) 단위로 그림 11.7에 다시 그리시오. 그림 11.7에서 세로축의 'd' 표시는 ° 를 의미한다.

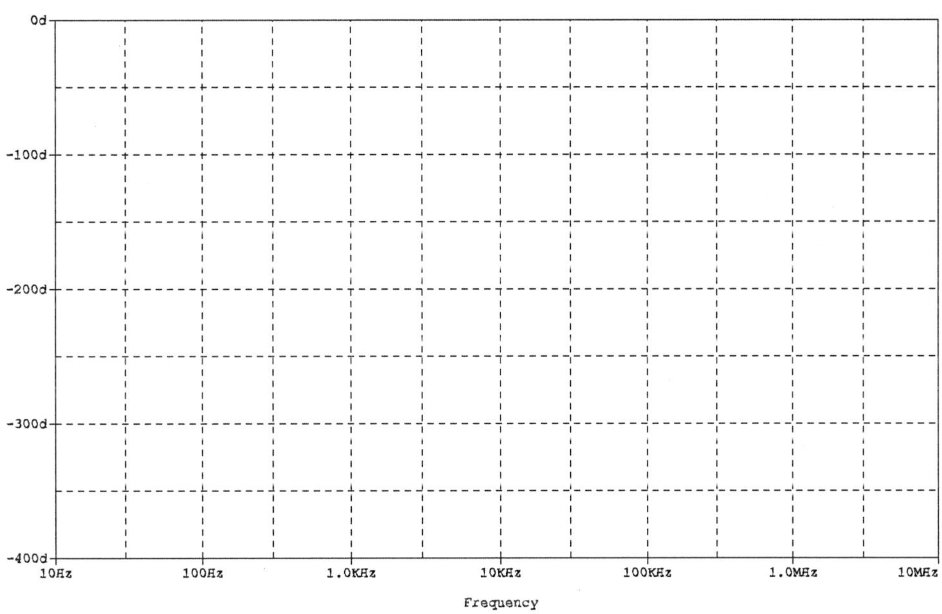

그림 11.7 주파수 응답 : 위상 지연

11. 10에서 구한 위상 지연에 대해서 그림 11.3 (b)에 표현한 위상 지연 곡선과 비교하여 공통점과 차이점을 설명하시오. 또한 얼마나 높은 주파수 범위까지 이상적인 OP 앰프를 가정하고 분석한 그림 11.3 (b)의 결과와 비슷한 특성을 보이는지 설명하시오.

12. 1에서 11까지의 결과를 관찰하고 분석하여 그림 11.5 회로의 동작을 설명하시오.

실험 2 PSPICE를 이용한 OP 앰프 대역 통과 필터 회로 설계

[실험1]에서 PSPICE로 OP 앰프 대역 통과 필터 회로의 특성을 사전에 분석한 것처럼, 그림 11.5의 회로에서 저항 R_1, R_2의 값은 각각 1 kΩ, 10 kΩ을 그대로 사용하고, 커패시터 C_1, C_2에 대해 적절히 선택된 값에 대해 PSPICE로 'AC sweep analysis' 모의실험을 수행한다.

모의실험을 반복적으로 수행하면서 필터의 주파수 응답 특성이, 중심 주파수와 대역폭이, 표 11.2와 같이 되도록 커패시터 C_1, C_2값을 결정하여 표 11.2에 기록하시오. 중심 주파수와 대역폭이 주어진 값을 만족하도록 차단 주파수와 회로 상에서 이와 연관된 위치의 저항과 커패시터의 값들을 결정하여 모의실험을 수행하고 그 결과를 관찰하고 주어진 조건을 만족하는지 확인한다.

중심 주파수	대역폭	차단 주파수		C_1	C_2
		f_1	f_2		
1 kHz	400 Hz			[μF]	[μF]
10 kHz	4 kHz			[μF]	[μF]

표 11.2 필터 회로 설계 : 부품값 결정

실험 3 OP 앰프 대역 차단 필터 회로 특성 분석 및 측정

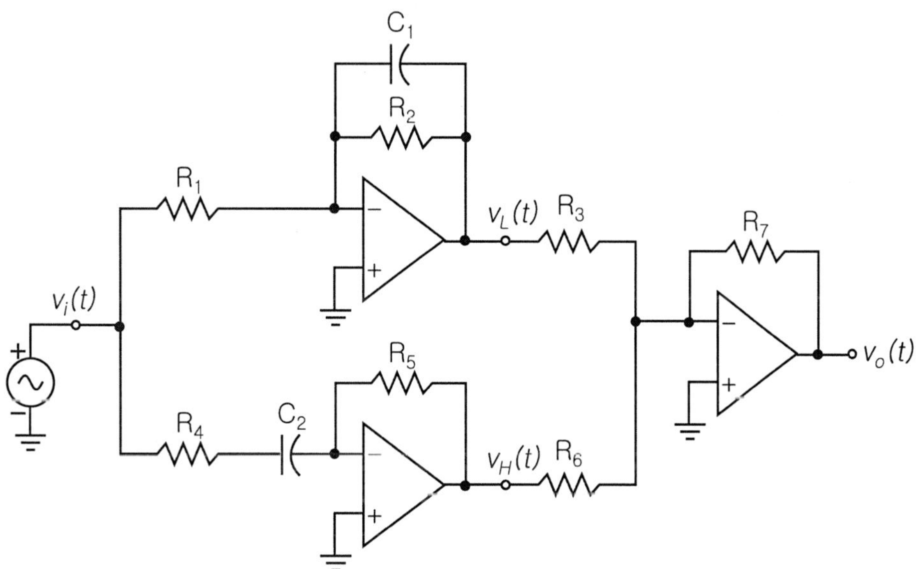

그림 11.8 OP 앰프 대역 차단 필터

그림 11.8의 회로에서 신호 V_s가 입력될 때, 특정 주파수 대역 성분이 제거된 형태의 신호 $v_o(t)$가 출력된다. 이와 같은 기능을 대역 차단 필터라 하는데, 이 회로는 회로는 저대역 필터 (LPF)와 고대역 필터 (HPF)를 합성한 것이다. 그림에서 상단의 OP 앰프 회로가 저대역 필터이고, 하단의 OP 앰프 회로가 고대역 필터 기능을 수행한다.

이 회로에서 R_1, R_2, R_3, R_4, R_5, R_6, R_7은 모두 1 kΩ이고 C_1, C_2는 각각 1 μF, 0.1 μF이다.

1. 입력 $v_i(t)$에 대해, $v_L(t)$는 저대역 필터의 출력이고 $v_H(t)$는 고대역 필터의 출력이다. 두 필터의 차단 주파수를 계산하고 주파수 응답 곡선을 개괄적으로 그리시오.

2. 그림 11.8에서 $v_o(t)$를 $v_L(t)$와 $v_H(t)$의 항을 포함하는 식으로 표현하고 1의 결과를 이용하여 그림 11.8의 회로에 대한 주파수 응답 곡선을 그림 11.9에 개괄적으로 그리고, 계산된 주요 주파수들을 그림에서 알 수 있도록 기록하시오. 그림에서 f_1, f_2는 차단 주파수를, f_c는 중심 주파수를 의미한다.

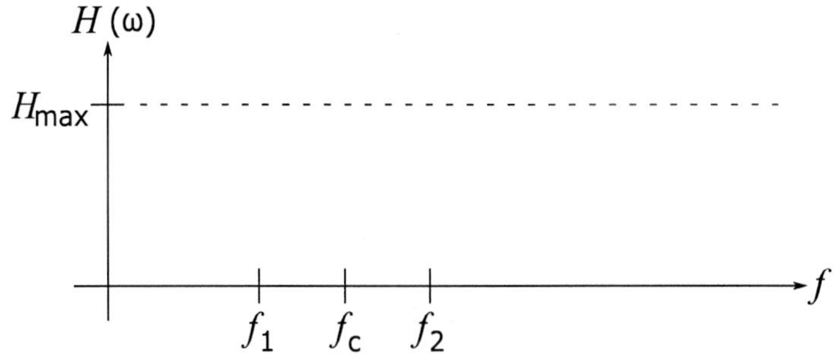

그림 11.9 개괄적인 주파수 응답

3. PSPICE로 모의실험을 수행하기 위해, 'OrCAD Capture' 프로그램을 이용하여 그림 11.8의 회로를 입력한다. 회로에서 교류 전압원 V_s는 PSPICE 라이브러리 'SOURCE'에서 'VAC'라는 이름의 부품을 선택하고, 'VAC' 모델의 'ACMAG'와 'DC' 속성 파라미터를 각각 '1Vac'와 '0Vac'로 지정한다.

4. 3에서 입력한 그림 11.8의 회로에 대해 PSPICE 모의실험에서 'AC sweep analysis'를 수행한다. 출력 V_o의 주파수 특성을 판단할 수 있도록 'AC sweep analysis'의 주파수 범위를 30 kHz까지 지정한다. PSPICE로 모의실험을 수행한 결과로 나타나는 그래프에서 차단 주파수, 중심 주파수, 대역폭을 결정하고 1에서 계산한 이론치와 비교하시오.

	차단 주파수		중심 주파수 f_c	대역폭 BW
	f_1	f_2		
계산 값				
모의실험				

표 11.3 대역 차단 필터 모의실험 결과

5. 위에서 PSPICE로 모의실험한 결과를 실제 회로에서 검증하기 위해, 그림 11.8의 회로를 브레드보드에 구현한다. 교류 전압원 V_s는 함수발생기를 사용하는데, 진폭이 1 V인 사인파가 출력되도록 그 파형을 오실로스코프로 관찰하면서 함수발생기를 조절한다.

6. 4에서 PSPICE 모의실험에서 얻은 것과 비슷한 결과를 얻기 위해 함수발생기의 주파수를 적당히 설정하면서 오실로스코프에 나타난 V_o의 파형의 진폭과 V_i에 대한 시간 지연을 측정하여 표 11.4를 완성한다. 측정을 반복하는 동안, 신호의 주파수를 변경할 때마다 V_i이 항상 동일한 진폭을 유지하는지 확인한다.

※ V_o의 시간 지연은 V_i에 대한 시간 지연을 의미함.						
V_i의 주파수	10 Hz	30 Hz	100 Hz	300 Hz	1 kHz	3 kHz
V_o의 진폭						
V_o의 시간 지연						
V_i의 주파수	10 kHz	30 kHz				
V_o의 진폭						
V_o의 시간 지연						

표 11.4 OP 앰프 대역 차단 필터의 주파수 응답 측정

7. 표 11.4의 측정 결과를 이용하여 교류 전압원 $V_i(=V_s)$의 주파수 변화에 따라 출력에 나타나는 신호 V_o의 진폭 (크기)을 그래프로 그리시오.

8. 7에서 그린 그래프에서 차단 주파수를 결정할 수 없는 경우, 진폭이 최대치의 $\frac{1}{\sqrt{2}}$이라고 추정되는 주파수 근처에서 신호의 주파수를 더 상세하게 나누어 차단 주파수를 실험적으로 판단할 수 있도록 실험을 추가로 진행하여 진폭과 위상을 측정한 후 측정 결과에 기초해서 차단 주파수를 결정하시오.

9. 표 11.4의 측정 결과를 이용하여 교류 전압원 V_i의 주파수 변화에 따라 출력에 나타나는 신호 V_o의 시간 지연을 위상 지연 (위상차)으로 바꾸어 계산하고, 주파수 변화에 따른 위상 지연 그래프를 그리시오.

10. 7에서 구한 진폭 그래프를 가로축은 log scale, 세로축은 dB 단위로 그림 11.10에 다시 그리시오.

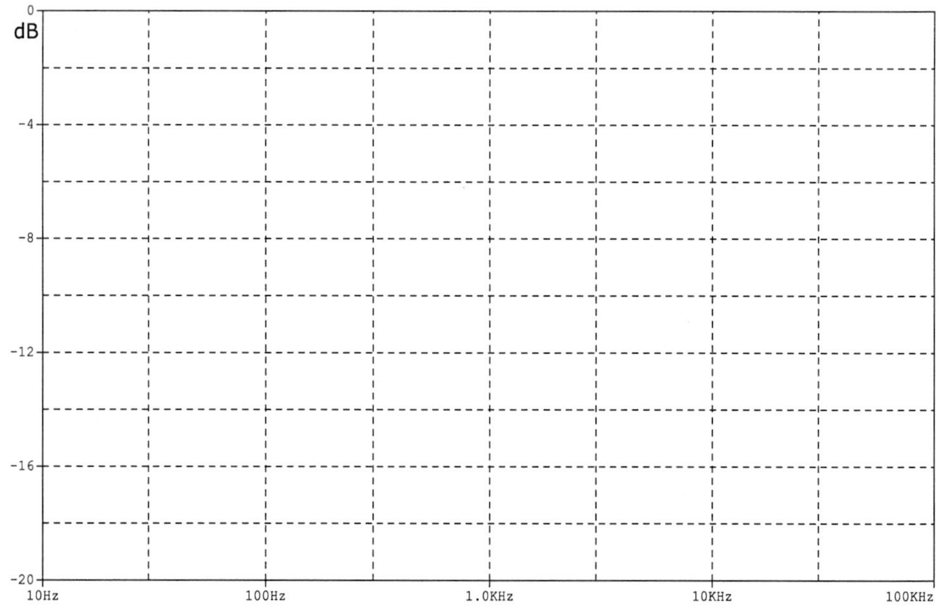

그림 11.10 OP 앰프 대역 차단 필터 주파수 응답 : 크기

11. 9에서 구한 위상 지연 그래프를 가로축은 log scale, 세로축은 ° (degree) 단위로 그림 11.11에 다시 그리시오. 그림 11.11에서 세로축의 'd' 표시는 ° 를 의미한다.

그림 11.11 OP 앰프 대역 차단 필터 주파수 응답 : 위상 지연

12. 1에서 11까지의 결과를 관찰하고 분석하여 그림 11.8에 나타낸 회로의 동작을 설명하시오.

13. 3에서 입력한 그림 11.8의 회로에 대해 PSPICE 모의실험에서 'AC sweep analysis'를 다시 수행한다. 이번에는 앞에서 분석한 경우보다 더 높은 주파수 대역까지 출력 V_o의 주파수 특성을 판단할 수 있도록 'AC sweep analysis'의 주파수 범위를 10 MHz까지 지정한다. PSPICE로 모의실험을 수행하여 출력 V_o의 크기와 위상을 관찰하고 그림 11.4에 개념적인 결과와 비교하여 특징을 설명하시오.

14. 위에서 구한 주파수 특성 곡선이 그림 11.4의 OP 앰프 대역 차단 필터의 특성 곡선과 다르게 나타나는 부분이 존재하는 이유에 대해서 조사하고 설명하시오. 또한 얼마나 높은 주파수 범위까지 이상적인 OP 앰프를 가정하고 분석하는 것이 타당한지 설명하시오.

❖ 과제

1. 발진 회로의 원리에 대해 이론적으로 설명하고, OP 앰프 발진 회로에 대해 그 원리를 적용하여 설명하시오.

제12장 Wien-bridge 발진 회로

I 실험 목표

- 귀환 회로가 있는 증폭기 구조와 전달함수의 형태에 대해서 이해한다.
- 귀환 회로가 있는 증폭기에서 전달함수의 극점들에 대해, s-평면에서 위치에 따른 출력 특성에 대해서 배운다.
- 귀환 회로가 있는 증폭기가 발진하기 위한 'Barkhausen 조건'에 대해서 이해한다.
- Wien-bridge 발진기 회로의 구조에 대해서 배운다.
- Wien-bridge 발진기 회로에서 귀환 회로의 진폭과 위상에 대한 주파수 특성을 이해한다.
- Wien-bridge 발진기 회로에서 출력 파형이 발진하기 위한 귀환 회로의 조건과 비반전 증폭기의 전압 이득의 조건에 대해서 배운다.
- Wien-bridge 발진기 회로에서 비반전 증폭기의 이득에 따라 발진되는 파형의 특성에 대해서 이해한다.

II 실험 부품 및 준비 사항

1 실험 부품

부품명	규격	수량
OP 앰프	UA741CP	1개
저항	1 kΩ, 1/4 watt	2개
저항	10 kΩ, 1/4 watt	1개
저항	15 kΩ, 1/4 watt	1개
가변 저항	10 kΩ	1개
가변 저항	100 kΩ	1개
커패시터	0.01 μF	2개
커패시터	1 μF/50V	2개

2 실험 준비 사항

- 오실로스코프, 함수발생기, 직류 전압원 공급장치, 멀티미터
- 브레드보드, 점퍼선
- PSPICE 소프트웨어가 설치된 컴퓨터

III 실험 내용

1 발진기 (oscillator)

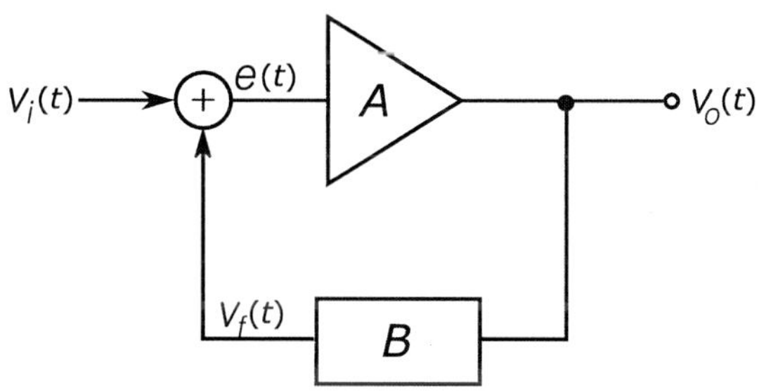

그림 12.1 귀환 (feedback) 증폭기 구조의 발진기

발진기는 회로에 신호가 들어가는 입력이 없어도 주기적인 파형을 발생하는 회로이다. 일반적으로 발진기 회로는 그림 12.1과 같은 구조를 갖는데, 증폭기의 출력 $v_o(t)$을 입력으로 하고 이득이 B인 귀환 회로의 출력 $v_f(t)$가 입력 신호 $v_i(t)$와 더해져 $e(t)$를 만들고, 이득이 A인 증폭기는 이 신호 $e(t)$를 증폭하여 출력 $v_o(t)$로 내보내는 구조이다.

그림 12.1에서 신호 $v_i(t)$, $v_o(t)$, $v_f(t)$, $e(t)$에 대한 Laplace 변환을 각각 V_i, V_o, V_f, E라 하자. 그러면, 그림 12.1에서 귀환회로의 출력 V_f는 식 (12.1)과 같이 표현된다.

$$V_f = BV_o \tag{12.1}$$

증폭기의 입력 E는 입력 V_i와 귀환회로 출력과 V_f의 합이므로 식 (12.2)와 같다.

$$E = V_i + V_f = V_i + BV_o \tag{12.2}$$

증폭기의 이득이 A이므로, 출력 V_o는 식 (12.3)과 같이 표현된다.

$$V_o = AE = A(V_i + BV_o) \tag{12.3}$$

그러므로, 그림 12.1과 같은 증폭기 구조에서 V_i와 V_o 사이의 전달함수는 식 (12.4)와 같이 정리된다.

$$G = \frac{V_o}{V_i} = \frac{A}{1 - AB} \tag{12.4}$$

식 (12.4)의 분모에서 AB는 증폭기의 이득 A와 귀환 회로의 이득 B가 곱해진 형태이어서 루프 이득 (loop gain)으로 부르는데, $AB \to 1$이면 $G \to \infty$가 된다. 이러한 경우 아주 미소한 신호가 입력에 가해져도 출력에 전압을 일으킬 수 있게 되고, 입력이 없어도 발진기로 동작한다.

회로를 Laplace 변환과 임피던스를 이용하여 해석할 때, 선형 회로에서 전달함수는 Laplace 변환의 's'를 변수 영역으로 하는 식 $G(s)$으로 표현된다. 그리고 전달함수의 크기를 무한대로 만드는 요소들, 다르게 표현하면 전달함수의 분모를 영으로 만드는 s를 극점 (pole)이라 부른다. 이 극점은 일반적으로 복소값으로 표현되는데, 복소 평면 (s-평면)에서 극점의 위치에 따라 선형 회로의 출력을 예측할 수 있다. 식 (12.4)에서 루프 이득이 다음과 같은 조건에 따라 회로의 출력 특성이 구분된다. 참고로, 루프 이득 $AB = 1$은 AB의 크기가 1이고 위상이 0° 또는 360°의 배수인 경우와 같은 의미이다. 그림 12.2에 선형 회로의 전달함수에서 극점의 위치에 따른 응답을 나타냈다.

- $|AB| < 1$ 이고 $\angle AB = 2\pi n$ (n : 정수)인 경우 : 그림 12.2 (a)와 같이 극점들이 s 평면의 좌측 (2, 3 사분면)에 위치하고, 회로의 출력은 진동하면서 사라지고 안정하게 된다.
- $|AB| = 1$ 이고 $\angle AB = 2\pi n$ (n : 정수)인 경우 : 그림 12.2 (b)와 같이 극점들은 s 평면의 허수축에 위치하고, 회로의 출력은 진폭이 일정한 상태로 유지되며 계속 진동 (발진) 한다.
- $|AB| > 1$ 이고 $\angle AB = 2\pi n$ (n : 정수)인 경우 : 그림 12.2 (c)와 같이 극점들은 s 평면의 우측 (1, 4 사분면)에 위치하고, 회로의 출력은 진동하면서 크기가 증가하여 불안정하게 된다.

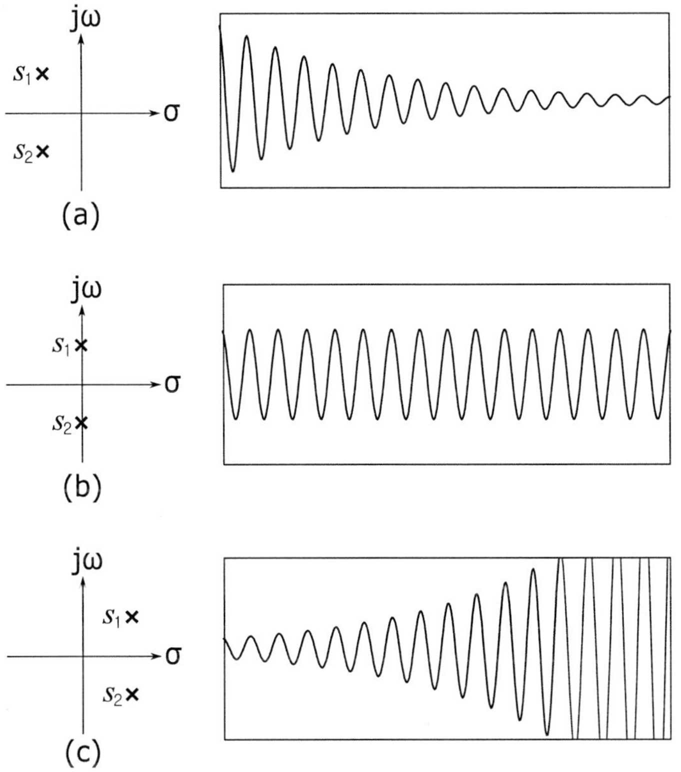

그림 12.2 선형 회로에서 극점 s_1, s_2의 위치에 따른 응답

실제 회로에서 루프 이득이 $AB=1$인 경우, 증폭기의 비선형 성질 때문에, 발진 파형이 지수함수적으로 감소하면서 사라진다. 그래서 계속해서 발진을 유지하기 위해서는 루프 이득을 1보다 약간 크게 설정한다.

❑ 발진 조건

그림 12.1에 나타낸 양의 귀환 (positive feedback)이 있는 증폭기 구조의 발진기에서 A와 B를 각각 증폭기 이득과 귀환 회로의 이득이라 할 때, 출력 신호 $v_o(t)$에서 발진 현상이 관찰되기 위한 조건은, 'Barkhausen 조건'이라고 불리는데, 다음과 같다.

- 루프 이득 AB의 위상천이 : $2\pi n$ (n : 정수)
- 루프 이득의 크기 : $|AB|=1$

2 Wien-bridge 발진기

발진기에서 귀환 회로에 저항과 커패시터로 구성된 발진기는 Wien-bridge 발진기, 위상 천이 (phase-shift) 발진기 등등 여러 형태가 있는데, 이 장에서는 Wien-bridge 발진기에 대해 분석하고 실험한다.

2.1 귀환 회로의 특성

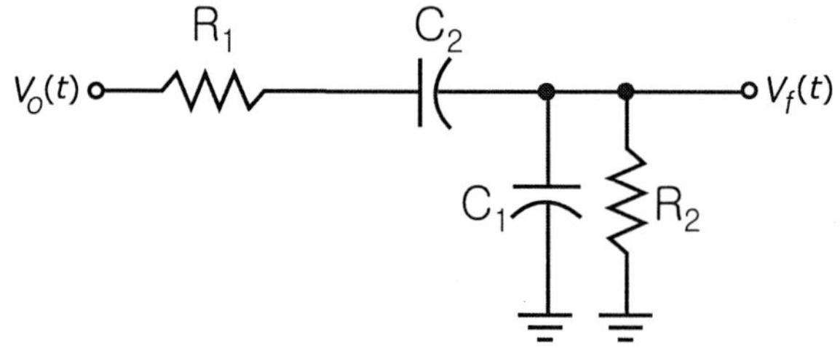

그림 12.3 phase lead-lag 회로

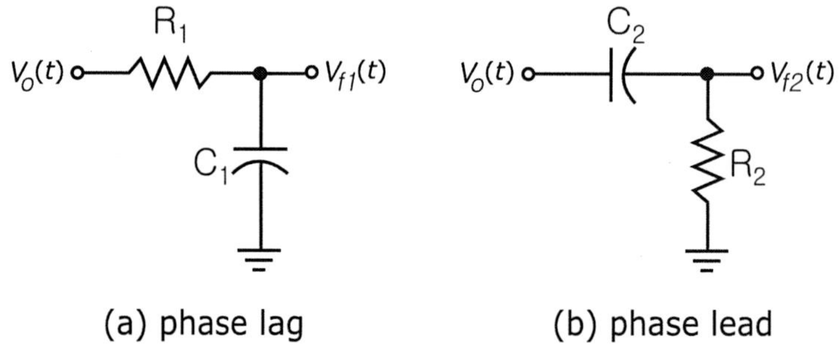

그림 12.4 위상 뒤짐 (phase lag) 회로와 위상 앞섬 (phase lead) 회로

그림 12.3에 그림 12.1에서 이득이 B인 귀환 회로에 사용되는, 입력 신호와 출력 신호 간에 위상 앞섬과 뒤짐을 조절할 수 있는 회로를 나타냈다. 이 회로는 그림 12.4 (a), (b)에 나타낸 것처럼 R_1, C_1으로 구성된 위상 뒤짐 회로와 C_2, R_2로 구성된 위상 앞섬 회로가 중첩된 것으로 볼 수 있다.

그림 12.4 (a), (b) 회로의 위상 뒤짐과 앞섬 기능을 알아보기 위해, 두 회로에 대해 전달함수를 구해서 위상을 판단해보자. 신호 $v_o(t)$, $v_{f1}(t)$, $v_{f2}(t)$에 대한 Lapace 변환을 각각 $V_o(s)$, $V_{f1}(s)$, $V_{f2}(s)$라 하자. 그러면, 전압 분배 법칙에 의해, 그림 12.4 (a)와 (b) 회로의 출력은 식 (12.5), (12.6)과 같이 표현된다.

$$V_{f1}(s) = \frac{\frac{1}{sC_1}}{R_1 + \frac{1}{sC_1}} V_o(s) = \frac{1}{1 + sR_1C_1} V_o(s) \tag{12.5}$$

$$V_{f2}(s) = \frac{R_2}{\frac{1}{sC_2} + R_2} V_o(s) = \frac{sR_2C_2}{1 + sR_2C_2} V_o(s) \tag{12.6}$$

그러면, 주파수 특성을 관찰하기 위해, 두 회로에 대한 전달함수 $H_{f1}(j\omega)$, $H_{f2}(j\omega)$를 구하면, 식 (12.7), (12.8)과 같이 표현된다.

$$H_{f1}(j\omega) = \left.\frac{V_{f1}(s)}{V_o(s)}\right|_{s=j\omega} = \frac{1}{1 + j\omega R_1C_1} \tag{12.7}$$

$$H_{f2}(j\omega) = \left.\frac{V_{f2}(s)}{V_o(s)}\right|_{s=j\omega} = \frac{j\omega R_2C_2}{1 + j\omega R_2C_2} \tag{12.8}$$

따라서, 위에서 구한 전달함수로부터, 그림 12.4 (a), (b) 회로의 위상은 식 (12.9), (12.10)과 같이 구해진다.

$$\theta_{f1}(\omega) = -\tan^{-1}\omega R_1C_1 \tag{12.9}$$

$$\theta_{f2}(\omega) = 90° - \tan^{-1}\omega R_2C_2 \tag{12.10}$$

그림 12.5에 위에서 구한 위상을 그래프로 나타냈다. 위상 지연 회로의 위상 $\theta_{f1}(\omega)$은 주파수가 증가함에 따라 0°에서부터 음의 값을 갖으면서 −90°로 점차로 감소하고, 위상 앞섬 회로의 위상 $\theta_{f2}(\omega)$는 90°에서부터 양의 값을 유지하면서 0°로 감소한다.

따라서 그림 12.3과 같이 귀환 회로가 두 회로를 중첩시킨 경우 $\theta_f(\omega)$는 90°에서부터 시작하여 −90°를 향하여 감소하는데, 위상 뒤짐보다 위상 앞섬이 큰 경우에는 양의 값을 갖고, 그 반대의 경우에는 음의 값을 갖는다.

즉, 신호 $v_o(t)$이 주파수가 낮은 경우에는 C_2의 리액턴스 (reactance) X_{C_2}가 커서 위상 앞섬 회로 (lead circuit)의 영향이 크고, 주파수가 증가함에 따라 X_{C_2}는 감소하면서 출력 전압 $v_f(t)$는 증가한다. 신호 $v_o(t)$의 주파수를 증가시키면서 관찰하면, 어떤 주파수 ω_o (resonant frequency : 공진 주파수)에서부터 위상 지연 회로 (lag circuit)의 영향이 더 커지고 C_1의 리액턴스 X_{C_1}가 작아지면서 $v_f(t)$는 감소하기 시작한다.

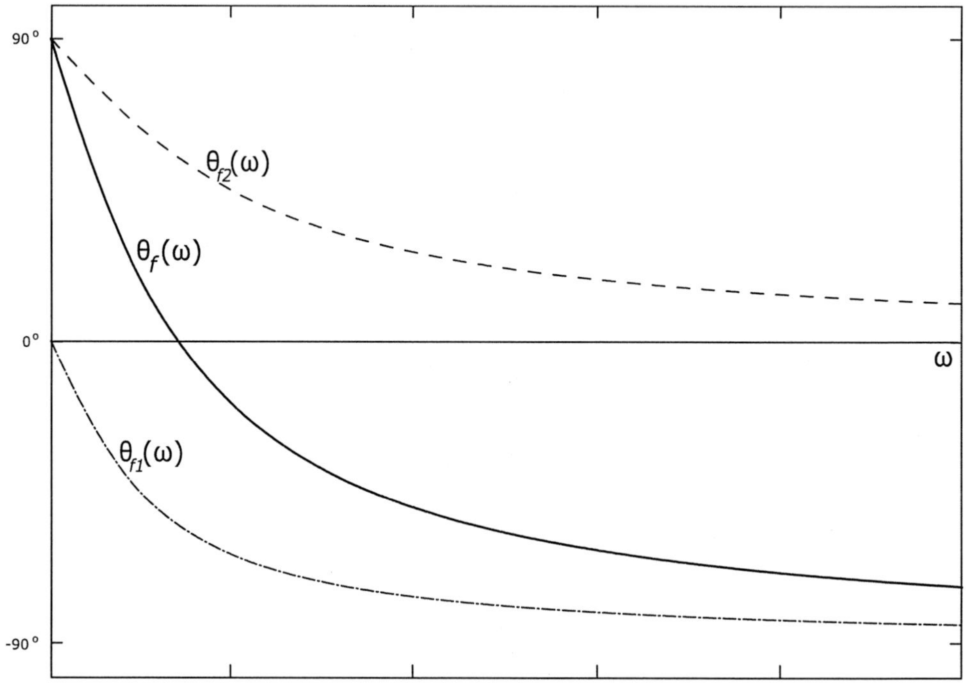

그림 12.5 위상 뒤짐 회로와 위상 앞섬 회로의 위상 변화

이제, 그림 12.3 회로에 대해 전달함수를 구하여 분석하기 위해, 그림 12.3의 회로에 대한 Laplace 변환과 임피던스 표현을 그림 12.6에 나타냈다, 그림 12.6에서 $V_o(s)$와 $V_f(s)$는 각각 $v_o(t)$와 $v_f(t)$의 Laplace 변환이다. $\boldsymbol{Z}_1$은 그림 12.3 회로에서 R_1과 C_2가 직렬 연결된 부분의 임피던스를 의미하고, $\boldsymbol{Z}_2$는 C_1과 R_2가 병렬 연결된 부분의 임피던스를 의미한다. 따라서 $\boldsymbol{Z}_1$과 $\boldsymbol{Z}_2$는 식 (12.11)과 (12.12)와 같이 표현된다.

$$\boldsymbol{Z}_1 = \mathrm{R}_1 + \frac{1}{s\mathrm{C}_2} \tag{12.11}$$

$$\boldsymbol{Z}_2 = \frac{1}{s\mathrm{C}_1} \| R_2 \tag{12.12}$$

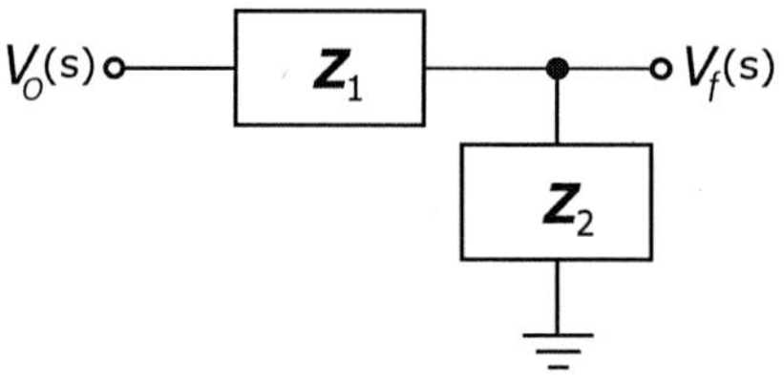

그림 12.6 위상 뒤짐 · 앞섬 회로의 임피던스 표현

그러므로 12.6에서 전압 분배 법칙을 적용하면 식 (12.13)와 같이 표현된다.

$$V_f(s) = \frac{\boldsymbol{Z}_2}{\boldsymbol{Z}_1 + \boldsymbol{Z}_2} V_o(s) \tag{12.13}$$

따라서, 그림 12.3 회로의 전달함수는 식 (12.14)와 같이 정리된다.

$$H(s) = \frac{V_o(s)}{V_i(s)} = \frac{\mathrm{R}_2 \parallel \dfrac{1}{s\mathrm{C}_1}}{\mathrm{R}_1 + \dfrac{1}{s\mathrm{C}_2} + \mathrm{R}_2 \parallel \dfrac{1}{s\mathrm{C}_1}} \tag{12.14}$$

예

그림 12.3 회로에서 $\mathrm{R}_1 = \mathrm{R}_2 = \mathrm{R}$이고 $\mathrm{C}_1 = \mathrm{C}_2 = \mathrm{C}$인 경우에 대해 분석해 보자. 그림 12.3 회로의 전달함수가 식 (12.14)와 같이 표현되므로,

$$H(s) = \frac{s\mathrm{RC}}{\mathrm{R}^2\mathrm{C}^2 s^2 + 3\mathrm{RC}s + 1} \tag{12.15}$$

$s = j\omega$를 대입하면,

$$H(\omega) = \frac{j\omega\mathrm{RC}}{1 - (\omega\mathrm{RC})^2 + \mathrm{j}3\omega\mathrm{RC}} \tag{12.16}$$

식 (12.16)에 공진 주파수 $\omega_o = \dfrac{1}{\mathrm{RC}}$를 대입하면, 그림 12.3 회로에 대한 전달함수는 식 (12.17)과 같이 정리된다.

$$H(\omega_o) = \frac{1}{3} \angle 0^\circ \tag{12.17}$$

즉, 그림 12.3 회로에서 $\mathrm{R}_1 = \mathrm{R}_2 = \mathrm{R}$이고 $\mathrm{C}_1 = \mathrm{C}_2 = \mathrm{C}$이면, 주파수 $\omega_o = \dfrac{1}{\mathrm{RC}}$에서 전압 이득은 $\dfrac{1}{3}$이고 위상은 0° 이다. 이것은 뒤에서 귀환 회로가 있는 증폭기 구조의 발진기에서 증폭기를 설계하는 데 이용된다.

2.2 Wien-bridge 발진기

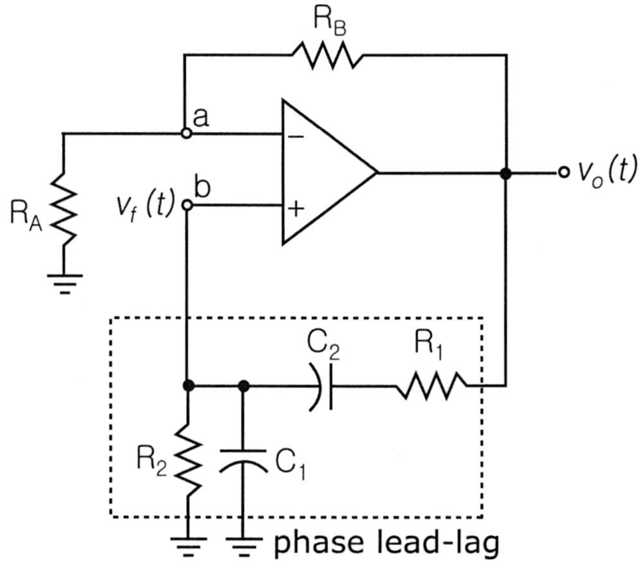

그림 12.7 Wien-bridge 발진기

그림 12.7의 Wien-bridge 발진기는 출력 $v_o(t)$의 신호가 위상 앞섬 · 뒤짐 (phase lead-lag) 회로를 통해 귀환되어 저항 $\mathrm{R_A}$, $\mathrm{R_B}$, OP 앰프로 구성된 비반전 증폭기의 노드 b에 신호 $v_b(t)$로 입력되는 구조이다. 그림 12.7의 회로가 위상 앞섬 · 뒤짐 회로의 공진 주파수 ω_o에서 발진하는 경우에는, 앞의 분석과 같이 $v_b(t)$는 $v_o(t)$와 위상 차이가 없고 크기가 $\frac{1}{3}$배로 감소된다. 그러므로 앞에서 설명한 발진 조건은 그림 12.1의 이득 A인 앰프, 이득 B인 귀환 회로로 구성되는 폐루프 (closed loop)에서 위상 천이가 없고 루프 전압 이득 $|AB|=1$ 이어야 하므로, 위상 앞섬 · 뒤짐 회로에서 전압 이득 $\frac{1}{3}$을 고려하면 $\mathrm{R_A}$, $\mathrm{R_B}$, OP 앰프로 구성된 비반전 증폭기의 전압 이득 A는 3이어야 하고, 이것을 식 (12.18)에 나타냈다.

$$A = 1 + \frac{\mathrm{R_B}}{\mathrm{R_A}} = 3 \tag{12.18}$$

그러므로, Wien-bridge 발진기에서 증폭기에서 저항값은 $\mathrm{R_B} = 2\mathrm{R_A}$이어야 한다.

※ 양전원을 만들어서 OP 앰프의 전원핀들에 올바르게 연결하였는지 확인하고, 잡음의 감소를 위해 OP 앰프 IC의 전원 핀들 가까운 위치에 바이패스용 커패시터 (1μF/50V)를 사용할 것을 권함.

실험 1 위상 앞섬 · 뒤짐 회로의 특성 분석

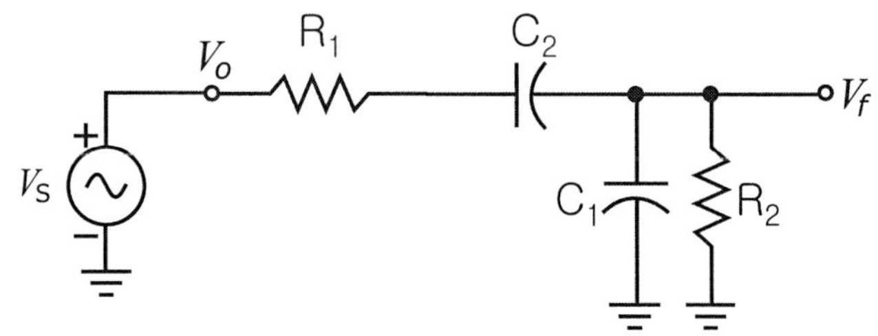

그림 12.8 위상 앞섬 · 뒤짐 회로

1. 그림 12.8의 위상 앞섬 · 뒤짐 회로에서 R_1, R_2는 1 kΩ이고 C_1, C_2는 0.01 μF이다. 앞에서 설명을 참조하여 공진 주파수를 계산하고, 공진 주파수에서 입 · 출력 간의 전압 이득과 위상 지연을 계산하시오.

2. PSPICE로 모의실험을 수행하기 위해, 'OrCAD Capture' 프로그램을 이용하여 그림 12.8의 회로를 입력한다. 회로에서 교류 전압원 V_s는 PSPICE 라이브러리 'SOURCE'에서 'VAC'라는 이름의 부품을 선택하여 사용한다. 교류 전압원 'VAC' 모델의 'ACMAG'와 'DC' 속성 파라미터를 각각 '1Vac'와 '0Vac'로 지정한다.

3. 2에서 입력한 그림 12.8의 회로에 대해 PSPICE 모의실험에서 'AC sweep analysis'를 수행한다. 출력 V_f의 주파수 특성을 판단할 수 있도록 1에서 계산한 공진 주파수를 고려하여 교류 전압원 V_s의 주파수 범위를 적절히 선택한다. PSPICE로 모의실험을 수행한 결과로 나타나는 주파수 응답 특성 곡선과 위상 곡선에서 공진 주파수, 공진 주파수에서 전압 이득과 위상 지연을 결정하고 1에서 계산한 이론치와 비교하시오.

4. 위에서 PSPICE로 모의실험한 결과를 실제 회로에서 검증하기 위해, 그림 12.8의 회로를 브레드보드에 구현한다. 교류 전압원 V_s은 함수발생기를 사용하는데, 진폭이 1 V인 사인파가 출력되도록 그 파형을 오실로스코프로 관찰하면서 함수발생기를 조절한다.

5. 3에서 PSPICE 모의실험에서 얻은 것과 비슷한 그래프를 그리기 위해 함수발생기의 주파수를 적절히 설정하면서 오실로스코프에 나타난 V_f의 파형의 진폭과 V_o에 대한 시간 지연을 측정하여 표 12.1을 완성한다. 측정을 반복하는 동안 신호의 주파수를 변경할 때마다 V_o가 항상 동일한 진폭을 유지하는지 확인한다.

6. 표 12.1의 측정 결과를 이용하여 교류 전압원 $V_o(=V_s)$의 주파수 변화에 따라 출력에 나타나는 신호 V_f의 진폭 (크기)을 그래프로 그리시오.

7. 6에서 그린 그래프에서 공진 주파수를 정확히 결정할 수 없는 경우, 진폭이 최대치로 추정되는 주파수 근처에서 신호의 주파수를 더 상세하게 나누어 공진 주파수를 실험적으로 판단할 수 있도록 실험을 추가로 진행하여 진폭과 위상을 측정한 후 측정 결과에 기초해서 공진 주파수를 결정하시오.

8. 표 12.1의 측정 결과를 이용하여 교류 전압원 V_o의 주파수 변화에 따라 출력에 나타나는 신호 V_f의 시간 지연을 위상 지연 (위상차)으로 바꾸어 계산하고, 주파수 변화에 따른 위상 지연 그래프를 그리시오.

※ V_f의 시간 지연은 V_o에 대한 시간 지연을 의미함.						
V_o의 주파수	10 Hz	30 Hz	100 Hz	300 Hz	1 kHz	3 kHz
V_f의 진폭						
V_f의 시간 지연						
V_o의 주파수	10 kHz	30 kHz	100 kHz	300 kHz	1 MHz	3 MHz
V_f의 진폭						
V_f의 시간 지연						
V_o의 주파수	10 MHz					
V_f의 진폭						
V_f의 시간 지연						

표 12.1 위상 앞섬·뒤짐 회로의 응답 측정

9. 6에서 구한 진폭 그래프를 가로축은 log scale, 세로축은 dB 단위로 그림 12.9에 다시 그리고 공진 주파수를 표시하시오.

10. 8에서 구한 위상 지연 그래프를 가로축은 log scale, 세로축은 ° (degree) 단위로 그림 12.10에 다시 그리시오. 그림 12.10에서 세로축의 'd' 표시는 ° 를 의미한다.

11. 10에서 구한 위상 지연에 대해서 그림 12.5에 표현한 위상 지연 곡선과 비교하여 설명하시오.

12. 1에서 11까지의 결과를 관찰하고 분석하여 그림 12.8 회로의 동작을 설명하시오.

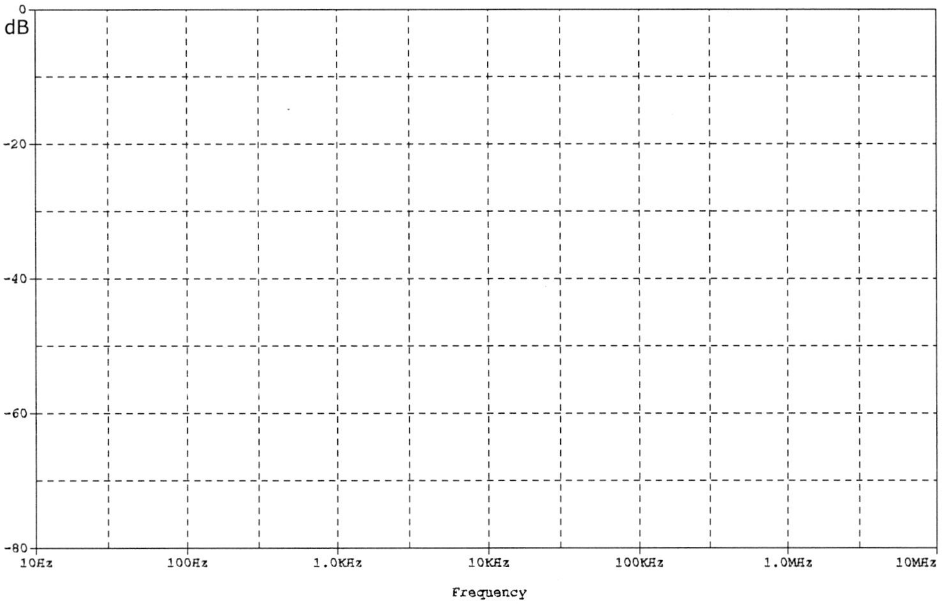

그림 12.9 위상 앞섬 · 뒤짐 회로의 주파수 응답 : 크기

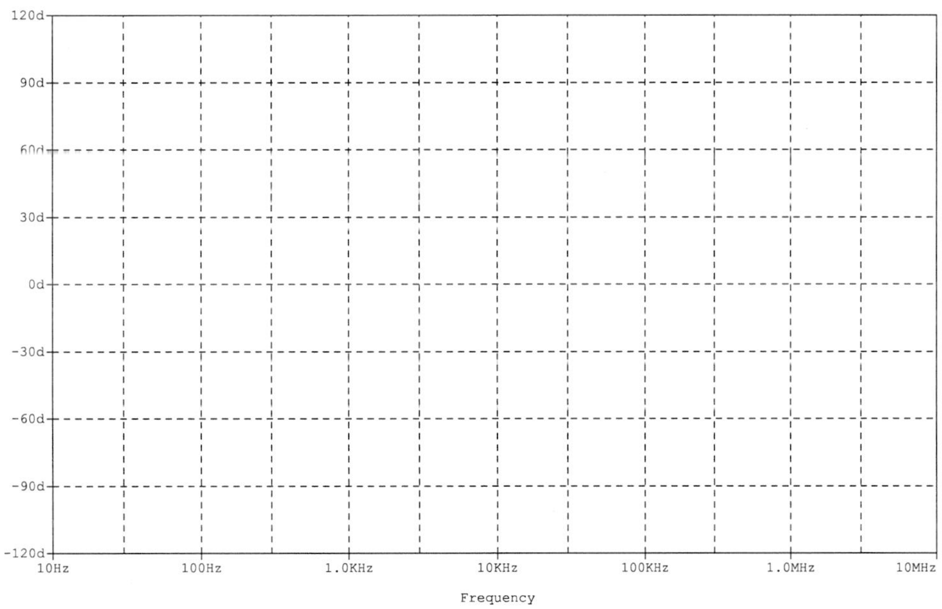

그림 12.10 위상 앞섬 · 뒤짐 회로의 주파수 응답 : 위상 지연

실험 2 Wien-bridge 발진기 실험

1. 그림 12.7에 나타낸 Wien-bridge 발진기 회로에서 R_A는 10 kΩ, R_1, R_2는 1 kΩ이고 C_1, C_2는 0.01 μF이다. R_B는 아직 정해지지 않았다. 이 회로가 발진하기 위한 조건을 설명하고, 회로가 발진하기 위한 R_B값을 계산하고, 또한 발진시 주파수를 계산하여 표 12.2에 기록하시오.

발진하기 위한 R_B값	[kΩ]
발진 주파수	[kHz]

표 12.2 발진 조건 및 발진 주파수 계산

2. PSPICE로 모의실험을 수행하기 위해, 'OrCAD Capture' 프로그램을 이용하여 그림 12.7의 회로를 입력한다. 이 회로에 대해 PSPICE 'transient analysis'를 수행하면서 출력 파형 $v_o(t)$를 관찰한다. 여기서, R_A는 10 kΩ, R_1, R_2는 1 kΩ이고 C_1, C_2는 0.01 μF이다.

R_B를 15 kΩ과 30 kΩ 사이의 다양한 값들로 설정하고 모의실험을 반복적으로 수행하면서 파형을 관찰한다. 표 12.3에서 R_B의 각 저항값에 대해 OP 앰프 비반전 증폭기 부분의 전압 이득을 계산한다. 그리고 출력 파형에서 발진이 발생하는지 여부, 발진되는 경우 발진 주파수와 개략적인 진폭을 기록하시오,

3. 표 12.3에 기록한 모의실험 결과를 토대로, 그림 12.7 회로의 Wien-bridge 발진회로에서 위상 앞섬·뒤짐 회로의 저항들과 커패시터들의 값이 2에서 주어진 값을 갖을 때, 발진이 관찰되는 비반전 증폭기의 전압 이득의 범위에 대해서 설명하시오.

R_B [kΩ]	비반전 증폭기 이득	발진 여부 (O, X)	주파수 [kHz]	진폭 [V]
15.0				
18.0				
20.0				
20.5				
21.0				
23.0				
26.0				
30.0				

표 12.3 증폭기의 이득에 따른 발진 현상 관찰

4. R_B값 20.5 kΩ, 25 kΩ, 50 kΩ, 100 kΩ, 1000 kΩ에 대해 모의실험을 수행하여 출력 파형을 자세히 관찰한다. 관찰되는 파형을 그리고, 발진이 시작되는 시점, 주파수, 순수 사인파 또는 왜곡 여부, 진폭 등에 대해 그 특징을 설명하시오.

5. 브레드보드에 그림 12.7의 Wien-bridge 발진기 회로를 꾸민다. R_B는 증폭기의 이득 변화에 따른 발진 특성을 관찰하기 위해 그림 12.11과 같이 구현한다.

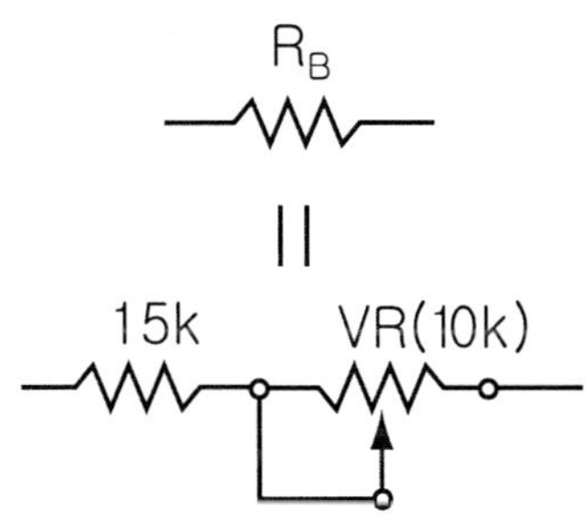

그림 12.11 합성 저항에 의한 저항 R_B 구현

먼저, 저항 R_A의 값을 멀티미터로 측정한다. 그리고 가변 저항을 변화시켜 합성 저항 R_B를 변화시키면서 다양한 R_B값에 대해 출력 $v_o(t)$ 파형을 관찰하고, 합성 저항 R_B를 측정하여 기록한다. 발진 현상이 관찰되기 시작하는 합성 저항 R_B를 측정하여 구하고 표 12.4를 완성한다.

<table>
<tr><td rowspan="2">측정값</td><td>R_A</td><td>[kΩ]</td></tr>
<tr><td>R_B</td><td>[kΩ]</td></tr>
<tr><td>계산값</td><td>비반전 증폭기
전압 이득</td><td></td></tr>
</table>

표 12.4 발진이 시작되는 순간의 전압 이득

6. 5에서 실험 결과와 그 전에 수행한 모의실험 결과를 비교하여 설명하시오.

7. 그림 12.11에서 합성 저항 R_B의 가변 저항을 100 kΩ으로 바꾸고 R_B의 다양한 값에 대해 발진기의 출력 신호 $v_o(t)$를 관찰하고, 파형의 주요 특징에 대해 설명하시오.

실험 3 Wien-bridge 발진기 설계

앞에서 수행한 실험을 바탕으로 PSPICE를 이용하여 반복적인 모의실험으로 공진 주파수가 1 kHz인 Wien-Bridge 발진기를 설계하시오.

❖ 과제

슈미트 트리거 회로와 히스테리시스 (hysteresis)에 대해 조사하시오.

제13장 | OP 앰프 : 비교기와 슈미트 트리거

I 실험 목표

- OP 앰프의 입 · 출력 특성에 대해서 이해한다.
- OP 앰프 반전 비교기와 비반전 비교기 구조와 동작에 대해서 이해한다.
- 잡음이 포함된 신호가 비교기에 인가될 때 발생되는 문제점에 대해서 이해한다.
- OP 앰프 슈미트 트리거 회로의 구조와 동작을 분석하고 이해한다.
- OP 앰프 슈미트 트리거 회로의 히스테리시스 (hysteresis) 특성에 대해 배운다.
- 잡음이 포함된 신호에 대한 슈미트 트리거 회로의 동작을 이해한다.

II 실험 부품 및 준비 사항

1 실험 부품

부품명	규격	수량
OP 앰프	UA741CP (대치품으로 LF356N 사용 가능)	1개
저항	1 kΩ, 1/4 watt, 1% 오차	2개
저항	10 kΩ, 1/4 watt, 1% 오차	2개
가변 저항	10 kΩ, 1/4 watt	2개
커패시터	1uF/50V	2개

2 실험 준비 사항

- 오실로스코프, 함수발생기, 직류 전압원 공급장치, 멀티미터
- 브레드보드, 점퍼선
- PSPICE 소프트웨어가 설치된 컴퓨터

III 실험 내용

1 OP 앰프 특성

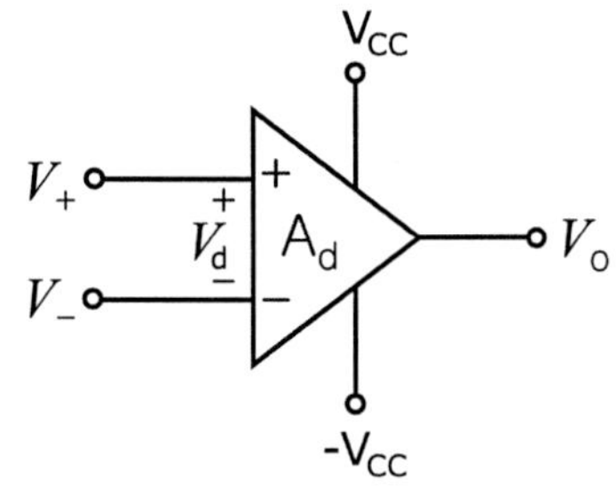

그림 13.1 OP 앰프

OP 앰프는 일반적으로 그림 13.1과 같은 모델로 표현된다. OP 앰프의 비반전 입력 신호 V_+와 반전 입력 신호 V_-의 차 V_d가 증폭되어 출력에 신호 V_o로 나타나는데, 그림에서 A_d는 입력 신호의 차 V_d와 출력 V_o간의 개방 루프 전압 이득 (open-loop voltage gain)으로 정의한다. 따라서 OP 앰프에 입력되는 신호 V_+와 V_-와 출력에 나타나는 신호 V_o의 관계는 식 (13.1)과 같이 표현된다.

$$V_o = A_d(V_+ - V_-) \tag{13.1}$$

이상적인 OP 앰프 모델에서는, 개방 루프 전압 이득 A_d를 무한대로 가정하므로, OP 앰프의 입력되는 두 신호 V_+와 V_- 대소 관계에 따라 OP 앰프의 출력 신호 V_o는 식 (13.2)로 표현되어야 한다.

$$\begin{cases} V_+ > V_- \Rightarrow V_o \to \infty \\ V_+ < V_- \Rightarrow V_o \to -\infty \end{cases} \tag{13.2}$$

그러나, 실제로는 OP 앰프를 동작시키기 위해 OP 앰프의 전원 핀들에 공급되는 전압을 양전압 V_{CC}, 음전압 $-V_{CC}$로 표시할 때, 전원 전압의 크기가 적게는 수 V에서 크게는 십 수 V이고, 개방 루프 전압 이득 A_d도 상당히 크지만 유한하다. 따라서, 7장에서 반전 증폭기, 비반전 증폭기의 입출 · 력 특성 실험에서 경험한 바와 같이, 출력 V_o는 식 (13.2)에서 표현한 것과 같이 무한대로 나타나지 않고 그림 13.2 전원 전압의 크기와 거의 같거나 ('rail-to-rail' OP 앰프인 경우 $V_{OM} \simeq V_{CC}$) 약간 낮은 값 V_{OM}을 갖는다. 여기서 V_{OM}는 최대 출력 전압을 의미한다. 만일, OP 앰프의 개방 루프 이득 A_d가 무한대라면 그림 13.2에 나타낸 OP 앰프의 입·출력 특성 곡선에서 점 a, b 사이의 선은 원점을 지나면서 수직이어야 한다.

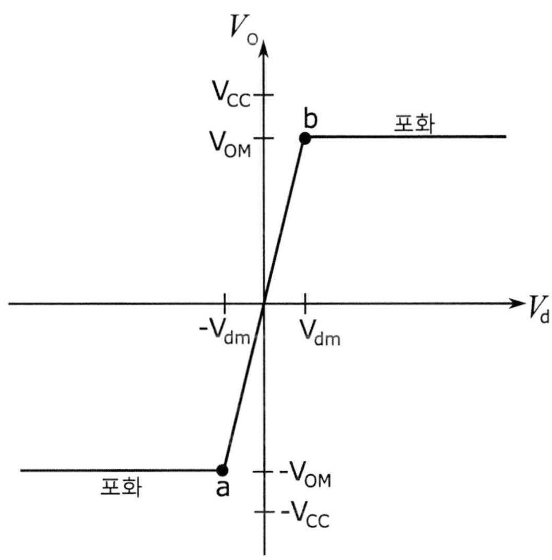

그림 13.2 실제 OP 앰프의 입·출력 특성

2 OP 앰프 비교기

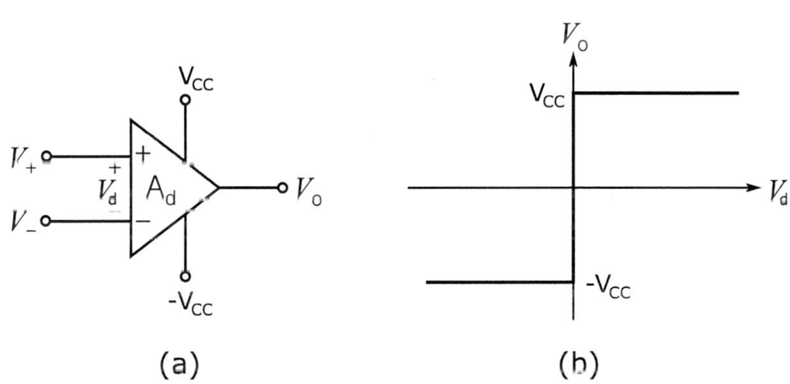

그림 13.3 이상적인 OP 앰프 입출력 특성

이제 OP 앰프 비교기 회로를 쉽게 분석하기 위해, OP 앰프의 입·출력 특성이 그림 13.3과 같다고 하자. 그림 13.3과 같은 특성을 갖는 OP 앰프는 $V_d > 0$인 경우 $V_o = V_{CC}$이고, $V_d < 0$인 경우 $V_o = -V_{CC}$가 된다. 여기서 V_{CC}와 $-V_{CC}$는 OP 앰프를 동작시키기 위해 전원 핀들에 연결되는 양전원과 음전원이다.

2.1 비반전 입력 비교기와 반전 입력 비교기

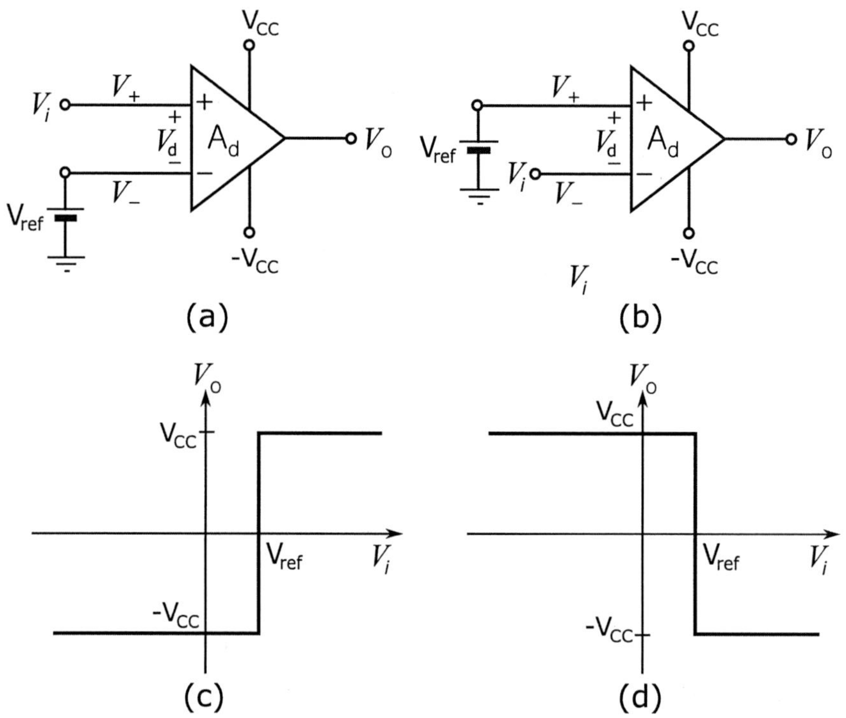

그림 13.4 (a), (c) 비반전 입력 비교기와 입 · 출력 특성,
(b), (d) 반전 입력 비교기와 입 · 출력 특성

그림 13,3과 특성을 갖는 OP 앰프를 비교기로 사용하기 위해, 비교기의 기준 전압을 V_{ref}, 기준 전압과 비교할 입력 신호를 V_i라 하자. V_i와 V_{ref}을 OP 앰프에 어떻게 연결하느냐에 따라 비교기의 특성은 그림 13.4와 같이 나타낼 수 있다.

i) 비반전 입력 비교기

비반전 입력 비교기는 그림 13.4 (a)와 같이 기준 전압 V_{ref}은 OP 앰프의 반전 입력 단자에 연결되고, 신호 V_i는 비반전 입력 단자에 연결된다. 그림 13.4 (a)에서, $V_i < V_{ref}$인 경우에, $V_d = V_i - V_{ref} < 0$ 이므로, 그림 13.3 (b)에 나타낸 바와 같이 $V_o = -V_{CC}$이다. 반면에 $V_i > V_{ref}$인 경우에, $V_d = V_i - V_{ref} > 0$ 이므로, 그림 13.3 (b)에 나타낸 바와 같이 $V_o = V_{CC}$이다. 따라서 비반전 입력 비교기의 입출력 특성은 그림 13.4 (c)와 같이 나타낼 수 있다.

ii) 반전 입력 비교기

반전 입력 비교기는 그림 13.4 (b)와 같이 기준 전압 V_{ref}은 OP 앰프의 비반전 입력 단자에 연결되고, 신호 V_i는 반전 입력 단자에 연결된다. 그림 13.4 (b)에서, $V_i < V_{ref}$인 경우에, $V_d = V_i - V_{ref} > 0$ 이므로, 그림 13.3 (b)에 나타낸 바와 같이 $V_o = V_{CC}$이다. 반면에 $V_i > V_{ref}$인 경우에, $V_d = V_i - V_{ref} < 0$ 이므로, 그림 13.3 (b)에 나타낸 바와 같이 $V_o = -V_{CC}$이다. 따라서 비반전 입력 비교기의 입출력 특성은 그림 13.4 (d)와 같이 나타낼 수 있다.

2.2 비교기 입출력 파형

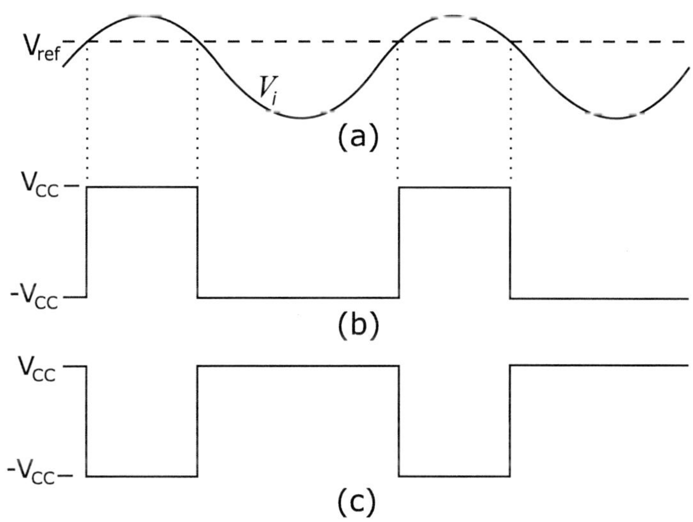

그림 13.5 (a) 비교 신호, (b) 비반전 비교기 출력, (c) 반전 비교기 출력

그림 13.5에 반전 비교기와 비반전 비교기의 기준 신호 V_{ref}과 비교되는 입력 신호 V_i의 파형과 각 비교기의 출력 파형을 나타냈다. 그림에서 V_{CC}와 $-V_{CC}$는 비교기로 사용되는 OP 앰프의 전원 핀들에 인가되는 양전원과 음전원의 전압을 의미한다.

그림 13.5 (a)는 비교되는 두 신호 V_i와 V_{ref}의 파형이다. 그리고 그림 13.5 (b)와 (c)는 그림 13.5 (a)의 파형이 그림 13.4의 비반전 비교기와 반전 비교기에 입력될 때, 각각 비반전 비교기와 반전 비교기의 출력이다.

앞의 비교기 설명한 나타낸 바와 같이, 그림 13.5 (b)의 비반전 비교기는 $V_i < V_{ref}$인 경우에 $-V_{CC}$를, $V_i > V_{ref}$인 경우에 V_{CC}를 출력하지만, 반전 비교기에서는 비반전 비교기와 반대로 동작하므로 비반전 비교기와 비교해 파형의 위아래가 바뀌어 나타난다.

3 슈미트 트리거 (schmitt trigger)

3.1 신호에 잡음이 존재하는 경우 비교기 동작

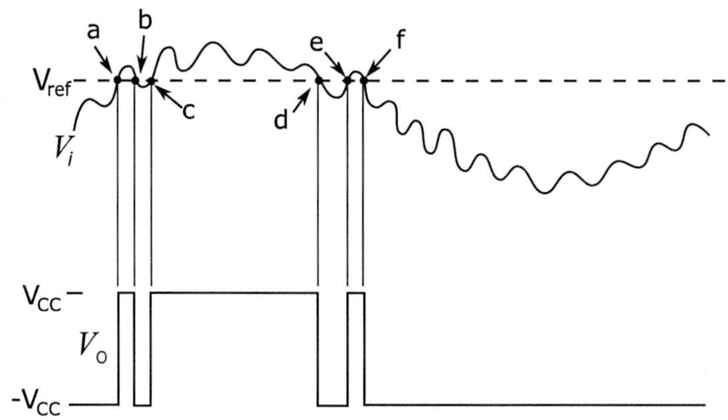

그림 13.6 잡음이 섞여있는 신호에서 비반전 비교기 동작

그림 13.5 (a)와 같이 원래 잡음이 전혀 없는 사인파인 경우, 비교되는 기준 전압을 포함한 전후의 시각에서 사인파가 점점 증가하거나 또는 점점 감소하므로, 기준 전압 전 · 후로 한 번만 비교기의 출력 V_o이 $-V_{CC}$에서 V_{CC}로, V_{CC}에서 $-V_{CC}$로 변한다.

그런데, 그림 13.6에서 신호 V_i 처럼 상대적으로 주파수가 높은 잡음이 섞여 있는 경우에, 기준 전압 V_{ref} 부근의 점 a, b, c에서 그리고 점 d, e, f에서 $-V_{CC}$에서 V_{CC}로, 또는 V_{CC}에서 $-V_{CC}$로 출력 V_o가 여러 번 변할 수 있다.

이와 같이 신호에 잡음이 포함되어 있는 경우, 입력 신호가 기준 전압 부근에서 잡음으로 인해 점진적으로 증가하거나 점진적으로 감소하지 않고 기준 전압 레벨을 여러 번 통과하게 되고, 따라서 비교기의 출력이 기준 전압 부근의 위치에서 여러 차례 변동하게 된다. 이로 인해 입력 신호 V_i에서 설정한 기준 전압 V_{ref} 레벨을 통과하는 순간을 포착하여 다른 동작을 수행할 경우 문제가 발생될 수 있다. 따라서 이러한 문제에 대처할 수 있는 기능의 회로가 필요하다.

3.2 OP 앰프 슈미트 트리거

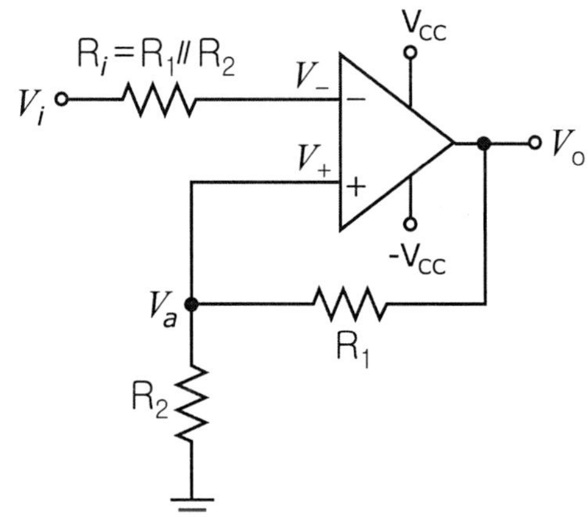

그림 13.7 OP 앰프 슈미트 트리거

그림 13.7에 OP 앰프 슈미트 트리거 회로를 나타냈다. 이 회로에서 입력 신호 V_i는 저항 R_i를 통해 OP 앰프의 반전 입력 단자에 연결되어 있다. 여기서 R_i는 R_1과 R_2의 병렬 합성 저항과 같은 값으로 설정되었다. 그림 13.7에서 출력 V_o는 저항 R_1에 의해 귀환되어 OP 앰프의 비반전 입력 단자에 연결되어 있다.

따라서 비반전 입력 단자의 전압 V_a는 전압 분배 법칙에 의해 식 (13.3)과 같이 표현된다.

$$V_a = \frac{R_2}{R_1 + R_2} \cdot V_o \tag{13.3}$$

그러면, 그림 13.7의 회로는 기준 전압이 V_a이고 입력 신호가 V_i인 반전 비교기 의 구조로 볼 수 있다.

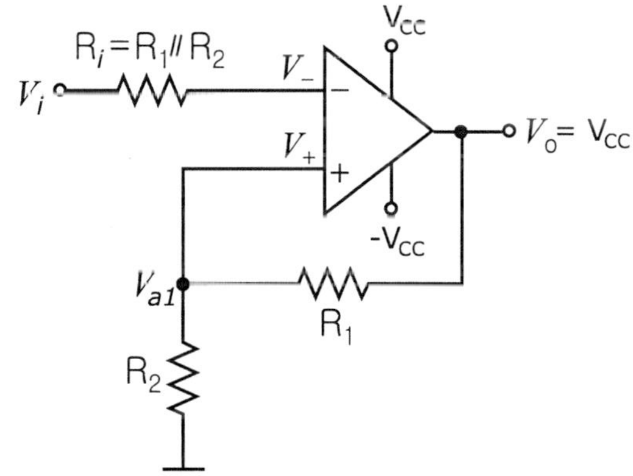

그림 13.8 OP 앰프 슈미트 트리거 : $V_o = V_{CC}$

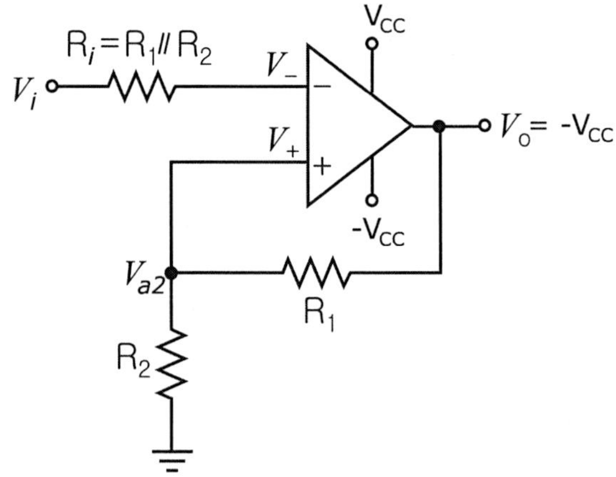

그림 13.9 OP 앰프 슈미트 트리거 : $V_o = -\mathrm{V_{CC}}$

비교기에서 기준 전압과 비교되는 입력 신호 사이에 차이가 존재하는 경우 출력 V_o는 OP 앰프의 최대 출력 전압 (그림 13.2에서 $\mathrm{V_{OM}}$) 또는 최소 출력 전압 ($-\mathrm{V_{OM}}$)으로 나타난다. 그러나 여기에서는 간단하게 해석하기 위해, OP 앰프의 전원 핀들에 공급되는 양전원 $\mathrm{V_{CC}}$또는 음전원 $-\mathrm{V_{CC}}$으로 나타난다고 가정한다. 따라서 그림 13.7의 회로는 그림 13.8과 같이 출력 전압이 $V_o = \mathrm{V_{CC}}$인 경우와 그림 13.9와 같이 $V_o = -\mathrm{V_{CC}}$나누어 표현된다.

그림 13.8에서 OP 앰프의 비반전 입력 단자의 전압 V_{a1}은 식 (13.4)와 같이 표현된다.

$$V_{a1} = \frac{\mathrm{R_2}}{\mathrm{R_1} + \mathrm{R_2}} \cdot \mathrm{V_{CC}} \tag{13.4}$$

입력 신호 V_i와 OP 앰프 비반전 입력 V_{a1} (비반전 비교기의 기준 전압)이 $V_i < V_{a1}$인 경우에 비반전 비교기의 동작 특성에 따라 출력은 $V_o = \mathrm{V_{CC}}$가 유지된다.

한편, 입력 신호의 전압이 점차로 증가하여 기준 전압 V_{a1}보다 커지면 출력은 $\mathrm{V_{CC}}$에서 $-\mathrm{V_{CC}}$로 바뀌어 출력은 그림 13.9에서와 같이 $V_o = -\mathrm{V_{CC}}$가 된다. 출력 전압이 바뀌면, 출력으로부터 비반전 단자에 연결되어 있는 저항 $\mathrm{R_1}$때문에 OP 앰프의 비반전 입력 단자의 전압이 영향을 받아 식 (13.5)와 같이 표현된다.

$$V_{a2} = -\frac{\mathrm{R_2}}{\mathrm{R_1} + \mathrm{R_2}} \cdot \mathrm{V_{CC}} \tag{13.5}$$

이 상태에서 입력 신호 V_i와 OP 앰프 비반전 입력 V_{a2} (비반전 비교기의 기준 전압)이 $V_i > V_{a2}$인 경우에 비반전 비교기의 동작 특성에 따라 출력은 $V_o = -\mathrm{V_{CC}}$가 유지된다.

그리고 입력 신호의 전압이 점차로 감소하여 기준 전압 V_{a2}보다 작아지면 출력은 $-\mathrm{V_{CC}}$에서 $\mathrm{V_{CC}}$로 바뀌어 출력은 그림 13.8에서와 같이 $V_o = \mathrm{V_{CC}}$가 된다. 이어서 입력 신호의 전압이 점차로 증가하면 앞에서 설명한 동작이 계속 반복되는 것이다.

위에서 설명한 반복적인 동작을 그림 13.10과 같이 입력 신호 V_i와 출력 신호 V_o 사의 관계로 나타낼 수 있다. 그림 13.10에 나타낸 슈미트 트리거 회로의 입출력 특성 곡선은, 입력 전압 V_i가 증가하다가 감소하는 과정을 반복할 때, 출력 V_o의 값이 그림에서 화살표를 따라 나타난다. 즉 $V_i < V_{a1}$이 구간에서 V_i가 증가하다 V_{a1}을 넘어서면 출력은 ①번 경로를 따라 $\mathrm{V_{CC}}$에서 $-\mathrm{V_{CC}}$로 변화한다. 그리고 다시 V_i 감소하는 경우 $V_i > V_{a2}$ 인 구간에서 계속 $-\mathrm{V_{CC}}$를 유지하다가 V_{a2}보다 작아지면 ②번 경로를 따라 $-\mathrm{V_{CC}}$에서 $\mathrm{V_{CC}}$로 변화한다, 이와 같이 입출력 특성 곡선에서, 입력 전압이 증가할 때와 감소할 때 동일한 경로를 따라 변하지 않고 다른 곡선을 따라 움직이는 경우 히스테리시스 (hysteresis) 특성을 보인다고 말한다.

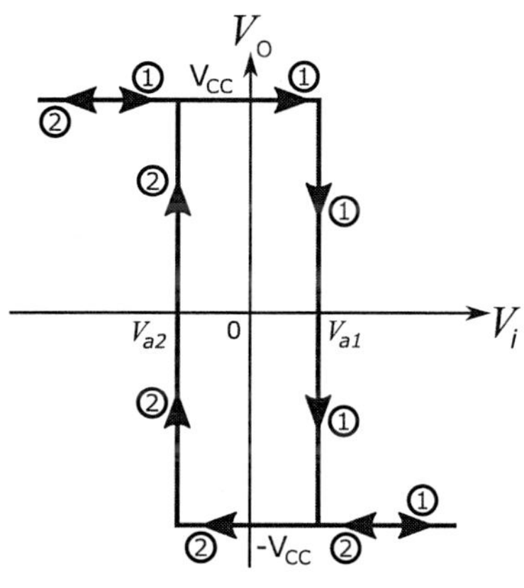

그림 13.10 슈미트 트리거 회로 입 · 출력 특성

그리면, 슈미트 트리거 회로에 그림 13.6과 같이 잡음이 포함되어 있는 신호 V_i를 인가하면, 그림 13.11과 같은 결과를 얻을 수 있게 된다. 그림 13.6에서는 기준선을 통과할 때마다 출력 전압에 변화가 발생했는데, 슈미트 트리거 회로에 인가된 신호에 대해서는 그림 13.11과 같이 입력 전압 V_i이 증가하면서 V_{a1}을 넘어설 때 출력이 $-\mathrm{V_{CC}}$에서 $\mathrm{V_{CC}}$로 바뀌고 이 상태를 유지한다. 이 상태에서 입력 전압이 감소하다가 V_{a2}보다 작아지면 $\mathrm{V_{CC}}$에서 $-\mathrm{V_{CC}}$로 바뀐다.

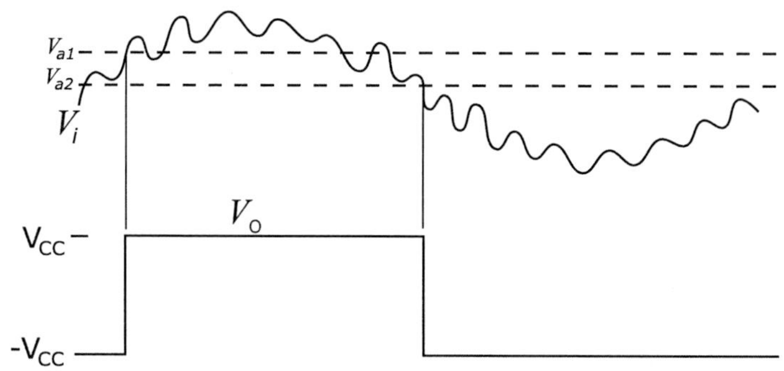

그림 13.11 슈미트 트리거 : 입·출력 신호

실험 1 OP 앰프 직류 특성 시험

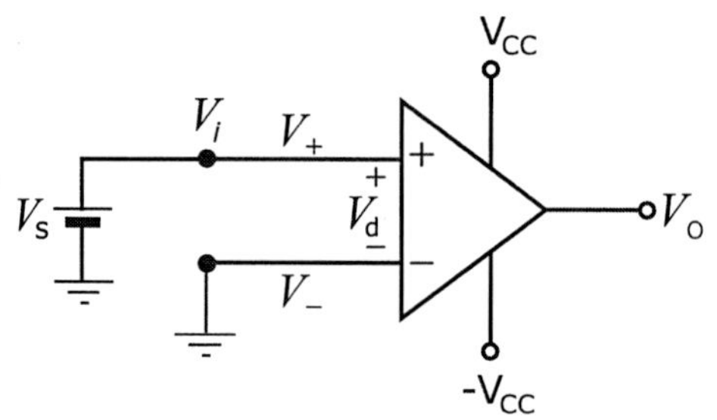

그림 13.12 OP 앰프 직류 특성 시험

1. 그림 13.12의 회로는 OP 앰프의 직류 전압 특성을 시험하기 위한 회로이다. 반전 입력 단자는 접지에 연결되어 있고, 직류 전압원 V_s가 비반전 입력 단자에 연결되어 있다. V_{CC}는 15 V, $-V_{CC}$는 −15V 이다. 'OrCAD Capture'로 회로를 입력할 때, OP 앰프는 라이브러리 'EVAL'에서 부품 'uA741'을 선택하여 사용한다.

PSPICE 모의실험에서 'DC sweep analysis'를 이용하여 전압 V_s의 변화에 따라 OP 앰프의 출력이 어떻게 변화하는지 관찰하고, 그림 13.13에 입력 V_i와 출력 V_o의 관계를 나타내는 그래프를 그리시오.

PSPICE 모의실험 수행시 직류 전압원 V_s의 범위를 OP 앰프의 전원핀에 공급되는 전원의 전압이 포함되도록 설정하고, 출력 V_o에 변화가 발생되는 경우 그 부근에서 세밀하게 관찰할 수 있도록 V_s를 변화시킬 때 변화하는 단위 크기를 충분히 작게 설정한다.

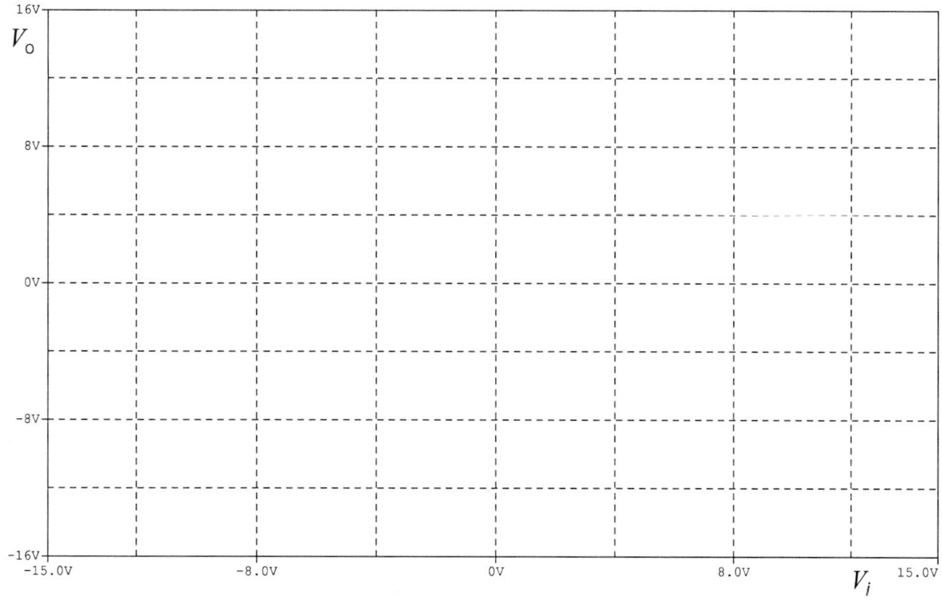

그림 13.13 OP 앰프 직류 입·출력 특성

2. 그림 13.13에 나타낸 그래프를 관찰하고 그림 13.12 회로에 대한 직류 입·출력 특성을 설명하시오.

실험 2 OP 앰프 비교기 : 직류 특성 시험

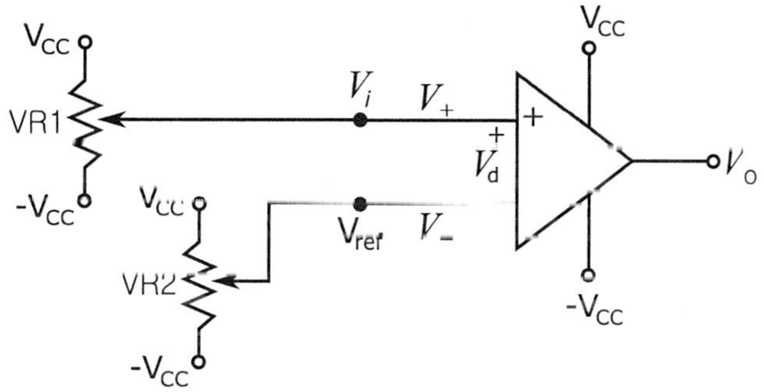

그림 13.14 OP 앰프 비교기 : 직류 특성 시험

그림 3.14에 OP 앰프 비교기를 실험하기 위한 회로를 나타냈다. 회로에서 V_{CC}와 $-V_{CC}$는 각각 직류 15 V와 -15 V이고, 가변 저항 VR1과 VR2는 10 kΩ이다. 기준 전압 V_{ref}는 가변 저항 VR2를 조정하면서 설정한다.

1. 가변 저항 VR1을 조정하면서 OP 앰프의 비반전 입력에 들어가는 전압 V_i를 설정한 상태에서 출력 V_o를 측정하는 방법으로 표 13.1을 완성하시오.

2. 표 13.1에 기록한 측정 결과로부터, 기준 전압이 V_{ref} = 2.0 V인 경우에 대해 입력 V_i와 출력 V_o의 관계를 나타내는 그래프를 그림 13.15에 그리시오.

V_{ref} =− 2.0 V 일 때, 단위 [V]

V_i	−15	−10	−6	−3	−2.5	−2.3	−2.1	−1.9	−1.7	−1.5
V_o										
V_i	−1.0	0	2	6	10	15				
V_o										

V_{ref} =− 1.0 V 일 때, 단위 [V]

V_i	−15	−10	−6	−3	−2.0	−1.5	−1.3	−1.1	−0.9	−0.7
V_o										
V_i	−0.5	0	1	2	6	10	15			
V_o										

V_{ref} = 1.0 V 일 때, 단위 [V]

V_i	−15	−10	−6	−3	−1	0.5	0.7	0.9	1.1	1.3
V_o										
V_i	1.5	2	3	5	9	15				
V_o										

V_{ref} = 2.0 V 일 때, 단위 [V]

V_i	−15	−10	−6	−3	−1	1	1.5	1.7	1.9	2.1
V_o										
V_i	2.3	2.5	3	4	6	10	15			
V_o										

표 13.1 OP 앰프 비교기 측정

3. 표 13.1의 결과로부터, 그림 13.14 OP 앰프 비교기의 동작을 설명하시오.

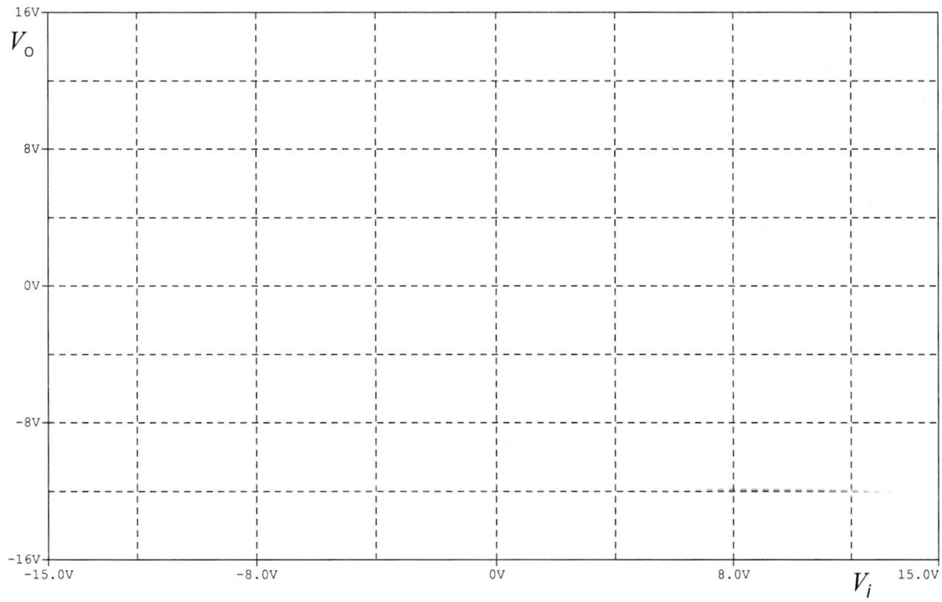

그림 13.15 OP 앰프 비교기 : 입·출력 특성

실험 3 OP 앰프 비교기 : 교류 입력 신호에 대한 동작

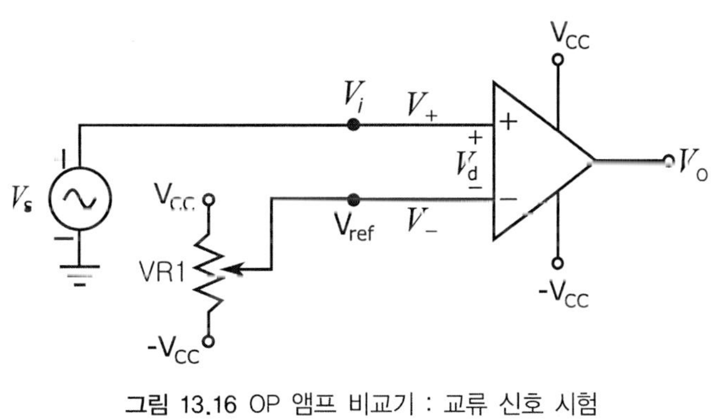

그림 13.16 OP 앰프 비교기 : 교류 신호 시험

그림 3.16에 OP 앰프 비교기에 교류 신호 V_s를 입력하고 비교기의 동작을 실험하기 위한 회로를 나타냈다. 회로에서 V_{CC}와 $-V_{CC}$는 각각 직류 15 V와 -15 V이고, 가변 저항 VR1은 10 kΩ이다. 기준 전압 V_{ref}는 가변 저항 VR1를 조정하면서 설정한다.

1. 입력 신호 V_s를 진폭 5 V, 주파수 1 kHz인 사인파가 되도록 함수 발생기를 설정한다. 가변 저항 VR1을 조정하면서 기준 전압 V_{ref}을 설정한 상태에서, 출력 V_o에 나타나는 펄스의 폭을 측정하여 표 13.2에 기록하시오.

단위 [V], [ms]

V_{ref}	−4.0	−3.0	−2.0	−1.0	0	1.0	2.0	3.0	4.0
V_o 펄스 폭									

표 13.2 OP 앰프 비교기 : 사인파 입력, 출력 펄스 폭 측정

2. 기준 전압이 $V_{ref} = 4.0$ V인 경우에 대해, 출력 파형을 그림 13.17에 그리고 기준 전압 V_{ref}을 입력 신호 파형에 겹쳐서 표시하시오.

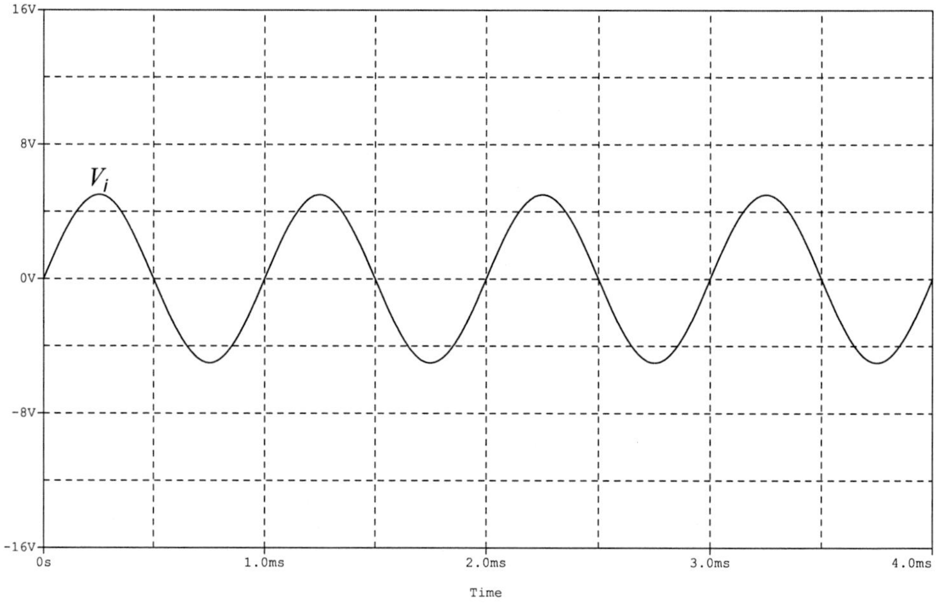

그림 13.17 OP 앰프 비교기 : 사인파 입력, 출력 파형

3. 함수발생기를 조절하여 비교기의 동작을 확인할 수 있는 진폭과 주기의 톱니파를 발생시키고, 실험 1, 2의 과정을 반복하시오.

4. 1, 2, 3의 실험 결과를 관찰하고, 그림 13.16 OP 앰프 비교기의 동작을 설명하시오.

실험 4 반전 비교기 : 잡음이 포함된 신호 입력

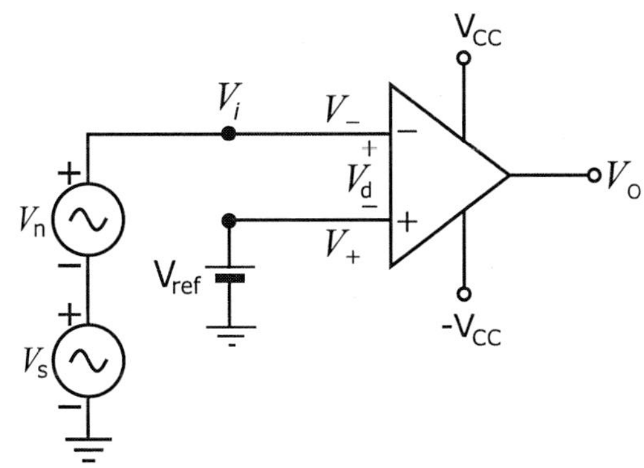

그림 13.18 반전 비교기 : 잡음이 포함된 입력 신호

그림 13.18 회로의 OP 앰프 반전 비교기에서 신호 V_o에 잡음 V_n이 포함된 신호 V_i가 OP 앰프의 반전 입력 단자에 인가되고, 비교할 기준 전압 V_{ref}이 비반전 입력 단자에 연결되어 있다.

V_{CC}는 15 V, $-V_{CC}$는 −15V 이다. 'OrCAD Capture'로 회로를 입력할 때, OP 앰프는 라이브러리 'EVAL'에서 부품 'uA741'을 선택하여 사용한다. 신호 V_s와 잡음 V_n은 라이브러리 'SOURCE'에서 부품 'VAC'를 사용한다. 신호 V_s는 진폭이 5 V, 주파수 1 kHz인 사인파, 잡음 V_n은 진폭 1 V, 주파수 10 kHz인 사인파가 발생하도록 'VAC'의 속성 파라미터들을 설정한다.

PSPICE 모의실험에서 'Transient analysis'를 이용하여 잡음 V_n이 비교기의 출력에 미치는 영향을 관찰한다.

1. 기준 전압을 $V_{ref} = 1.5$ V로 설정한다. PSPICE 모의실험으로 비교기에 인가되는 잡음이 포함된 신호 V_i와 출력 파형 V_o를 관찰하고 그림 13.19에 그리고, 기준 전압 V_{ref}을 비교기 입력 파형 V_i에 겹쳐서 표시하시오.

2. 기준 전압을 $V_{ref} = 1.5$ V 외에 다른 다양한 값으로, 그리고 잡음 V_n도 다양하게 설정하고 PSPICE 모의실험을 반복하면서 출력 파형 V_o를 관찰한다.

3. 1, 2의 PSPICE 모의실험을 통해서 잡음이 비교기의 동작에 미치는 영향을 설명하시오.

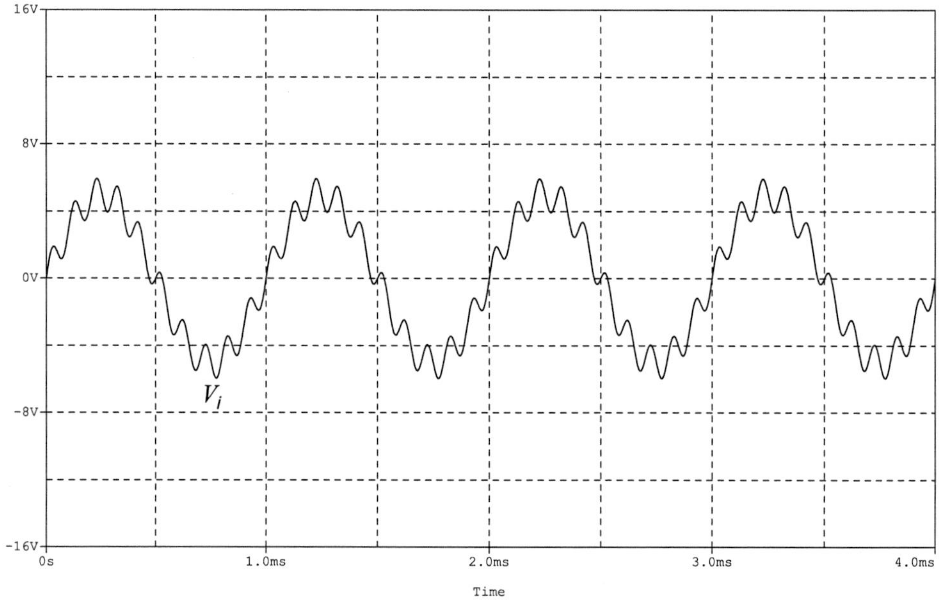

그림 13.19 반전 비교기 파형 : 입력 신호에 잡음이 포함된 경우

실험 5 슈미트 트리거 : Hysteresis 특성

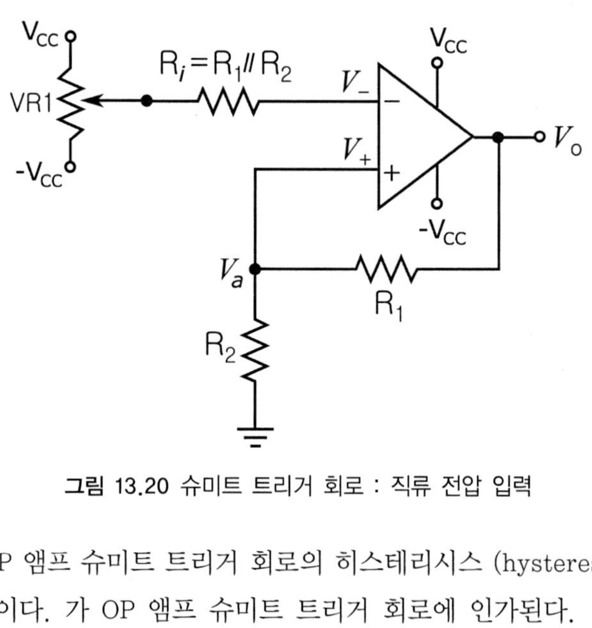

그림 13.20 슈미트 트리거 회로 : 직류 전압 입력

그림 13.20은 OP 앰프 슈미트 트리거 회로의 히스테리시스 (hysteresis) 특성을 관찰하기 위한 회로이다. 가 OP 앰프 슈미트 트리거 회로에 인가된다.

여기서 R_1, R_2는 각각 10 kΩ, 1 kΩ를 사용하고, R_i는 10 kΩ과 1 kΩ저항을 병렬 연결하여 사용한다.

1. 가변 저항 VR1을 조절하면서 반전 비교기에 입력되는 신호 V_i를 설정한 상태에서 비반전 입력 단자 전압 V_a와 비교기의 출력 전압 V_o를 측정하여 표 13.3에 기록하시오. 단, 측정은 표 13.3에 주어진 입력 신호 V_i값이 나타나는 순서대로 측정해야 한다.

단위 [V]

V_i	−14	−10	−7	−5	−3	−2	−1	0
V_o								
V_i	1	2	3	5	7	10	14	10
V_o								
V_i	7	5	3	2	1	0	−1	−2
V_o								
V_i	−5	−7	−10	−14				
V_o								

표 13.4 OP 앰프 슈미트 트리거 입·출력 신호 측정

2. 1에서 구한 표 13.4의 측정 결과로부터, 출력 신호 V_o에 변화가 발생되는 입력 전압을 확인하고, 그 근처에서는 V_i을 더 세밀하게 나누어 측정한다.

3. 표 13.4에서 구한 측정 결과를 순서대로 그림 13.21의 그래프의 좌표에 옮겨 그리고, 인접한 좌표들을 선으로 연결하고, 연결된 선 위에 전압 V_i를 변화시키는 방향으로 화살표를 표시하시오.

4. 1, 2, 3에서 구한 결과를 관찰하고 분석하여, OP 앰프 슈미트 트리거 회로의 기능을 설명하시오.

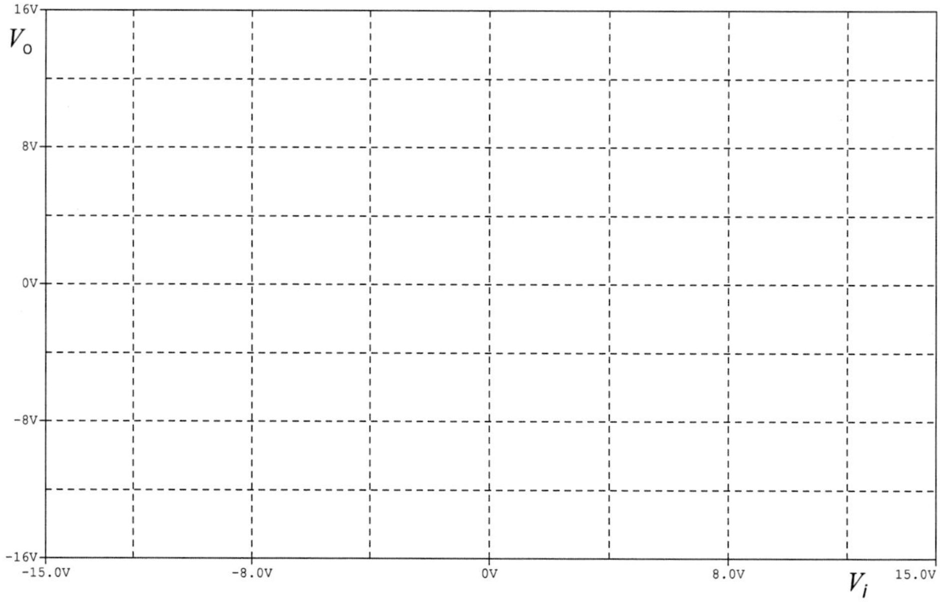

그림 13.21 OP 앰프 슈미트 트리거 : 히스테리시스 특성 측정

실험 6 슈미트 트리거 회로 활용

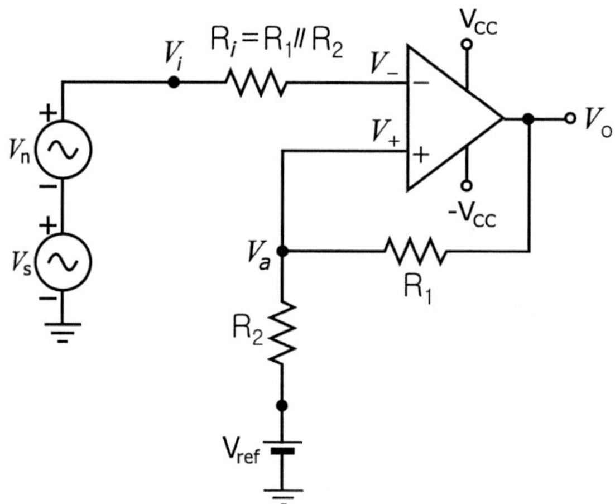

그림 13.22 OP 앰프 슈미트 트리거 : 잡음이 섞인 입력 신호

그림 13.22의 OP 앰프 슈미트 트리거 회로에서 신호 V_s에 잡음 V_n이 포함된 신호 V_i가 OP 앰프 슈미트 트리거 회로에 인가된다.

여기서 R_1, R_2는 각각 10 kΩ, 1 kΩ를 사용하고, R_i는 10 kΩ과 1 kΩ 저항을 병렬 연결하여 사용한다. V_{CC}는 15 V, $-V_{CC}$는 -15V 이고, V_{ref}는 0 V이다.

'OrCAD Capture'로 회로를 입력할 때, OP 앰프는 라이브러리 'EVAL'에서 부품 'uA741'을 선택하여 사용한다. 신호 V_s와 잡음 V_n은 라이브러리 'SOURCE'에서 부품 'VAC'를 사용한다. 신호 V_s는 진폭이 5 V, 주파수 1 kHz인 사인파, 잡음 V_n은 진폭 1 V, 주파수 10 kHz인 사인파가 발생하도록 'VAC'의 속성 파라미터들을 설정한다.

PSPICE 모의실험에서 'Transient analysis'를 이용하여 슈미트 트리거 회로가 잡음이 포함된 신호에 대해 어떻게 동작하는지 관찰한다.

1. PSPICE 모의실험으로 슈미트 트리거에 인가되는 잡음이 포함된 신호 V_i와 출력 파형 V_o를 관찰하고 그림 13.23에 그리시오.

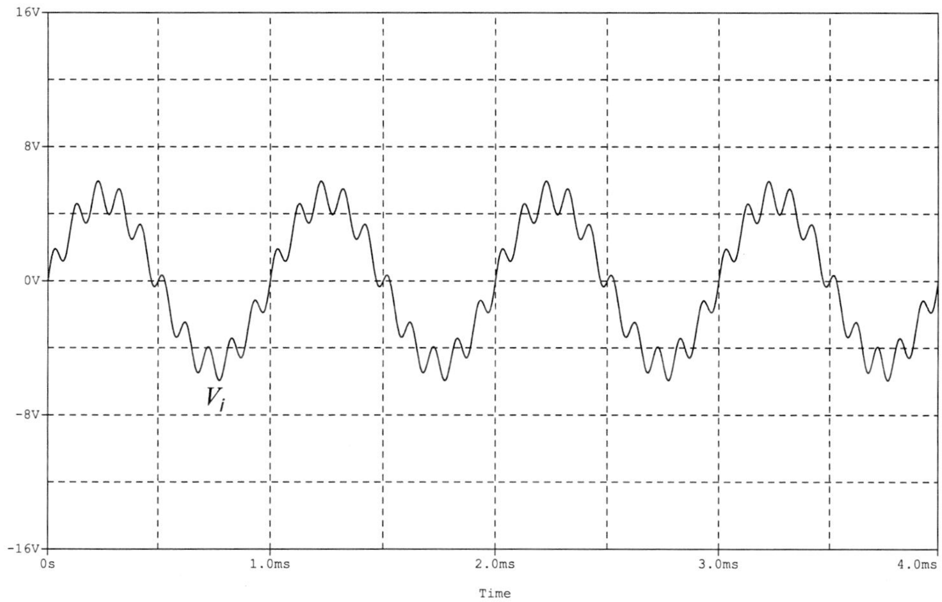

그림 13.23 슈미트 트리거 입·출력 파형 : 입력 신호에 잡음이 포함된 경우

2. 그림 13.22 회로에서 V_{ref}을 다른 다양한 값으로 설정하고 PSPICE 모의실험을 수행하고 출력 파형을 관찰한다.

3. R_1, R_2, R_i 값은 다른 값으로 설정하여 슈미트 트리거 회로에서 OP 앰프의 비반전 입력 단자로 들어가는 전압 V_a를 다양한 값으로 조절하고 PSPICE 모의실험을 수행하여 출력 파형을 관찰한다.

4. 1, 2, 3의 PSPICE 모의실험을 통해서, 잡음이 포함된 신호에 대해 슈미트 트리거 회로의 동작을 설명하시오.

[참고문헌]

1. Charles K. Alexander and Matthew N. O. Sadiku, Fundamentals of Electric Circuits, McGraw-Hill, 2000.
2. Schilling Belone, Electronic Circuits : Discrete and Integrated, 2nd Edition, McGraw-Hill, 1981.
3. Cadence Design Systems, PSpice User Guide, Product Version 16.5, May 2011.
4. Charles A. Desoer and Ernest S. Kuh, Basic Circuit Theory, McGraw-Hill, 1971.
5. Lawrence P. Huelsman, Basic Circuit Theory, 3rd Edition, Prentice-Hall, 1991.
6. Benjamin C. Kuo, Automatic Control Systems, 4th Edition, Prentice-Hall, 1982.
7. Jacob Millman, Microelectronics : Digital and Analog Circuits and Systems, McGraw-Hill, 1979.
8. Ben G. Streetman, Solid State Electronic Devices, 2nd Edition, Prentice-Hall, 1980.
9. M. E. Van Valkenburg, Network Analysis, 3rd Edition, Prentice-Hall, 1974.
10. 김수원, 박재홍 공역, 전자회로, 9판, 사이텍미디어, 2006.

[부품 리스트]

	부품 규격	장					
		1	4	5	6	7	8
저항	100, 1/4 watt, DIP type	2					
	500, 1/4 watt, DIP type						
	1 k, 1/4 watt, DIP type	2	2		1	1	1
	2 k, 1/4 watt, DIP type	1				1	2
	5 k, 1/4 watt, DIP type					1	2
	10 k, 1/4 watt, DIP type						1
	15 k, 1/4 watt, DIP type	1					
	50 k, 1/4 watt, DIP type						1
	100k, 1/4 watt, DIP type	1	2	2			1
가변 저항	1 k, 0.2 watt, VR16MSS102, 포스텍전자						
	10 k, 0.2 watt, VR16MSS103, 포스텍전자					1	2
	100 k, 0.2 watt, VR16MSS104, 포스텍전자						
커패시터	0.001 uF, DIP type		1	2			1
	0.01 uF, DIP type						
	0.1 uF, DIP type						
	1 uF / 16 V, DIP type				1		2
	10 uF / 50 V, DIP type		1		1		
	100 uF / 50 V, DIP type				1		
다이오드	1N4001, DIP type				1		
OP 앰프	UA741CP, TI[(1)]					1	1
	TL082CP, TI						
택트 스위치	TS-1105-5MM, 시티전자		2				

(1) Texas Instrument

※ 모든 부품은 규격에 표시된 특정 회사가 아니더라도 대치품 사용 가능함.

	부품 규격	장					합계 (개)
		9	10	11	12	13	
저항	100, 1/4 watt, DIP type						2
	500, 1/4 watt, DIP type	1					1
	1 k, 1/4 watt, DIP type	2	2	7	2	2	22
	2 k, 1/4 watt, DIP type						4
	5 k, 1/4 watt, DIP type						3
	10 k, 1/4 watt, DIP type	6	2	1	1	2	13
	15 k, 1/4 watt, DIP type				1		2
	50 k, 1/4 watt, DIP type						1
	100k, 1/4 watt, DIP type	1					7
가변 저항	1 k, 0.2 watt, VR16MSS102, 포스텍전자	1					1
	10 k, 0.2 watt, VR16MSS103, 포스텍전자				1	2	6
	100 k, 0.2 watt, VR16MSS104, 포스텍전자					1	1
커패시터	0.001 uF, DIP type			1			5
	0.01 uF, DIP type				2		2
	0.1 uF, DIP type		2	1			3
	1 uF / 16 V, DIP type	2	3	5	2	2	17
	10 uF / 50 V, DIP type						1
	100 uF / 50 V, DIP type						2
다이오드	1N4001, DIP type						1
OP 앰프	UA741CP, TI	1			1	1	5
	TL082CP, TI		1	2			3
택트 스위치	TS-1105-5MM, 시티전자						2

[찾아보기]

저 자 약 력

송명렬

- 1985. 2. 연세대학교 전자공학과 졸업 (학사)
- 1988. 2. 연세대학교 전자공학과 졸업 (석사)
- 1996. 2. 연세대학교 전자공학과 졸업 (박사)

- 1984.12 ~ 1986. 1 삼성전자 연구원
- 1988.12 ~ 1991. 7 육군사관학교 교수부 전자공학과 전임강사
- 1996. 3 ~ 현재 호서대학교 정보통신공학 교수

정가 17,000원

아날로그 회로 실험

2018년 12월 20일 초판 인쇄
2018년 12월 28일 초판 발행
저 자 : 송명렬
발행자 : 송 준
발행처 : 홍릉과학출판사
주 소 : 서울시 강북구 인수봉로 50길 10
01093
등 록 : 1976년 10월 21일 제5-66호
전 화 : (02) 999-2274~5, 903-7037
팩 스 : (02) 905-6729
e-mail: hongpub@hongpub.co.kr
http://www.hongpub.co.kr
ISBN: 979-11-5600-632-9

저자와의 협의하에 인지생략